作物秸秆高值炭化及其环境效应研究

王丽丽　李　洁　张贵龙　著

中国农业科学技术出版社

图书在版编目(CIP)数据

作物秸秆高值炭化及其环境效应研究 / 王丽丽，李洁，张贵龙著．--北京：中国农业科学技术出版社，2022. 11

ISBN 978-7-5116-6019-0

Ⅰ. ①作… Ⅱ. ①王…②李…③张… Ⅲ. ①活性炭-作用-秸秆还田-研究 Ⅳ. ①S141. 4

中国版本图书馆 CIP 数据核字(2022)第 229135 号

责任编辑 申 艳
责任校对 李向荣
责任印制 姜义伟 王思文

出 版 者 中国农业科学技术出版社
北京市中关村南大街 12 号 邮编：100081
电 话 (010) 82106636 (编辑室) (010) 82109702 (发行部)
(010) 82109709 (读者服务部)
网 址 https://castp.caas.cn
经 销 者 各地新华书店
印 刷 者 北京建宏印刷有限公司
开 本 170 mm×240 mm 1/16
印 张 14
字 数 240 千字
版 次 2022 年 11 月第 1 版 2022 年 11 月第 1 次印刷
定 价 88. 00 元

版权所有 · 翻印必究

《作物秸秆高值炭化及其环境效应研究》

著者名单

主　　著：王丽丽　李　洁　张贵龙

参著人员：刘红梅　李　刚　赵建宁　修伟明

杨殿林　王　慧　张艳军　谭炳昌

张海芳　智燕彩　王先芳　方　明

姚　瑶　王荣荣　宋婷婷　陈义轩

吴梦莉

前　言

20 世纪 90 年代，科学家对亚马逊盆地中部黑土（Terra Preta）的考古和科学研究发现，激起了人们研究生物炭在控制土壤养分损失、保持土壤肥力及改良土壤质量等方面的浓厚兴趣。生物炭对土壤环境的调控作用在一定程度上取决于其特殊的理化性质，人们对生物炭作用机制的探索也正是以其特殊的理化性质作为重要靶点，逐步深入，循序渐进。

自 2016 年开始，农业农村部环境保护科研监测所农业生物多样性与生态农业创新团队在国家自然科学基金“氧化改性生物炭对设施菜地土壤氮素淋失的阻控作用与机制”（41571292）（2016—2019）、天津市农业科技成果转化与推广项目“作物秸秆高效炭化还田关键技术集成与示范”（2017—2019）等项目支持下，研究突破生物炭定向修饰改性、环境功能强化等关键技术“瓶颈”，研发作物秸秆高值炭化功能性材料，探究生物炭对土壤氮素的吸附效果和生物互作机制，从化学组成、表面结构和生物活性上，开发生物炭在养分固持、水体净化、土壤改良等方面的环境功能，为控制农业面源污染、固碳减排开辟新路，本书汇集了以上研究的最新进展。

近年来，生物炭在土壤环境中的驻留及影响，吸引了国内外科学家的广泛探索与研究。生物炭是生物质在缺氧的条件下，经高温热解而产生的一类富碳、比表面积大、孔隙多且稳定性高的物质。有关生物炭对土壤氮素行为的阻控作用与机制国内外已有一些假说，其中物理、化学性质引起的非生物学机制是主要观点，受到人们关注，微生物寄宿、繁殖及代谢引起的生物学机制是新生的活跃研究领域。深入研究生物炭影响氮素运移等环境行为的过程及规律，揭示生物炭对土壤氮素淋移的阻控作用及其与生物间（微生物、线虫等）的互作机制，探索土壤氮素淋失阻控的新思路与途径，对提高农田土壤氮肥利用效率、控制氮素淋失造成的环境污染具有重要意义；同时，生物炭在农业应用的碳中和潜力巨大，推动生物炭基肥绿色科技发展，揭示其对作物生长及温室气体排放的影响，是促进我国农业绿色发展和完成碳中和目标的重要组成部分。

本书共6章，第一章为生物质高值炭化功能性材料制备技术，以金属改性生物炭、金属-凝胶复合改性生物炭及固定微生物生物炭为案例介绍了改性生物炭材料的制备，以强化生物炭的吸附和环境修复功能；第二章为不同种类生物炭对无机氮素吸附性能的影响，比较分析了不同原料类型生物炭对无机氮素吸附性能的影响，并深入探究了金属改性生物炭、金属-凝胶复合改性生物炭及固定微生物生物炭对硝态氮、铵态氮吸附的影响机制；第三章为生物炭对氮素转化及温室气体排放的影响，从氮素淋溶、转化及温室气体排放特征分析它们对生物炭的响应；第四章为生物炭与土壤氮循环相关微生物、线虫的互作关系，比较分析了不同原料类型生物炭、固定微生物生物炭及载氮生物炭对土壤微生物群落的影响，介绍了模式线虫对不同原料类型生物炭的响应；第五章为生物炭对种子萌发及作物生长的影响，论述了作物种子萌发、幼苗生长及作物氮素利用对生物炭的响应，介绍了生物炭对作物病虫害的作用机制；第六章结论与展望，详细论述了本书主要结论及未来研究展望。

本书出版得到了国家重点研发计划课题“黄淮海北部集约化农区氮素面源污染发生过程与调控机制”（2021YFD1700903）的支持和资助。

虽经多次修改，但限于著者水平和时间，本书难免存在疏漏，敬请读者批评指正。

著　者

2022年7月于天津

目　　录

第一章　生物质高值炭化功能性材料制备技术

生物炭是生物质在缺氧的条件下，经高温热解而产生的一类富碳、比表面积大、孔隙多且稳定性高的物质。生物炭一般由稳定芳香化结构组成，具有高度的化学稳定性和热稳定性（Xie et al.，2015），比表面积大，孔隙度高，对水体和土壤中的一些无机离子和有机污染物有较强的吸附作用（Piscitelli et al.，2018；Xu et al.，2017），具有吸附硝态氮（NO_3^--N）、缓控土壤氮素淋失的潜力。生物炭富含有机质及矿质养分，具有较高的阳离子交换量（CEC）、弱碱性和较高的C/N比等性质，可被用作土壤改良剂，改善土壤的理化性质，提高土壤的保肥持水能力（Wang & Zhou，2013）。生物炭还含有大量的有机官能团和碳酸盐，可以调节土壤的pH值、电导率（EC值）等基本理化性状，并能改善土壤微生物的生存环境，为微生物的生长和繁殖提供有利的土壤条件（Liu et al.，2009）。陈婧（2015）的研究表明，生物炭表面含有大量有机官能团，可与水体中无机离子或有机物质发生络合反应，进而去除水体中的污染物。也有研究发现，玉米秸秆生物炭、柳枝稷生物炭（Chintala et al.，2013a）、甜菜渣生物炭（Karimi et al.，2010）等对硝态氮具有较强的吸附作用（22.8～87.2 mg·g^{-1}）。另有研究发现，在木片反硝化生物反应器（DNBR）中添加生物炭可以显著提高对污水中硝酸盐的去除效率（Bock et al.，2016）。

生物炭制备来源广泛，工艺简陋，理化成分差异较大，有效成分低，较弱的静电作用难以克服NO_3^-巨大的水合力，因此，通常制备的生物炭对NO_3^--N吸附有一定的局限性，其吸附作用官能团、吸附位点以及疏水性等直接影响吸附效果（Brassard et al.，2016；Khalil et al.，2017；Rangabhashiyam & Balasubramanian，2019），需要对其进一步改性。有学者通过负载物质、酸碱处理（Chintala et al.，2013b）、高温热解（La et al.，2019；Lee et al.，2015）等技术手段来改性生物炭，改变其理化性质，从而使生物炭表面的活性位点增多，吸附能力增强。Chen等（2017）研究发现，添加金属氧化物制备的生物炭可显著提高对阴离子的吸附作用。Meili 等（2019）用 $AlCl_3$ 和 $MgCl_2$ 浸渍生物炭，显著增加生物炭比表面积，减小气孔体积和直径，增强其吸附能力。通过酸碱处理或矿物浸渍对生物炭进行化学改性可改变其表面结构，更有利于吸附或固定水中的污染物（Rajapaksha et al.，2016）。用 Fe/Mg 浸泡改性生物炭可以活化其表面官能团，增强吸附能力（Lian & Xing，2017；李际会，2015）。但是，现有研究因改性方法或吸附条件设置的不同，结果相差很大，对吸附机理的解释不统一。由于 NO_3^- 具有极强的亲水性，其合成盐在水中溶解度大，通常吸附剂很难将其从水中吸脱出来，多数吸附剂对其吸附效率低。如何克服水分子对吸附效率的影响，是未来吸附剂改性方法创新值得探索的方向。

近年来，微生物固定化技术在水污染处理中应用广泛。Jiang 等（2021）利用包埋法固定活性污泥去除垃圾渗滤液中的氮（N），结果表明，固定法可以在实验操作期间对微生物起到保护作用，使 N 的去除率保持在 90%以上，并且固定化实现了厌氧氨氧化细菌的有效富集和保留，提高了厌氧氨氧化的脱氮效果，使其对全氮（TN）的去除率从传统的 73%提高到了 77.1%。Wang 等（2021）利用稻壳生物炭吸附法固定假单胞菌去除水中的铵，结果表明，固定细菌后的生物炭在 5 h 内对水中铵的去除达到 58%左右，48 h 达到 89%左右。Zhang 等（2021）将假单胞菌 GL6 固定在竹生物炭上用于去除水体硝酸盐，结果表明，固定化细菌细胞比游离细胞具有更好的硝酸盐去除率，固定的细菌细胞在不同的条件下比游离细菌细胞表现出更强的硝酸盐去除能力。生物炭在固定微生物后可以增加细菌对环境变化的适应性，如对抗温度和 pH 值的变化；生物炭对硝酸盐的吸附随着吸附循环数的增加吸附效果逐渐减弱，细菌的加入可以保证硝酸盐去除能力的稳定；生物炭的添加可以增加反硝化功能和电子转移基因的表达，这使得生物炭固定细菌对水体硝酸盐的去除发挥了更大的作用。同时菌种的选择也是决定固定化技术应用效果的关键，菌的特性及功能直接影响技术的成败。底物的不同，所固定的菌种也不应相同。

生物炭制备原料性质不一、工艺简陋，表面作用基团较少、孔隙结构不均及化学成分差异大等原因限制了其广泛应用，尤其在作为土壤改良剂或吸附剂方面，无定形的结构与复杂的成分，使其难以发挥专一特长，需要通过改性处理增强生物炭的某些特定功能。开展生物质高值材料及田间应用作用机制研究，筛选生物炭制备原料，明确金属离子负载技术参数，结合氧化改性方法、亲水性材料，优化生物炭制备与加工工艺，制备氧化改性生物炭和铁离子-凝胶复合改性生物炭。同时，研究固定氮转化菌剂的秸秆炭化定向改性技术，制备固定微生物生物炭材料，是生物质材料高值炭化、保护生态环境、推进农业可持续发展的有效途径。本章以金属改性生物炭、金属-凝胶复合改性生物炭及固定微生物生物炭为代表进行具体案例分析。

第一节　不同原料类型生物炭制备

生物炭的性质与功能受制备原料、热解工艺及施用条件等因素影响，其中制备原料不仅决定生物炭的物理特征和化学成分，而且决定其农田施用效应。Kizito 等（2015）研究发现，稻壳和木屑生物炭对猪场粪便发酵液中 NH_4^+-N 具有较大的吸附作用，最大吸附量分别为 39.80 mg · g^{-1}、44.60 mg · g^{-1}。Liu 等（2013）使用整合分析法分析了 6 类不同原料（作物秸秆、堆肥、市政垃圾、木材、木材污泥混合物和污泥）制备的生物炭得出，生物炭的种类对作物产量影响巨大，其中木材污泥混合物制备的生物炭增产最显著，而添加市政垃圾制备的生物炭使作物产量降低 12.8%，产生了明显的抑制作用。施用高添加量生物炭，植物对其的反应是反面的，即受抑制（Kammann et al.，2014；黄超等，2011）。Xu 等（2014）利用水稻秸秆生物炭，采用高通量测序研究其对栽种油菜土壤的微生物群落结构的作用，结果表明，生物炭的添加可以引起土壤微生物群落结构的显著变化，其中酸杆菌门（Acidobacteria）和绿弯菌门（Chloroflexi）最敏感。Muhammad 等（2014）试验显示，土壤微生物群落结构因生物炭的不同（芦苇、芜菁、猪粪和果皮）而变化不同，且研究显示微生物群落结构的变化与加入生物炭后导致土壤理化性质改变有密切的相关性。Dempster 等（2012）利用室内试验得出，与对照相比，施用高量生物炭后，土壤微生物的群落丰度呈现下降的趋势。以上表明，生物炭的种类和来源等都会影响对其无机氮的吸附以及植物和土壤微生物的生长发育。尽管前人已经研究了不同来源的生物炭，但对常见废弃生物质（壳质类、秆质类、木质类和竹质类）之间的对比还缺少研究，且机制尚不明确。

1.1　不同原料类型生物炭制备工艺流程

以玉米秆（C）、花生壳（N）、杨木屑（A）、竹屑（B）4 种生物质为原料。收集玉米秆、花生壳、杨木屑及竹屑，风干、粉碎、研磨过 0.85 mm

（20 目）筛，在 500 ℃下制取玉米秆生物炭（CBC）、花生壳生物炭（NBC）、杨木屑生物炭（ABC）和竹屑生物炭（BBC）。具体的操作过程：启动温度为 60 ℃，以 8 ℃ · min^{-1}的速度升温至 500 ℃，保持 120 min，然后保持通 N_2状态冷却至室温，冷却后，将生物炭研磨过 0.15 mm（100 目）筛，干燥保存备用。

1.2 不同原料类型生物炭特性

pH 值测定参考 GB/T 12496.7—1999；CEC 采用火焰分光光度计测定；生物炭的孔径、比表面积采用比表面积分析仪测定；灰分含量采用缓慢灰化法测定，参照 GB /T 17664—1999；挥发分参照 GB/T 2001—91 测定；固定碳的计算方法为固定碳（%）= 100-灰分-挥发分；生物炭相对原子含量（%）采用 X 射线光电子能谱（XPS）测定。生物炭的红外光谱用傅里叶变换红外光谱仪（Nicolet 380，Nicolet Corp，美国）测定，采用 KBr 压片制样，扫描波数范围为 400~4 500 cm^{-1}。扫描电镜图（SEM）：采用 TM-1000 型扫描电镜（HIECH Corp，中国台湾），观察生物炭的孔径大小、表面形状和外貌特征。溶液 NH_4^+-N、NO_3^--N 浓度测定采用全自动连续流动分析仪（AA3，Bran+Luebbe Corp，德国）。具体分析结果见表 1-1。

表 1-1 生物炭组分分析和化学性质

生物炭	pH 值	阳离子交换量/（$cmol \cdot kg^{-1}$）	比表面积/（$m^2 \cdot g^{-1}$）	孔隙度/nm	灰分/%	固定碳/%
NBC	9.92	40.50	19.36	0.89	3.00	96.30
CBC	9.84	48.60	18.09	1.77	5.80	93.40
ABC	8.76	32.70	17.36	2.03	0.70	98.50
BBC	9.32	35.40	11.45	4.77	1.00	98.40

生物炭	相对原子比/%							
	碳	氮	氧	镁	硫	氯	钾	钙
NBC	80.70	0.98	15.40	0.42	0.07	0.34	0.80	1.05
CBC	83.10	1.39	13.10	0.44	nd	0.66	0.70	0.38
ABC	86.40	0.68	12.10	nd	nd	0.03	0.18	0.47
BBC	86.80	nd	11.70	0.12	0.24	0.14	0.85	nd

注：nd 表示未检测到。

第二节　金属改性生物炭制备

常用的生物炭改性方法有氧化法和还原法。其中，氧化剂处理可以丰富生物炭表面含氧官能团，增强表面极性或亲水性。经过氢气、氨气等还原剂处理后生物炭表面引入—CH_2、—CHR等官能团，提高其吸附非极性或保水能力。本节重点研究生物炭金属离子改性，通过用土壤中富存的铁、锰和镁等常见金属离子溶液浸渍、煅烧，将金属离子负载生物炭上，观测不同金属离子改性生物炭对NO_3^--N的吸附性能，筛选确定最佳金属离子改性生物炭，为生物炭凝胶改性提供炭骨架材料。

2.1　金属改性生物炭制备工艺流程

2.1.1　相关生物炭制备

试验原材料花生壳采购于市场，生物炭改性所用的金属盐溶液分别由$FeCl_3 \cdot 6H_2O$、$MnCl_2 \cdot 4H_2O$、$MgCl_2 \cdot 6H_2O$（优级纯）按与生物炭一定质量比溶于去离子水中配制而成。

未改性生物炭制备：①将花生壳自然风干后用钢模磨碎，过0.85 mm筛，放入炭化槽中，然后置于马弗炉中，通N_2，流量为0.1 $m^3 \cdot h^{-1}$；②启动温度为40 ℃，设置马弗炉升温时间1 h；③设定烧制温度为600 ℃，时间是2 h；④在保持通N_2状态下降温1 h后关闭马弗炉，冷却至室温；⑤取出后用1 mol · L^{-1}的HCl浸泡1 h（固液比为1∶10），再用去离子水洗至中性，70~80 ℃烘干，研磨过0.15 mm筛后储存备用，得未改性生物炭（BC）。

2.1.2　金属改性生物炭制备

①称取未改性生物炭放入配制好的$FeCl_3$、$MnCl_2$、$MgCl_2$溶液中，金属离子与炭的质量比分别为0、0.05、0.1、0.2、0.4、0.8，固液比为1∶10。超声振荡2 h（温度为25 ℃，超声功率为100 Hz）。②抽滤烘干后放置在马弗炉中二次煅烧固定（300 ℃，1 h），冷却至室温后研磨过0.15 mm筛，得铁离子改性生物炭（FBC）、锰离子改性生物炭（CBC）、镁离子改性生物炭（GBC），储存备用。

2.2　金属改性生物炭特性

生物炭表面结构采用SEM分析：采用日立S4800型扫描电镜（日立，日本）对生物炭材料进行表面和断面扫描，观察生物炭样品的大小、形状和表面特征。FTIR 分析：采用 WQF-310 型傅里叶变换红外光谱仪（泰思肯，捷克）测定，KBr 压片制样，扫描波数范围为 400~4 500 cm^{-1}。XRD 分析：采用 DMAX2500 型 X 射线衍射仪（帕纳科，荷兰）分析生物炭内部晶体结构。元素含量分析：采用 Euro Vector EA3000 型元素分析仪（欧维特，意大利）和 AXIS ULTRA DLD 多功能光电子能谱仪测定（岛津，日本）测定。比表面积、孔容分析：采用 ASAP 2460 型比表面积分析仪（麦克，美国）测定（陈靖，2015）。

pH 值及 EC 值参照 GB/T 12496.7—1999 测定，液固比为 20∶1，振荡 5 min，静置 1 h，分别用 MP511 Lap pH 值计（梅特勒-托利多，上海）和 DDSS-11A 数显电导率仪（梅特勒-托利多，上海）测定其 pH 值和 EC 值；灰分含量参照 GB /T 17664—1999，采用缓慢灰化法测定；溶液 NO_3^--N 浓度采用 AA3 全自动连续流动分析仪（Bran+Luebbe，德国）测定。

2.2.1 金属改性生物炭形貌

不同生物炭扫描电镜图如图 1-1 所示，未改性生物炭（BC）表面呈无定形片状结构，片层相互堆叠形成缝隙。铁离子改性生物炭（FBC）表面呈环状大孔隙结构，锰离子改性生物炭（CBC）表面呈多层结构，层之间形

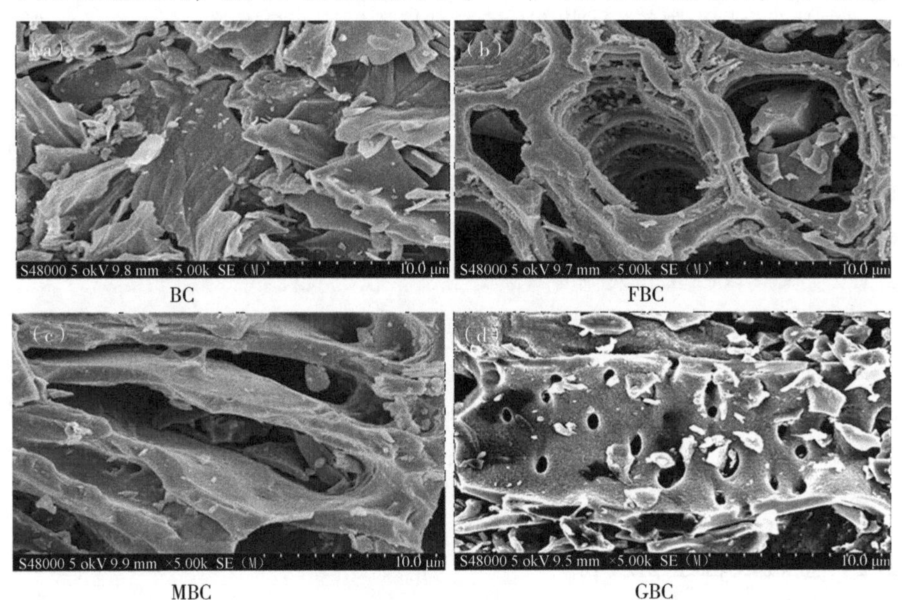

图 1-1　生物炭扫描电镜图（×2 000 倍）

成近椭圆形孔隙，镁离子改性生物炭（GBC）表面呈多孔的蜂窝状结构，表面分布白色细小颗粒，可能为镁氧化物。对比改性前后生物炭 X-射线衍射（XRD）图谱（图 1-2），FBC 在 $2\theta=260$ 处出现明显的波峰，表明含有 $Fe(OH)_3$ 晶体，在 $2\theta=260$ 之后的位置出现的小峰说明有 FeC_8、$Fe(OH)_3$、FeN、Fe、Fe_3O_4、FeO 等晶体存在。CBC 在 $2\theta=250$ 处出现 $Mn(NO_3)_2 \cdot H_2O$晶体特征峰，随后出现较弱的 Mn_3O_4、Mn_2O_3晶体峰，内部还含有少量的 Mn_7O_3、MnO_2、Mn 晶体。GBC 在 $2\theta=240$ 和 $2\theta=270$ 处有 2 个中等强度峰，分别由 $C_{10}H_{14}MgO_4 \cdot 2H_2O$ 和 $Mg(NO_3)_2$ 等晶体衍射形成，其余出现的弱小峰，表明改性生物炭表面分布 MgO、$Mg(OH)_2$ 和 Mg 等晶体，由此可见 3 种金属离子被负载到生物炭表面。

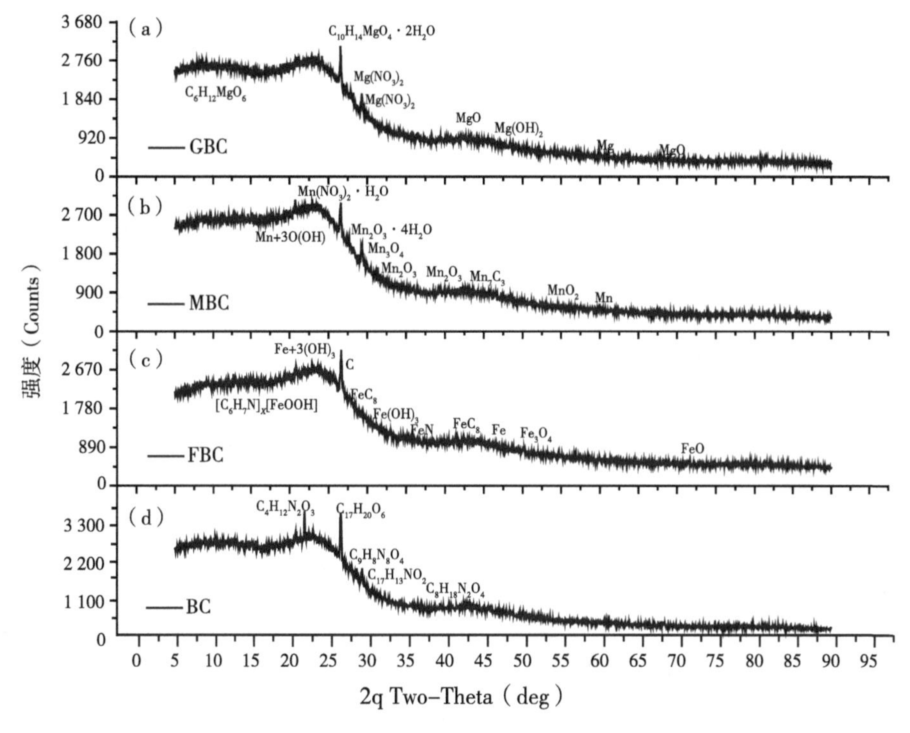

图 1-2　金属改性生物炭的 XRD 图谱

2.2.2　金属改性生物炭基本理化性质

金属离子改性显著增加生物炭比表面积和孔容（表 1-2），与 BC 相比，FBC 比表面积、孔容分别增大 12.16 倍、5.00 倍；CBC 分别增加 11.43 倍、

5.00倍；GBC分别增加6.67倍、2.30倍。与BC相比，FBC的pH值降低0.76个单位，GBC的pH值升高2.36个单位。相比于BC，FBC、CBC和GBC的可溶性盐分别增加3.10倍、0.50倍和2.70倍，FBC中Fe、CBC中Mn和GBC中Mg比例显著增加，其余元素比例没有显著变化。

表1-2　生物炭组分及基本理化性质

生物炭	pH值	可溶性盐/($mS \cdot cm^{-1}$)	比表面积/($m^2 \cdot g^{-1}$)	孔容/($cm^3 \cdot g^{-1}$)	灰分/%
BC	6.81	0.27	9.14	0.01	2.86
FBC	6.05	1.10	120.28	0.06	2.86
MBC	7.00	0.39	113.57	0.06	2.86
GBC	9.17	0.98	70.08	0.03	2.86

生物炭	元素含量/%										
	C	H	O	N	S	Fe	Mn	Mg	Cl	H/C	O/C
BC	81.32	1.72	10.20	0.87	nd	nd	nd	nd	0.27	0.02	0.13
FBC	81.41	1.70	10.68	0.74	nd	0.21	nd	nd	1.32	0.02	0.13
MBC	82.99	1.70	9.69	0.65	nd	nd	0.15	nd	0.36	0.02	0.12
GBC	81.59	1.63	9.10	0.63	nd	nd	nd	0.44	0.32	0.02	0.11

注：nd表示未检测到或检测值<0.001。

2.3　金属离子与生物炭最佳质量比

2.3.1　相关流程

用BC作为对照与改性所得的生物炭材料一起进行吸附试验，吸附体系为80 $mg \cdot L^{-1}$ KNO_3溶液，每个处理3次重复。分别称取0.10 g生物炭于100 mL塑料瓶中，加入50 mL KNO_3溶液（80 $mg \cdot L^{-1}$），放入恒温振荡器中，25 ℃条件下200 $r \cdot min^{-1}$振荡24 h。静置后用滤膜过滤，测定滤液中NO_3^--N的含量，根据式（1-1）计算单位质量生物炭对NO_3^--N的吸附量（宋婷婷等，2018）。

$$q_e = (C_0 - C_e)V/m \tag{1-1}$$

式中，q_e为单位质量生物炭对NO_3^--N的吸附量，$mg \cdot g^{-1}$；C_0为溶液中NO_3^--N的起始质量浓度，$mg \cdot L^{-1}$；C_e为吸附平衡时液相中NO_3^--N的质量浓度，$mg \cdot L^{-1}$；V为吸附平衡溶液的体积，L；m为生物炭的加入量，g。

根据结果确定金属改性生物炭的最佳质量比，后续试验所用的金属改性生物炭材料均为以金属和炭的最佳质量比改性的材料。

2.3.2　最佳质量比选择

与 BC 相比，铁离子、锰离子和镁离子改性显著增强生物炭对 NO_3^--N 的吸附能力（P<0.05）（表 1-3）。FBC 的吸附量最大，相比 BC 增加 12.90%~48.60%，其次是 MBC，相比 BC 增加 19.70%~34.00%，GBC 吸附量较低，相比 BC 仅增加 6.10%~26.90%。这主要是因为金属离子或金属氧化物的负载，可通过离子间静电作用或配位交换吸附 NO_3^--N（Bhatnagar et al.，2010）。随着金属离子和生物炭质量比的增加，FBC 对 NO_3^--N 的吸附量逐渐增大，MBC 对 NO_3^--N 的吸附量先增大后减小，GBC 对 NO_3^--N 的吸附量先增大后减小，MBC 和 GBC 均在质量比为 0.20 时对 NO_3^--N 吸附量达到最大。基于最大吸附量及其变化趋势确定的铁离子、锰离子和镁离子与生物炭的最佳质量比分别为 0.80、0.20 和 0.20。

表 1-3　不同金属改性生物炭对 NO_3^--N 的吸附　　单位：mg · g^{-1}

生物炭	金属离子和生物炭的质量比					
	0	0.05	0.1	0.2	0.4	0.8
FBC	2.94±0.06Ae	3.32±0.11Bd	3.36±0.12Bd	3.52±0.07Cc	3.81±0.08Ab	4.37±0.04Aa
MBC	2.94±0.07Ad	3.52±0.10Ab	3.60±0.06Ab	3.94±0.05Aa	3.05±0.13Bc	3.56±0.09Bb
GBC	2.94±0.09Ad	3.39±0.06Bb	3.18±0.11Cc	3.73±0.08Ba	3.12±0.08Bc	2.16±0.12Cc

注：不同大写字母表示同一质量比不同金属改性生物炭不同处理间差异显著（P<0.05）；不同小写字母表示同一金属离子不同质量比不同处理间差异显著（P<0.05）。

第三节　金属-凝胶复合改性生物炭制备

因为 NO_3^- 有极强的亲水性，与水分子的键合力大，多数硝酸盐在水中溶解度高，难以通过沉淀反应从水中析出，这就很难在吸附剂表面通过化学反应吸附脱离水中 NO_3^--N。因此，利用 NO_3^- 的亲水性，通过改性增强生物炭吸水保水性能，据此吸持水中 NO_3^--N 进而将其去除，是一个值得深入探索的途径。本节在第一节研究的基础上，优选铁离子改性生物炭（FBC）为最佳炭骨架材料，进一步制备金属-凝胶复合改性生物炭，为高效 NO_3^--N 脱除或吸附材料的制备提供理论基础。

3.1 金属-凝胶复合改性生物炭制备工艺流程及特性

3.1.1 铁离子改性生物炭制备

将花生壳自然风干后用钢模磨碎，过 0.85 mm 筛，放入炭化槽中，然后置于马弗炉中，通 N_2，流量为 0.1 $m^3 \cdot h^{-1}$；启动温度为 40 ℃，设置马弗炉升温时间 1 h；设定烧制温度为 600 ℃，时间为 2 h；在保持通 N_2状态下降温 1 h 后关闭马弗炉，冷却至室温；取出后用 1 mol · L^{-1}的 HCl 浸泡 1 h（固液比为 1 ∶ 10），再用去离子水洗至中性，70～80 ℃烘干，研磨过 0.15 mm 筛后储存备用，得未改性生物炭（BC）。取未改性生物炭放入配制好的 $FeCl_3$溶液中，金属离子与炭的质量比为 0.8，固液比为 1 ∶ 10。超声振荡 2 h（温度为 25 ℃，超声功率为 100 Hz）；抽滤烘干后放置在马弗炉中二次煅烧固定（300 ℃，1 h），冷却至室温后研磨过 0.15 mm 筛，得铁离子改性生物炭（FBC），储存备用。

3.1.2 金属-凝胶复合改性生物炭

于 250 mL 三口烧瓶中加入 7.10 g 丙烯酰胺，再加 30 mL 去离子水，快速搅拌至完全溶解；分别加入 1 g、10 g、20 g 铁离子改性生物炭（FBC），在搅拌下加入 1 g N,N-亚甲基双丙烯酰胺，保持快速搅拌至完全溶解，通入 N_2，气体置换 15 min；气体置换完毕后，将反应体系升温至 45～50 ℃，保持搅拌，快速将 80 mg 过硫酸铵加入混合体系内，同时升温至 70 ℃，恒温 3 h；反应完毕后，将反应体系降至室温，制备得到的样品自然风干，研磨，然后密封保存，即得铁改性生物炭基聚丙烯酰胺水凝胶（PFBC）。用未改性生物炭（BC）重复以上步骤，可得生物炭基聚丙烯酰胺水凝胶（PBC）。同时制备不加生物炭的聚丙烯酰胺水凝胶作为对照（第二步时不加生物炭，其他步骤相同），命名为 P。

3.2 金属-凝胶复合改性生物炭特性

基于第二节金属改性最佳质量比与吸附性能研究，优选铁离子（Fe^{3+}）为金属离子，制得铁离子改性生物炭（FBC），并以其为炭骨架，进行凝胶化改性。图 1-3 为凝胶改性前后生物炭扫描电镜图（SEM）。未改性生物炭（BC）经过凝胶负载后的 PBC 表面包埋凝胶，凝胶呈块、片及颗粒状分布在生物炭表面，并相互堆叠成缝隙。以 FBC 为炭骨架凝胶改性制得 PFBC 的环状大孔隙被凝胶充填，表面包裹凝胶片层，环状孔隙结构消失，表面凸凹不平，间有沟槽和缝隙。

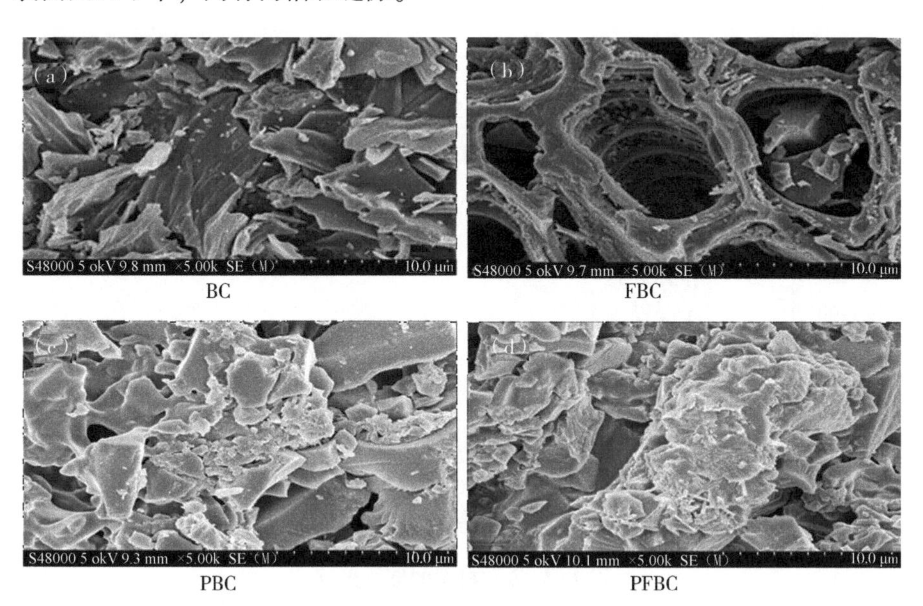

图 1-3　4 种材料的扫描电镜图（×2 000 倍）

由图 1-4 可以看出，改性前后生物炭表面官能团的种类和数量发生变化。BC 在3 433 cm^{-1}、1 621 cm^{-1}、1 383 cm^{-1}、1 105 cm^{-1}等处出现特征峰，分别为—OH 伸缩和—NH_2 反对称伸缩振动、C＝C/C＝O 伸缩和—NH_2 变角振动、—CH_3变角振动及 C—O 伸缩振动。经 Fe^{3+}改性后的 FBC 的—OH 和 C＝C/C＝O 振动峰加强，—CH_3和 C—O 振动峰减弱，750 cm^{-1}左右出现 Fe—O 特征峰（崔志文等，2020），这说明 Fe^{3+}改性使生物炭亲水性增强，且芳香性和稳定性提高。与 BC 相比，凝胶改性生物炭（PBC）—OH 和 C＝C/C＝O 特征峰加强，—CH_3特征峰消失，C—O 的振动峰减弱。与 FBC 相比，PFBC 的3 433 cm^{-1}、1 621 cm^{-1}特征峰加强，峰面变宽，这主要是丙烯酰胺负载引入—NH_2 基团，1 105 cm^{-1}处 C—O 的振动峰减弱。在 2 900 cm^{-1}、1 400 cm^{-1}、1 300 cm^{-1}、1 200 cm^{-1}左右出现新的峰，分别代表—CH_3/—CH_2 伸缩振动峰、—COO 对称伸缩振动峰、—CH_2 面外摇摆振动峰、C—N 伸缩振动峰，这也是丙烯酰胺负载引入的新基团。这些极性基团的引入，在一定程度上增强了生物炭的吸水性和保水性（朱照琪，2017）。

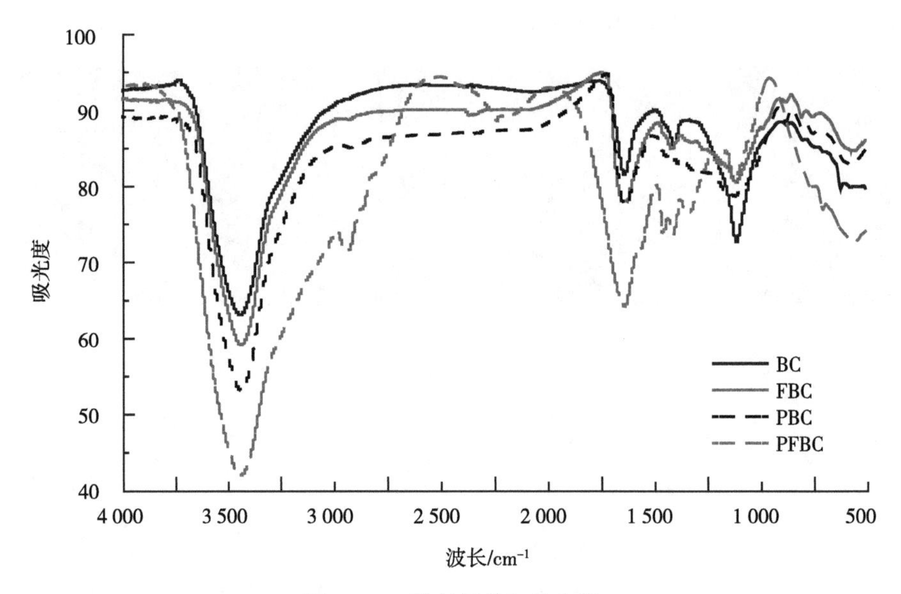

图 1-4　4 种材料的红外光谱

3.3　生物炭与凝胶最适配比

3.3.1　相关流程

为了确定 PBC 和 PFBC 两种复合改性材料中生物炭和凝胶的最佳配比，两组复合材料制备时生物炭的添加量分别为 1 g、10 g、20 g，其他药品的使用量保持一致。用不同生物炭含量的复合材料进行吸附试验，吸附体系为 80 mg · L^{-1} KNO_3溶液，每个处理 3 次重复。分别称取 0.10 g 复合改性生物炭于 100 mL 塑料瓶中，加入 50 mL KNO_3溶液（80 mg · L^{-1}），放入恒温振荡器中，25 ℃条件下 200 r · min^{-1}振荡 24 h。静置后过滤，测定滤液中 NO_3^--N 的含量，根据式（1-1）计算单位质量复合改性生物炭对 NO_3^--N 的吸附量，根据结果确定复合材料中生物炭的最佳添加量，后续试验所用的复合改性生物炭材料均为以最佳配比制备的复合改性材料。

3.3.2　最适配比选择

制备过程中发现，当生物炭添加量超过 20 g 时，凝胶就很难凝固，而且部分生物炭会脱落，无法和凝胶完全复合，所以 20 g 是生物炭最大添加量。生物炭的添加量越大，单位质量的复合改性材料对溶液中 NO_3^--N 的吸附量就越大（表 1-4）。当生物炭添加量增加 10 倍，PBC

和 PFBC 对 NO_3^--N 的吸附分别增加 9.63 倍和 11.36 倍。当生物炭添加量为 20 g 时，PBC 和 PFBC 吸附量相比于 10 g 时分别增加 1.87 倍和 1.55 倍。在初始 NO_3^--N 溶液浓度为 80 mg · L^{-1} 且不改变吸附体系 pH 值的条件下，作为炭基骨架的 BC 和 FBC 对水体硝态氮的吸附量分别是 2.94 mg · g^{-1} 和 4.37 mg · g^{-1}，这与生物炭添加量为 20 g 时复合材料对水体 NO_3^--N 的吸附量接近，说明复合材料吸附 NO_3^--N 主要是作为骨架的生物炭在起作用。在生物炭添加量相同的情况下，PFBC 对 NO_3^--N 的吸附量显著高于 PBC（$P<0.05$），这与第二节中 FBC 和 BC 的吸附结果一致。

表 1-4　生物炭添加量对复合材料吸附 NO_3^--N 的影响

生物炭	水体 NO_3^--N 吸附量/（mg · g^{-1}）		
	1 g	10 g	20 g
PBC	0.16±0.02Cb	1.54±0.03Bb	2.88±0.06Ab
PFBC	0.28±0.01Ca	3.18±0.02Ba	4.92±0.05Aa

注：不同大写字母表示同一生物炭不同添加量之间差异显著（$P<0.05$）；不同小写字母表示同一添加量不同生物炭之间差异显著（$P<0.05$）。

3.4　不同改性生物炭吸附能力比较

比较不同改性生物炭在初始 NO_3^--N 溶液浓度为 80 mg · L^{-1}，且不改变吸附体系 pH 值的条件下对 NO_3^--N 的吸附量和去除率（表 1-5）。与 BC 相比，PBC 的吸附量无显著变化；PFBC 比 FBC 的吸附量提高 1.13 倍。凝胶并不会单独吸附 NO_3^--N，但凝胶可通过吸水带走水中溶解的 NO_3^--N。所以通过金属-凝胶复合改性可显著提高生物炭对 NO_3^--N 的去除率（$P<0.05$）。相比 BC，PBC 和 PFBC 对 NO_3^--N 的去除率分别提高 2.58 倍和 2.19 倍。

表 1-5　不同改性生物炭对 NO_3^--N 的吸附和去除

生物炭	吸附量/（mg · g^{-1}）	去除率/%
BC	2.94±0.06C	7.35±0.09D
FBC	4.37±0.04B	10.93±0.11C
P	0.00±0.00D	6.81±0.12E

（续表）

生物炭	吸附量/（$mg \cdot g^{-1}$）	去除率/%
PBC	2.88±0.06C	18.99±0.08B
PFBC	4.92±0.05A	23.94±0.10A

注：不同大写字母表示不同生物炭之间差异显著（$P<0.05$）。

第四节　固定微生物生物炭制备

农业生产过程中产生的铵态氮（NH_4^+-N）废水进入河道、湖泊，引起水体富营养化，劣化水质，威胁水体生态安全。去除水体 NH_4^+-N 的方法包括物理法、化学法和生物法等，其中生物法因便捷高效而被广泛应用，但存在菌体易流失不能重复利用及稳定性低等缺陷。生物炭是高温厌氧热解产生的一类富碳物质，其孔隙丰富、比表面积大、稳定性强，能为微生物提供碳、氮源及栖息场所，是一类较有前景的载体材料。固定化微生物法是将菌体固定在载体上，稳定菌群结构、可重复利用且有利于固液分离，逐渐成为受人青睐的一种新兴处理 NH_4^+-N 方法。大量研究表明，利用生物炭固定具有脱氮功能的菌体，可提升其对水体 NH_4^+-N 的去除效果。

4.1　固定微生物生物炭制备工艺流程

4.1.1　相关生物炭的制备

花生壳用清水洗净表面尘土、烘干、粉碎并过 2 mm 筛，然后放入马弗炉内，通入 N_2，以 5 ℃ · min^{-1}的速率升温至 600 ℃，热解 2 h，冷却后取出。加入去离子水，用磁力搅拌器搅拌 30 min，静置 30 min，用抽吸泵滤出生物炭，并加入 1 mol · L^{-1}盐酸浸泡 1 h，去除生物炭中灰分（李峰等，2000）；再用去离子水洗至中性，烘干后储存于密封玻璃瓶内备用。生物炭（BC）组分和基本理化性质见表 1-6。

表 1-6　生物炭组分和基本理化性质

生物炭	pH 值	比表面积/（$m^2 \cdot g^{-1}$）	孔容/（$cm^3 \cdot g^{-1}$）	灰分/%	元素含量/%			
					C	H	O	N
BC	6.79	186.16	0.16	2.86	81.32	1.72	10.20	0.87

4.1.2　生物炭固定菌株的制备与固定

所用菌种均由中国科学院上海高等研究院筛选并提供，3 株细菌分别为脱氮副球菌（T）、假单胞菌（J）和拉乌尔菌（L）。供试硝化菌生长培养基：葡萄糖 5 $g \cdot L^{-1}$、蛋白胨 12 $g \cdot L^{-1}$、酵母提取物 24 $g \cdot L^{-1}$、磷酸二氢钾 2.31 $g \cdot L^{-1}$、十二水磷酸氢二钾 16.43 $g \cdot L^{-1}$，调节 pH 值为 7.0~7.3，115 ℃灭菌 20 min。

从-70 ℃环境取出用甘油保存的菌种，融化后取 100 μL 菌液，稀释 10^7 倍后涂布于固体生长培养基中，放入 30 ℃恒温培养箱培养 24 h。待细菌长出后，挑单菌落于液体培养基，在 30 ℃、200 $r \cdot min^{-1}$的摇床内培养细菌至 OD_{600}=1.0±0.2，将菌液离心得到菌体，用无菌水洗涤 3 次，最后加入原体积分数为 0.85%的生理盐水重悬，4 ℃保存备用，为保证细菌活性，试验在 48 h 内完成。

吸附固定：按 1∶10 的比例将花生壳生物炭和菌液混合，置于 25 ℃、200 $r \cdot min^{-1}$摇床内吸附 18 h，并置于 4 ℃环境下保存，制得吸附菌株生物炭。

包埋固定：包埋剂材料为 10%聚乙烯醇（PVA）和 2%海藻酸钠（SA）的混合溶剂，其中 PVA 为主要包埋材料，SA 为添加剂，二者混合比例为 7∶3（戚鑫等，2018），交联剂为含 2% $CaCl_2$ 的饱和硼酸溶液，用 Na_2CO_3调 pH 值至 6.7。按 1∶10 的比例取相应量的菌液，离心后加入约原体积 1/3 的 0.85%生理盐水将菌体重悬并于生物炭混合。置于摇床中 200 $r \cdot min^{-1}$、30 ℃吸附 2 h 后再加入原菌液约 2/3 体积的 SA-PVA 混合物与其充分混匀，用 3#注射器将混合后的物质逐滴滴入含 2% $CaCl_2$ 的饱和硼酸溶液中，在 4 ℃环境下交联 18 h，过滤并用无菌水洗涤 3 次，制得包埋硝化菌生物炭小球（Bayat et al.，2015；Samonin & Elikova，2004）。

4.2　固定微生物生物炭特性

由扫描电镜图（图 1-5）可以看出，生物炭（BC）呈“蜂窝状”孔隙结构，表面除零星分布一些细碎颗粒外，较为干净平整。而包埋后的生物炭（M-BC）表面孔隙结构在放大1 000倍时几乎很难看见，只呈现褶皱结构。从电镜图可以明显看到，脱氮副球菌（T）、假单胞菌（J）和拉乌尔菌（L）分别以饼状、杆状与粒状形态分布于生物炭表面，这说明通过吸附和包埋两种方法，均能将 3 种菌株加载到生物炭表面。利用吸附法固定脱氮副球菌、假单胞菌和拉乌尔菌（F-BC-T、F-BC-J、F-BC-L）时，细菌主要在生物炭孔隙、沟壑、粗糙结构处附着。包埋法固定菌株（M-BC-T、M-BC-J、M-BC-L)时，细菌同样分布在孔隙附近较为粗糙的部位，这是由于包埋前在摇床中吸附的结果。与吸附法不同，包埋法固定的细菌被包埋剂包裹，与生物炭合为“一体”，M-BC-L 图中此现象最为明显。包埋过程中生物炭的孔隙结构会被包埋剂或细菌填充、遮盖，中孔或大孔结构也会因此减小。

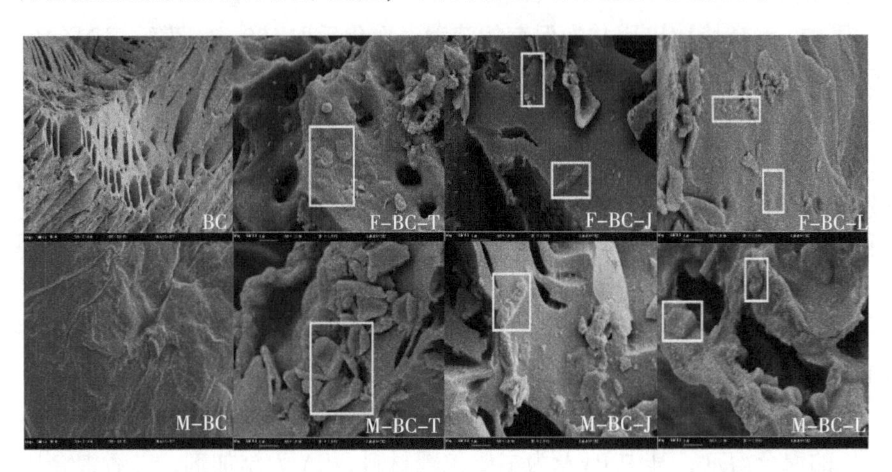

图 1-5　生物炭、固定微生物生物炭的扫描电镜图（×1 000 倍，×10 000 倍）

两种微生物固定方法均显著影响生物炭的比表面积及孔隙结构(表 1-7)。与 BC 相比，吸附法固定脱氮副球菌生物炭（F-BC-T），使生物炭微孔容积（V_{HK}）、介孔容积（V_{DFT}）和大孔积积（V_{BJH}）分别减小 13.5%、19.5%和 25.8%，比表面积减小 17.2%。而吸附法固定假单胞菌生物炭（F-BC-J）主要降低微孔和大孔容积，V_{HK}和 V_{BJH}减小 5.4%和 9.4%，V_{DFT}减小 1.2%，比表面积减 5.5%。吸附法固定拉乌尔菌生物炭（F-BC-L）后，比表面积增至 269.54 $m^2 \cdot g^{-1}$，增幅达 0.45 倍，V_{HK}增大 0.43 倍，但是 V_{DFT}和 V_{BJH}分别减小 36.6%和 22.6%。

包埋法固定 3 种微生物均减小生物炭的比表面积、V_{HK}、V_{DFT}和 V_{BJH}(表 1-7)。与 BC 相比，M-BC-T、M-BC-J 和 M-BC-L 的比表面积分别减小 87.3%、91.4%和 96.3%；介孔容积（V_{DFT}）分别减小 84.1%、90.9%和 98.2%，大孔容积（V_{BJH}）减小 70.1%、88.3%和 89.1%，微孔几乎被全部封堵。

表 1-7　固定菌株生物炭比表面积和孔隙结构特征参数

样品	比表面积/ ($m^2 \cdot g^{-1}$)	微孔容积 (<2 nm) / ($cm^3 \cdot g^{-1}$)	介孔容积 (2~50 nm) / ($cm^3 \cdot g^{-1}$)	大孔容积 (50~150 nm) / ($cm^3 \cdot g^{-1}$)
BC	186.16	0.074	0.164	0.128
F-BC-T	154.20	0.064	0.132	0.095
F-BC-J	175.95	0.070	0.162	0.116
F-BC-L	269.54	0.106	0.104	0.099
M-BC-T	23.57	0.009	0.026	0.037
M-BC-J	16.10	0.006	0.015	0.015
M-BC-L	6.88	0.000	0.003	0.014

吸附法和包埋法固定 3 种微生物生物炭的红外光谱特征如图 1-6 所示。生物炭（BC）的特征峰主要包括 3 406.40 cm^{-1}、2 923.20 cm^{-1}、1 586.79 cm^{-1}、1 094.27 cm^{-1}，其中 3 406.40 cm^{-1} 处为羟基（—OH）伸缩振动峰，2 923.20 cm^{-1} 为亚甲基（$—CH_2—$），1 586.79 cm^{-1} 为羰基（C=O），1 094.27 cm^{-1} 为醚键（—C—O—C—）的伸缩振动峰。

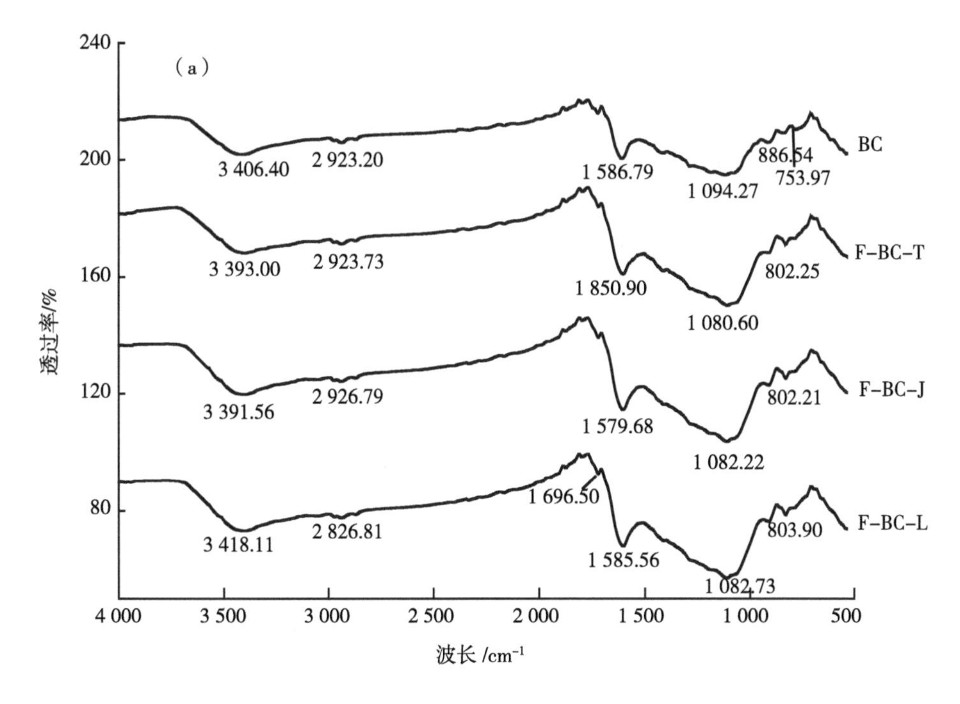

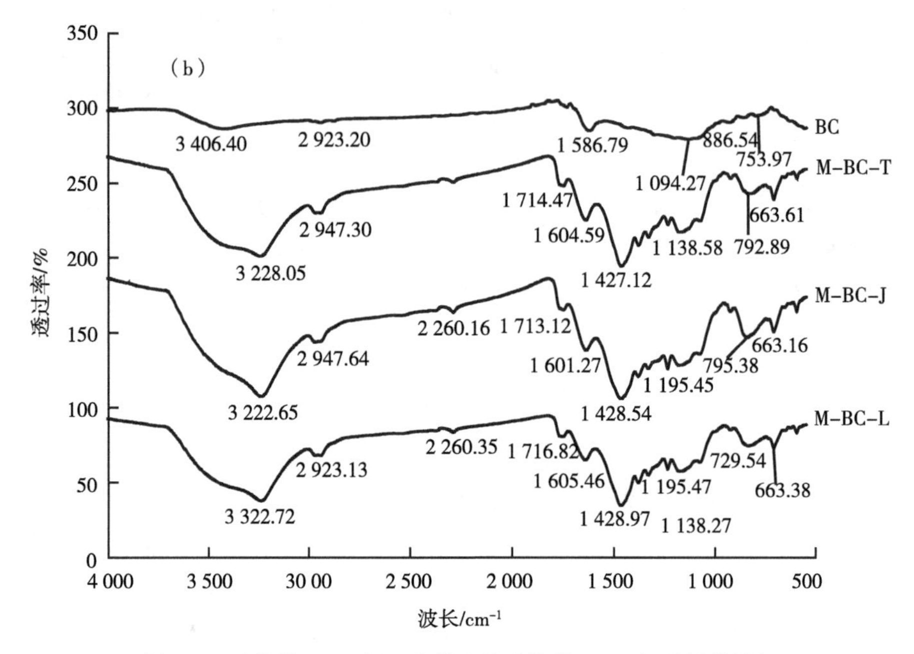

图 1-6　生物炭（a）及固定微生物生物炭（b）红外图谱特征

包埋固定微生物生物炭（M-BC-T、M-BC-J、M-BC-L）在 3 228.05 cm^{-1}、2 923.20 cm^{-1}、1 586.79 cm^{-1}、753.97 cm^{-1}处的特征峰均有所加强，并呈现不同程度的偏移（图 1-6b），并于 2 260 cm^{-1}、1 714 cm^{-1}、1 427 cm^{-1}、1 138 cm^{-1}、663.61 cm^{-1}附近出现新峰，分别表征 B—H 伸缩振动峰、芳香酸酯 C=O 伸缩振动峰、双键或羰基相连的—CH_2 伸缩振动峰、C—O 伸缩振动峰以及 C—H 面外弯曲振动峰。吸附固定菌株生物炭（F-BC-T、F-BC-J、F-BC-L），与对照相比，特征峰没有发生显著变化（图 1-6a），说明仅微生物的附着不会影响生物炭表面官能团结构和组成。

第二章　不同种类生物炭对无机氮素吸附性能的影响

生物炭吸附剂，有比表面积大、孔隙发达等优点，而且具有许多极性和非极性表面位点，是很好的吸附水体中 NO_3^--N 的材料（李丽等，2015），大量研究表明，生物炭对铵态氮（NH_4^+-N）和 NO_3^--N 有很强的吸附作用。刘玮晶（2012）试验发现，添加不同梯度生物炭（1%、3%和5%），分别减少 NH_4^+-N 淋失量 22%、39%和 47%。Tofighy 和Mohammadi（2011）研究得出，在没有达到吸附最大量时，随着 NO_3^--N 浓度的升高，NO_3^--N 的吸附量增高，而且物质传输驱动力与初始浓度成正比；Mishra 和 Patel（2009）通过对 3 种不同生物炭（商业活性炭、小麦秆以及芥末稻草生物炭）的吸附试验发现，0~25 mg · L^{-1}的初始浓度影响吸附效果，且在这个范围内吸附效果最好的是芥末稻草生物炭。目前，对于生物炭吸附性能的研究也存在不同的观点。通过对生物炭吸附的氮进行同位素标记，证明了生物炭吸附的 NH_4^+-N 可以被植物所利用，但生物炭对 NO_3^--N 的吸附能力有限（Taghizadeh-Toosi et al.，2011）。生物炭表面多带负电荷，对带负电离子存在同性电荷相斥的作用而影响其吸附效果。为使生物炭对 NO_3^--N 的吸附能力更强，许多研究者尝试对生物炭进行金属改性处理，使生物炭表面负载上金属阳离子。例如，用 $FeCl_3$和 $CaCl_2$ 对秸秆生物炭进行改性活化，提高秸秆生物炭对 NO_3^--N 的吸附能力，最大吸附量可达到95.26 mg · g^{-1}，而在土壤中施加 $FeCl_3$改性生物炭则可以显著降低土壤 NO_3^--N 的淋失量（李际会，2012）；用锰氧化物对生物炭进行改性使生物炭表面官能团的吸附能力增强（Wang et al.，2015a）。负载金属阳离子改性的方法主要是通过改善生物炭表面的电荷或官能团的数量和性质而增大生物炭的比表面积或孔容，使其物理吸附作用增强，增强其对 NO_3^--N 的吸附。

但是，目前已有的关于改性生物炭吸附 NO_3^--N 的研究仍然不够全面、不够系统，有关生物炭对水体 NO_3^--N 的吸附机制或对土壤氮素行为的阻控作用国内外有许多假说，物理、化学性质引起的非生物学机制和微生物繁殖、代谢引起的生物学机制是研究的热点。然而，已有的许多研究却没有一个统一的结论。其原因在于人们对生物炭的具体吸附机制或阻控氮素行为的确切过程尚未获得共识。而且，生物炭制备原料广泛、工艺简陋、表面理化性质复杂，致效成分有限，作用效果不突出，导致诸多研究结果和试验现象不尽一致，难以在机制论断上获得有力证据。另外，生物炭作为吸附剂，还存在表面性质不均衡、吸附机制复杂等缺点。因此，需要通过相应的处理改性，使生物炭表面性质均一，增加有效成分，强化作用效果。应用多种改性方法复合改性生物炭，增大其比表面积、表面正电荷和亲水性基团的数量，可能对生物炭吸附 NO_3^--N 具有重要的促进作用。

第一节　不同原料类型生物炭对无机氮素吸附性能的影响

关于生物炭对无机氮的吸附机制，有研究认为，生物炭比表面积大、容重小、孔隙发达，具有诸多极性和非极性表面位点，能吸附并固持淋溶溶液中的无机氮（Cao et al.，2009）；还有研究认为土壤的 pH 值是影响生物炭对氮素吸附的主要因素，土壤 pH 值越大，对氮素的吸附效果越好（潘逸凡等，2013）；Chintala 等（2013a）研究得出，pH 值溶液中过量的氢离子（H^+）会改变生物炭表面的官能团，从而影响生物炭对无机氮的吸附。对于生物炭对 NH_4^+-N/NO_3^--N 吸附的确切机制，目前存在不同的观点，因此，清晰分析和揭示不同类型生物炭对 NH_4^+-N/NO_3^--N 吸附量存在的差异以及不同的吸附机制，对于生物炭的合理应用具有积极意义。

1.1　试验材料

1.1.1　生物炭选择

采用第一章第一节 1.1 制备的不同原料类型生物炭。

1.1.2　吸附溶液配制

常温状态下将硫酸铵［$NH_4(SO_4)_2$］、硝酸钾（KNO_3）溶解于去离子水中，配制1 000 mg·L^{-1}的母液，然后将母液稀释成所需的不同浓度。

1.2　最适 pH 值确定

1.2.1　吸附最适 pH 值确定试验

分别称取 0.2 g 制备好的 4 种生物炭于 100 mL 的塑料瓶中，用 HCl/NaOH 调节 50 mL 的 50 mg · L^{-1} NH_4^+-N/NO_3^--N 溶液 pH 值分别至 2.00、3.00、4.00、5.00、6.00、7.00、8.00、9.00、10.00、11.00、12.00，混合后的溶液在 25 ℃、200 r · min^{-1}的恒温振荡器中振荡 24 h，静置，过滤，流动分析仪测定溶液中 NH_4^+-N/NO_3^--N 的浓度，每个处理重复 4 次。根据式（1-1）计算吸附量。

1.2.2　溶液 pH 值对 NH_4^+- N /NO_3^-- N 吸附效果的影响

随溶液 pH 值的逐渐升高，NBC、CBC、ABC 和 BBC 4 种生物炭对 NH_4^+-N 的吸附量呈逐渐增加趋势（图 2-1）。当溶液 pH 值<4 时，4 种生物炭对 NH_4^+-N 的吸附量随 pH 值上升大幅度增加；当溶液 pH 值为 4~8 时，4 种生物炭对 NH_4^+-N 的吸附量变化趋于平缓，不再显著增加；当 pH 值>8 时，生物炭对 NH_4^+-N 的吸附量又呈现快速增加趋势。而 NBC、CBC、ABC 和 BBC 4 种生物炭随溶液 pH 值升高，其对 NO_3^--N 的吸附量呈现逐渐下降的趋势（图 2-2），当 pH 值为 1 时，吸附量最大。由图 2-2 可知，在溶液 pH 值<6 时，4 种生物炭吸附 NO_3^--N 的量随着 pH 值的升高，吸附量下降幅

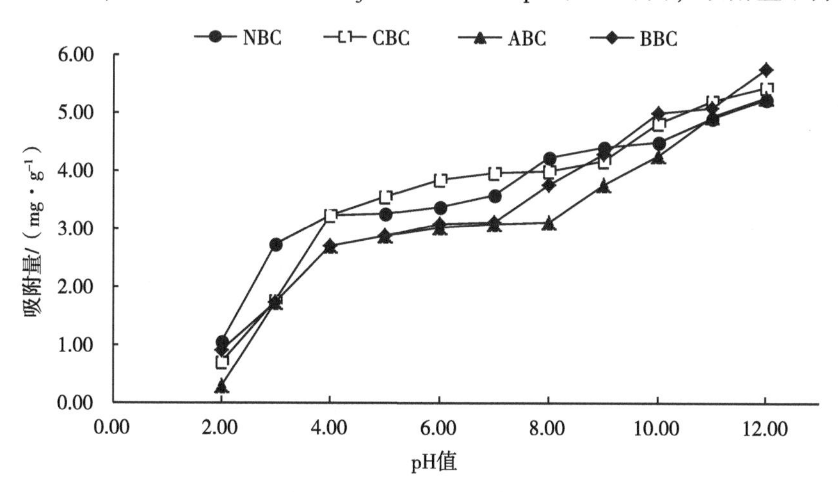

图 2-1　不同原料类型生物炭在不同 pH 值梯度下对 NH_4^+-N 的吸附

度较大；在溶液 pH 值>6 时，4 种生物炭对 NO_3^--N 没有吸附，反而会往溶液中释放 NO_3^--N，并且随着 pH 值的升高，释放量逐渐增大。

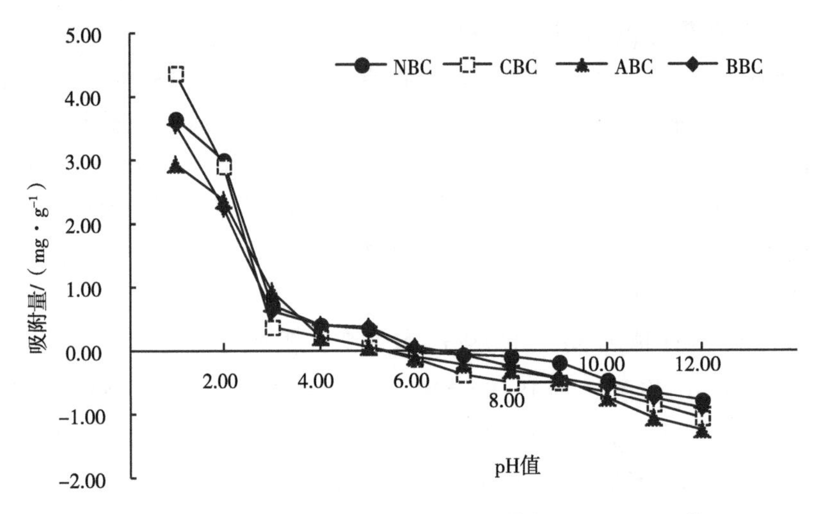

图 2-2　不同原料类型生物炭在不同 pH 值梯度下对 NO_3^--N 的吸附

1.3　不同原料类型生物炭吸附热力学特性

1.3.1　不同原料类型生物炭吸附等温线测定

称取 4 种生物炭各 0.2 g 于不同的 100 mL 塑料瓶中，分别加入 20 mg·L^{-1}、40 mg·L^{-1}、60 mg·L^{-1}、80 mg·L^{-1}、100 mg·L^{-1}、200 mg·L^{-1}、400 mg·L^{-1}、600 mg·L^{-1}、800 mg·L^{-1}、1 000 mg·L^{-1}不同浓度梯度的 NH_4^+-N/NO_3^--N 溶液 50 mL，用 HCl/NaOH 调节 NH_4^+-N 溶液 pH 值至 7.00±0.30、NO_3^--N 溶液 pH 值至 2.00±0.30，每个处理 4 次重复，混合后的溶液在 25 ℃、200 r·min^{-1}的恒温振荡器中振荡 24 h，静置，过滤，流动分析仪测定溶液中 NH_4^+-N/NO_3^--N 的质量浓度。按式（1-1）计算出单位质量生物炭对 NH_4^+-N/NO_3^--N 的吸附量。根据式（1-1）计算出的结果，分别用 Langmuir 模型和 Freundlich 模型对数据进行拟合。

$$\text{Langmuir 模型：} q_e = b \times C_e \times Q_m / (1 + b \times C_e) \qquad (2-1)$$

$$\text{Freundlich 模型：} q_e = K_F \times C_e^{1/n} \qquad (2-2)$$

式中，q_e 为生物炭对 NH_4^+-N/NO_3^--N 的吸附量（mg·g^{-1}）；C_e 为吸附平衡时液相中 NH_4^+-N/NO_3^--N 的浓度（mg·L^{-1}）；b 为吸附平衡常数（L·g^{-1}）；

K_F、n 是吸附过程的经验系数；Q_m 为达到平衡时生物炭吸附 NH_4^+-N/NO_3^--N的吸附量（$mg \cdot g^{-1}$）。

1.3.2　不同原料类型生物炭对 NH_4^+-N /NO_3^--N 的等温吸附特征

随溶液平衡浓度的升高，4 种生物炭对 NH_4^+-N 的吸附量呈逐渐增加的趋势（图 2-3），当溶液 NH_4^+ 浓度接近 800 $mg \cdot L^{-1}$时，生物炭对 NH_4^+-N 的吸附量达到饱和，此时再增加溶液浓度，吸附量不再显著增加。其中 NBC 的饱和吸附量为 15 $mg \cdot g^{-1}$，CBC 为 12.5 $mg \cdot g^{-1}$，ABC 为 9.5 $mg \cdot g^{-1}$，BBC 为 10.5 $mg \cdot g^{-1}$，4 种生物炭对 NH_4^+-N 的吸附能力总体表现为：NBC>CBC>BBC>ABC。用 Langmuir 模型和 Freundlich 模型方程分别对 4 种生物炭吸附 NH_4^+-N 的过程进行拟合，结果表明，Langmuir 模型能够更好地描述生物炭对 NH_4^+-N 的等温吸附行为（表 2-1），由此可以判断生物炭对 NH_4^+-N 的吸附是以单分子层的化学吸附为主。Freundlich 模型对数据的拟合回归系数 R_F^2>

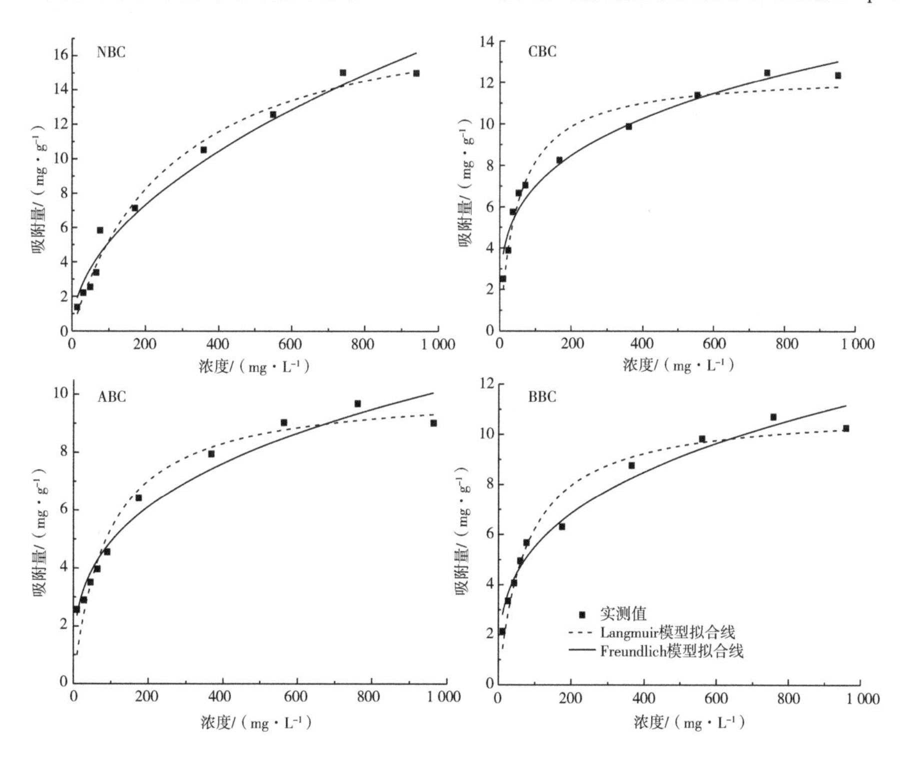

图 2-3　不同原料类型生物炭对溶液中 NH_4^+-N 的热力学吸附曲线

0.950，达到了显著水平，且 n 为 1~10，说明吸附容易进行，由此说明各生物炭对 NH_4^+-N 的吸附存在单分子层吸附的同时也存在多分子层吸附。

如图 2-4 所示，随溶液浓度的升高，4 种原料生物炭对 NO_3^--N 的吸附量呈逐渐增加的趋势，当溶液 NO_3^--N 浓度接近 800 mg · L^{-1}时，生物炭对 NO_3^--N 的吸附量达到饱和，此时再增加溶液浓度，吸附量不再显著增加。其中 NBC 的最大饱和吸附量为 30 mg · g^{-1}，CBC 为 44 mg · g^{-1}，ABC 为 18 mg · g^{-1}，BBC 为 22 mg · g^{-1}，4 种生物炭对 NO_3^--N 的吸附能力总体表现为：CBC>NBC>BBC>ABC。用 Langmuir 模型和 Freundlich 模型分别对 4 种生物炭吸附 NO_3^--N 的过程进行拟合，结果表明 Langmuir 模型能够更好地描述 NBC、CBC 和 BBC 3 种生物炭对 NO_3^--N 的热力学吸附行为，吸附以单分子层化学吸附为主，而 Freundlich 模型能够更好地描述 ABC 对 NO_3^--N 的热力学吸附行为，以多分子层物理吸附为主导（表 2-2）。Langmuir 模型对 ABC 的数据拟合回归系数 R_L^2>0.950，说明 ABC 对 NO_3^--N 的吸附存在多分

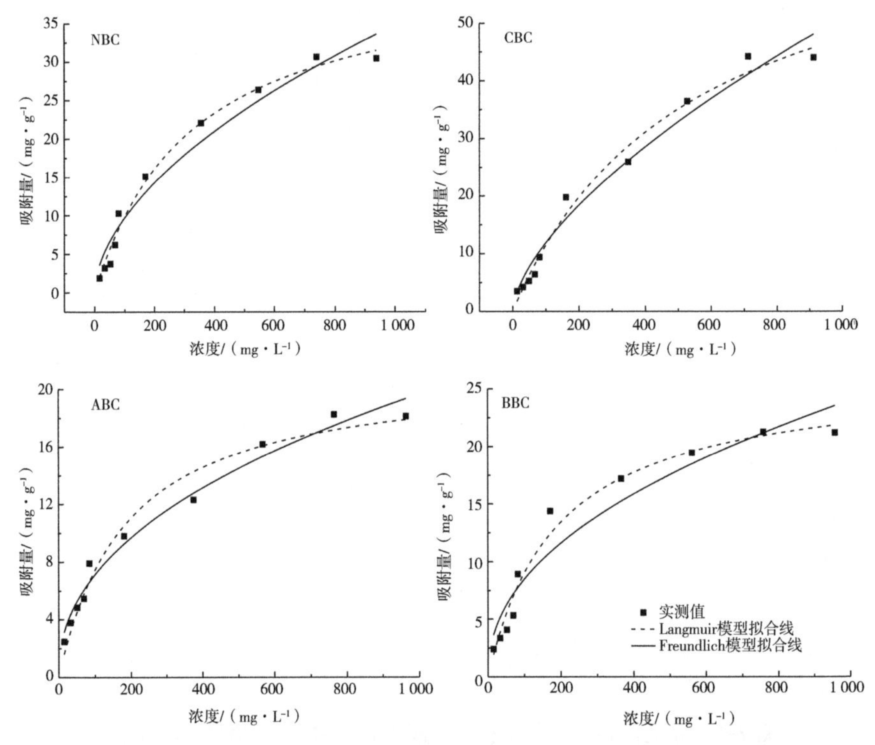

图 2-4 不同原料类型生物炭对溶液中 NO_3^--N 的热力学吸附曲线

子层物理吸附的同时也存在单分子层化学吸附。Freundlich 模型对 NBC 和 CBC 数据的拟合回归系数 R_F^2>0.950，说明 NBC 和 CBC 对 NO_3^--N 的吸附存在单分子层化学吸附的同时也存在多分子层物理吸附，而对 BBC 数据的拟合回归系数 R_F^2<0.950，没有达到显著水平，由此说明 BBC 对 NO_3^--N 的吸附为单分子层化学吸附。且 4 种生物炭的 n 值为 1.58~2.28，大于 1，说明 4 种生物炭对 NO_3^--N 的吸附反应易于进行（Malandrino et al.，2006）。

表 2-1　NH_4^+-N 在 NBC、CBC、ABC、BBC 上的吸附热力学参数

生物炭	Langmuir 模型			Freundlich 模型		
	b	Q_m/（mg · g^{-1}）	R^2	n	K_F	R^2
NBC	0.004	15.464	0.981	1.954	0.487	0.970
CBC	0.019	12.431	0.965	1.623	0.463	0.959
ABC	0.011	10.176	0.960	1.171	0.152	0.959
BBC	0.013	11.000	0.977	1.206	0.311	0.969

注：b 为吸附平衡常数（L · g^{-1}）；K_F、n 是吸附过程的经验系数；Q_m 为达到平衡时生物炭的吸附量（mg · g^{-1}）；R^2 为拟合决定系数。

表 2-2　NO_3^--N 在 NBC、CBC、ABC、BBC 上的吸附热力学参数

生物炭	Langmuir 模型			Freundlich 模型		
	b	Q_m/（mg · g^{-1}）	R^2	n	K_F	R^2
NBC	0.003	32.48	0.988	1.8	0.761	0.957
CBC	0.002	42.16	0.985	1.58	0.646	0.972
ABC	0.005	17.34	0.971	2.28	0.945	0.978
BBC	0.005	22.17	0.977	2.22	1.061	0.922

注：b 为吸附平衡常数（L · g^{-1}）；K_F、n 是吸附过程的经验系数；Q_m 为达到平衡时生物炭的吸附量（mg · g^{-1}）；R^2 为拟合决定系数。

1.4　不同原料类型生物炭吸附动力学特性

1.4.1　不同原料类型生物炭动力学吸附测定

取 50 mL 800 mg · L^{-1}的 NH_4^+-N/NO_3^--N 溶液，分别加入 CBC、NBC、ABC、BBC 4 种生物炭 0.2 g，恒温振荡，吸附试验的条件为温度（25±0.5）℃。分别于 5 min、10 min、20 min、30 min、40 min、50 min、60 min、90 min、120 min、180 min 取出样品，每个处理重复 4 次，过滤后测定滤液

中 NH_4^+-N/NO_3^--N 浓度。分别用式（2-3）至式（2-6）对数据进行拟合，分析其关系，推得吸附机制。

伪一级动力学模型：$q_t = Q_m(1 - e^{-k_1 t})$ （2-3）

伪二级动力学模型：$t/q_t = 1/(k_2 \times Q_m^2) + t/Q_m$ （2-4）

Elovich 模型：$q_t = (1/\beta_E)\ln(\alpha_E \beta_E) + (1/\beta_E)\ln t$ （2-5）

颗粒扩散模型：$q_t = K_p \times t^{1/2} + C$ （2-6）

式中，q_t 为 t 时刻吸附 NH_4^+-N/NO_3^--N 量（mg · g^{-1}）；Q_m 为达到平衡时生物炭吸附 NH_4^+-N/NO_3^--N 的吸附量（mg · g^{-1}），k_1、k_2 和 K_p 分别为伪一级吸附、伪二级吸附以及颗粒扩散速率常数，α_E 表示初始吸附速率常数，β_E 表示解吸速率常数；C 为常数项。

1.4.2 不同原料类型生物炭对 NH_4^+-N/NO_3^--N 的动力学吸附特征

由图 2-5 可知，4 种生物炭在溶液初始浓度为 800 mg · L^{-1}的体系中，在 20 min 内吸附量快速增加，当超过 20 min，生物炭对 NH_4^+-N 的吸附量随

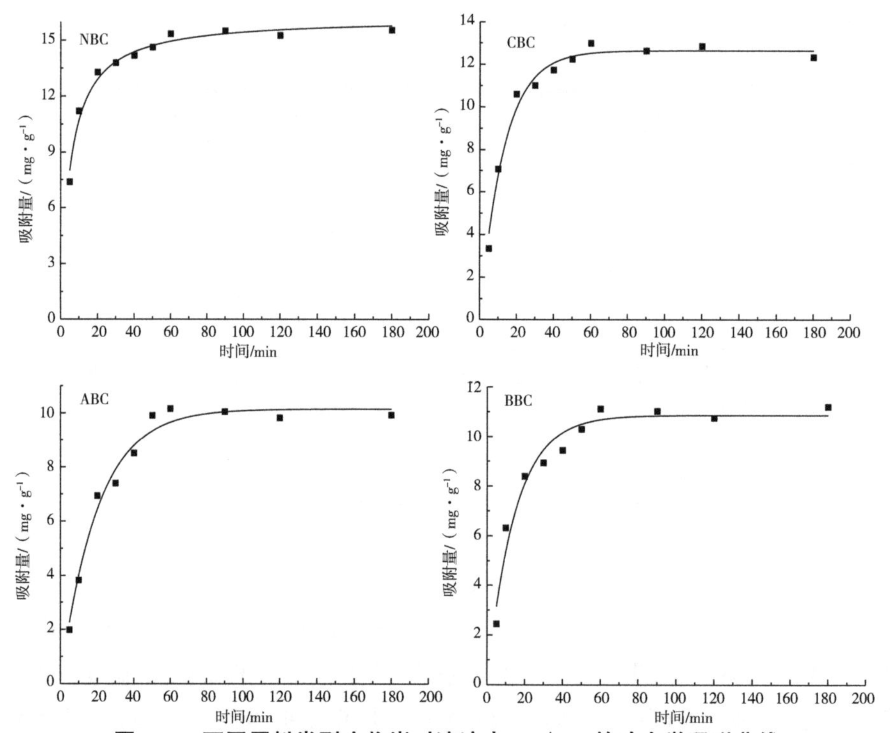

图 2-5 不同原料类型生物炭对溶液中 NH_4^+-N 的动力学吸附曲线

着时间增加变得缓慢，当时间延长至 50 min 左右，生物炭对 NH_4^+-N 的吸附达到饱和，随着时间的增加，吸附量并没有显著变化。用伪一级动力学模型、伪二级动力学模型、Elovich 模型和颗粒扩散模型对吸附数据进行拟合（表 2-3），伪二级动力学模型拟合决定系数 $R^2=0.978$（NBC）、$R^2=0.979$（CBC）、$R^2=0.998$（ABC）、$R^2=0.977$（BBC），显著高于其他 3 个模型，并且 Q_m 与实际测得值较为接近，因此，伪二级动力学模型能够更好地描述生物炭对 NH_4^+-N 的动力学吸附过程。生物炭对 NH_4^+-N 的吸附可分为快速反应和慢速反应，根据伪二级动力学参数 k_2 进行判断，4 种生物炭对 NH_4^+-N 的吸附主要是由快速反应所控制。

由图 2-6 可知，4 种生物炭在相同初始浓度（800 mg · L^{-1}）的体系中，在 5~20 min 对 NO_3^--N 的吸附量增加迅速，而当超过 20 min，随着时间的延长，生物炭对 NO_3^--N 吸附量的增加速度减缓，当吸附时间增至 50 min 左右，CBC、ABC 和 BBC 对 NO_3^--N 的吸附达到饱和，而 NBC 对 NO_3^--N 的吸

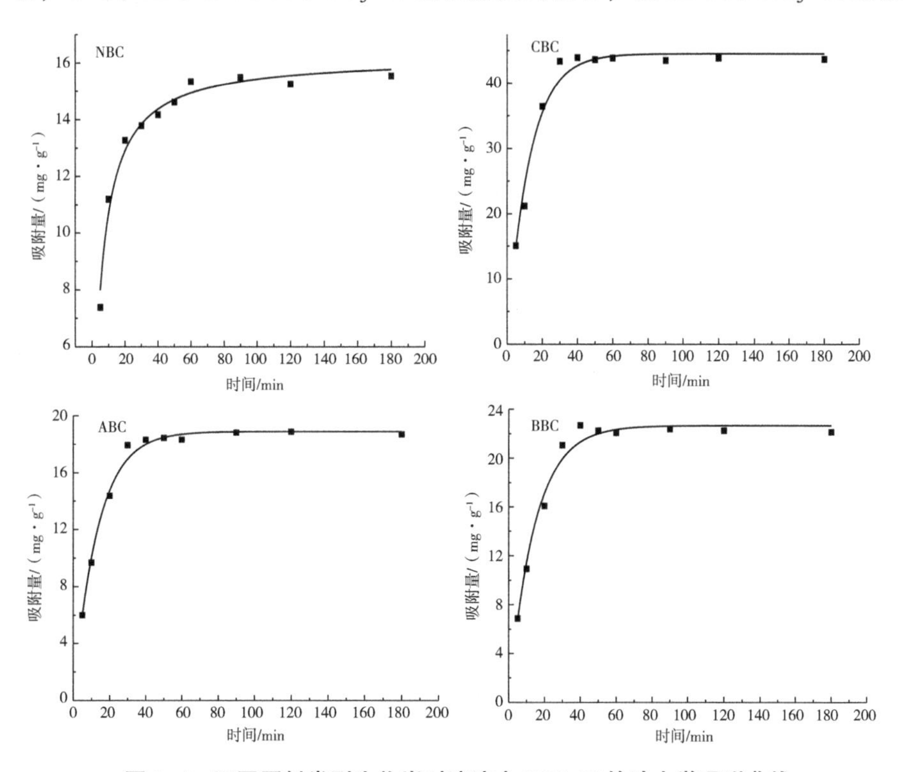

图 2-6 不同原料类型生物炭对溶液中 NO_3^--N 的动力学吸附曲线

附在 60 min 左右达到平衡，此后，随着时间的增加，各生物炭对 NO_3^--N 的吸附量不再发生显著变化。应用模型对吸附数据进一步拟合（表 2-4），结果显示，伪一级动力学方程拟合系数 R^2 = 0.976（NBC）、R^2 = 0.974（CBC）、R^2=0.991（ABC）、R^2=0.980（BBC），拟合系数显著高于其他 3 个方程，且 Q_m与实际值较为接近，因此，伪一级动力学模型能够更好地描述 4 种生物炭对 NO_3^--N 的动力学吸附过程。

表 2-3　NH_4^+-N 在 NBC、CBC、ABC、BBC 上的动力学参数

生物炭	伪一级动力学模型			伪二级动力学模型		
	k_1/min^{-1}	Q_m/（mg · g^{-1}）	R^2	k_2/（g · mg^{-1} · min^{-1}）	Q_m/（mg · g^{-1}）	R^2
NBC	0.130	14.92	0.948	0.012	16.22	0.978
CBC	0.077	14.19	0.928	0.007	12.64	0.979
ABC	0.050	11.76	0.936	0.005	10.15	0.998
BBC	0.068	12.34	0.945	0.007	10.86	0.977

生物炭	Elovich 模型			颗粒扩散模型		
	α_E/（mg · g^{-1} · min^{-1}）	β_E/（g · mg^{-1}）	R^2	K_p/（g · mg^{-1}）	C	R^2
NBC	3.50	0.471	0.831	0.582	9.51	0.585
CBC	4.59	0.398	0.782	0.669	5.97	0.512
ABC	1.60	0.412	0.862	0.676	3.09	0.633
BBC	2.91	0.431	0.852	0.641	4.48	0.614

注：Q_m为达到平衡时生物炭吸附量（mg · g^{-1}）；k_1、k_2 和 K_p分别为伪一级动力学吸附、伪二级动力学吸附以及颗粒扩散速率常数；α_E表示初始吸附速率常数；β_E表示解吸附速率常数；C 为常数项；R^2 为拟合决定系数。

表 2-4　NO_3^--N 在 NBC、CBC、ABC、BBC 上的动力学参数

生物炭	伪一级动力学模型			伪二级动力学模型		
	k_1/min^{-1}	Q_m/（mg · g^{-1}）	R^2	k_2/（g · mg^{-1} · min^{-1}）	Q_m/（mg · g^{-1}）	R^2
NBC	0.080	31.63	0.976	0.003	35.26	0.886
CBC	0.079	44.54	0.974	0.022	49.65	0.893

（续表）

生物炭	伪一级动力学模型			伪二级动力学模型		
	k_1/min^{-1}	Q_m/（$mg \cdot g^{-1}$）	R^2	k_2/（$g \cdot mg^{-1} \cdot min^{-1}$）	Q_m/（$mg \cdot g^{-1}$）	R^2
ABC	0.076	18.89	0.991	0.005	21.17	0.933
BBC	0.071	22.67	0.980	0.004	25.47	0.912

生物炭	Elovich 模型			颗粒扩散模型		
	α_E/（$mg \cdot g^{-1} \cdot min^{-1}$）	β_E/（$g \cdot mg^{-1}$）	R^2	K_p/（$g \cdot mg^{-1}$）	C	R^2
NBC	13.96	0.166	0.704	1.55	16.08	0.423
CBC	47.78	0.145	0.934	2.21	22.28	0.460
ABC	7.25	0.271	0.789	0.99	8.98	0.526
BBC	7.45	0.220	0.773	1.22	10.29	0.511

注：Q_m为达到平衡时生物炭吸附量（$mg \cdot g^{-1}$）；k_1、k_2 和 K_p分别为伪一级动力学吸附、伪二级动力学吸附以及颗粒扩散速率常数；α_E表示初始吸附速率常数；β_E表示解吸附速率常数；C 为常数项；R^2 为拟合决定系数。

1.5　不同原料类型生物炭对无机氮素吸附效果及机制

1.5.1　不同原料类型生物炭吸附前后表征分析

由图 2-7 所示，4 种生物炭表面粗糙、凹凸不平，且结构差异明显，NBC、CBC 和 ABC 表面有明显的孔隙结构，而 BBC 表面没有明显的孔隙结构，这种明显的差异可能与原料本身性质有关；吸附 NH_4^+-N 和 NO_3^--N 后，4 种生物炭表面均变光滑且平整，主要是因为吸附后生物炭表面会聚集较多颗粒物和粉末状物质，这些物质附着在生物炭表面，使生物炭表面变得平坦。此外，SEM 图像也直观地显示，生物炭对 NH_4^+-N/NO_3^--N 的吸附是不均匀的，虽然较吸附前生物炭表面更加平整，但并非所有孔隙都被填充平坦，而这种不均匀性一方面与生物炭表面的孔隙和沟槽分布不均有关，另一方面与生物炭表面参与吸附的官能团不同有关。

4 种生物炭吸附 NH_4^+-N 前后出峰的位置大致相同（图 2-8），表明它们所含有的官能团基本类似。3 800～3 156 cm^{-1}范围吸收峰主要由分子间氢键缔合的羟基（—OH）伸缩振动引起的，吸附后峰值减小，出峰位置发生了

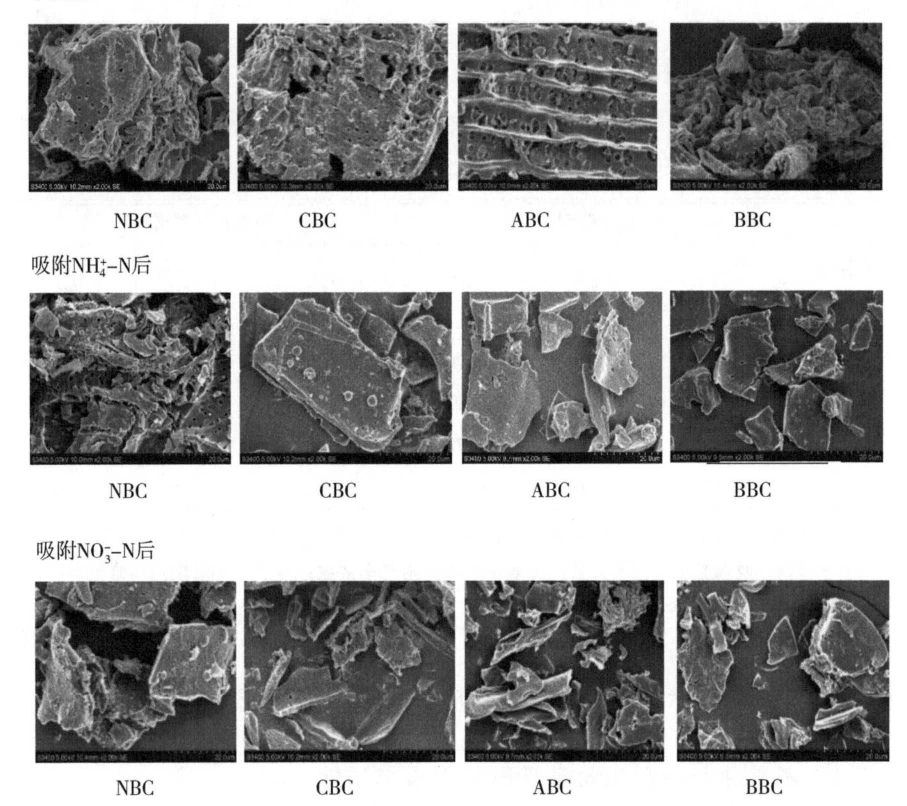

图 2-7 不同原料类型生物炭对 NH_4^+-N 和 NO_3^--N 吸附前后扫描电镜图（×2 000 倍）

蓝移，峰形变窄，表明生物炭表面的—OH 均参与了对 NH_4^+-N 的吸附。1 628 cm^{-1}左右的吸收峰为芳香环羰基（—C=O）的伸缩振动，4 种生物炭吸附后波峰明显变窄，说明生物炭表面—C=O 参与了吸附。波数为 1 383 cm^{-1}左右出现的吸收峰为醇或酚中（—C—O）伸缩振动，吸附后，4 种生物炭吸收峰强度都变弱，波峰变窄，说明该基团也参与了对 NH_4^+-N 的吸附。

吸附 NO_3^--N 后，生物炭的出峰位置发生了明显的移动（图 2-9），除各生物炭均在 3 800~3 156 cm^{-1}和 1 620 cm^{-1}处出现明显的羟基（—OH）和芳香环羰基（—C=O）的伸缩振动外，其余偏移部位均随生物炭种类不同而

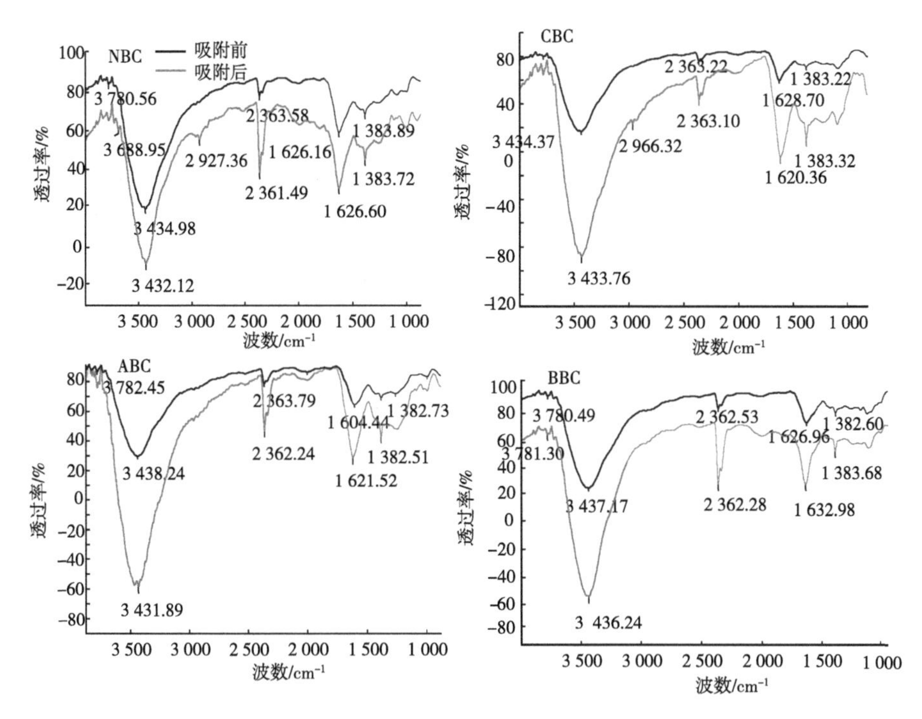

图 2-8　不同原料类型生物炭对 NH_4^+-N 吸附前后的 FT-IR 谱

有所差异。NBC、CBC 和 ABC 吸附 NO_3^--N 后，2 366 cm^{-1} 处发生三键（—C≡C—、—C≡N—）的伸缩振动和累积双键（=C=C=C=、=C=C=O）的非对称伸缩振动，吸收峰强度变弱，峰宽变窄，说明此 3 种生物炭表面的三键和累积双键参与了吸附过程。NBC 和 BBC 吸附 NO_3^--N 后，波峰在 1 382 cm^{-1} 处发生蓝移且波峰变窄，说明醇或酚中—C—O 参与了这两种生物炭对 NO_3^--N 的吸附。CBC 在 1 300～1 000 cm^{-1} 处波峰发生了偏移，说明醇类羟基（—OH）的弯曲振动和醚类（—O—）的伸缩振动仅参与了 CBC 对 NO_3^--N 的吸附过程（Xie et al.，2015）。

1.5.2　不同原料类型生物炭对无机氮素吸附机制探讨

生物炭对 NH_4^+-N 的吸附在一定程度上受溶液浓度的影响，Gai 等（2014）通过试验得出，一定范围内，各种类型生物炭对 NH_4^+-N 的吸附随着溶液浓度的升高而逐渐升高，主要是因为溶液浓度增大，物质传输驱动力随之增大，体系更有利于对 NH_4^+ 的吸附。生物炭具有特殊的结构以及表面性质，使其对一些离子有吸附作用。Kizito 等（2015）通过研究稻壳

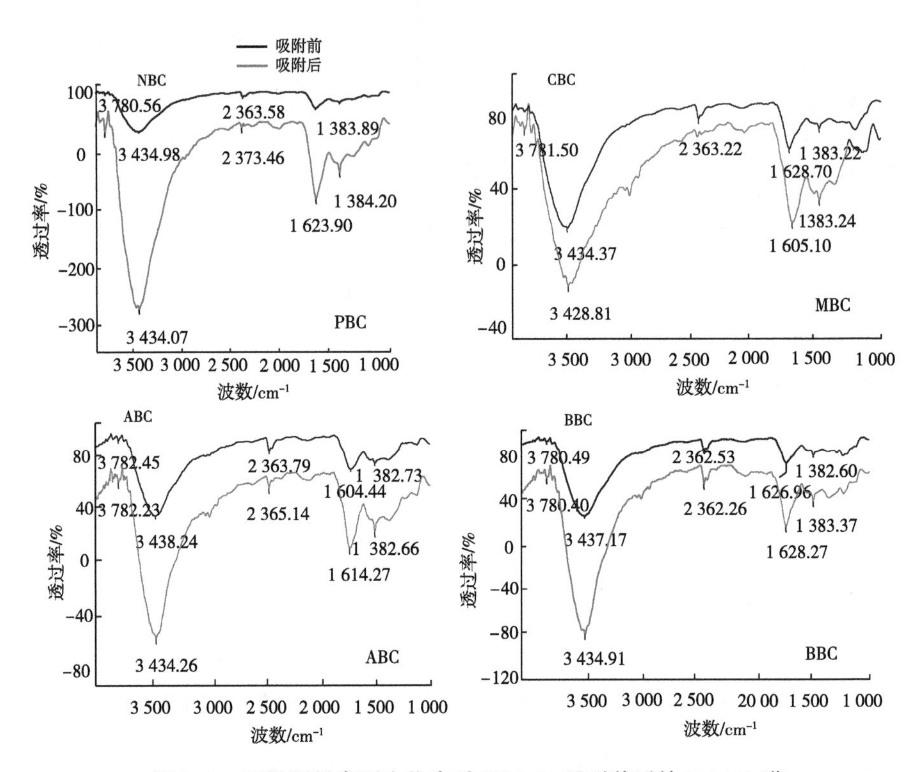

图 2-9　不同原料类型生物炭对 NO_3^--N 吸附前后的 FT-IR 谱

和木屑生物炭对猪场粪便发酵液中 NH_4^+-N 的吸附作用，发现其吸附过程可以用 Langmuir 模型进行描述，其吸附为单分子层化学吸附。张扬等（2014）研究得出，生物炭吸附离子达到平衡的时间与其物理化学性质有关，与生物炭表面分布的阳离子结合位点有关，结合位点多，达到吸附平衡的时间就短，反之，吸附时间就会变长。生物炭对 NH_4^+-N 的吸附多数符合伪一级动力学模型或者伪二级动力学模型，本研究 4 种生物炭对 NH_4^+-N 的吸附都符合伪二级动力学模型，说明 4 种生物炭对 NH_4^+-N 的吸附都是以单分子层化学吸附作用实现的。已有多项研究（Ding et al.，2010；李瑞月等，2015）同样表明物质对 NH_4^+-N 的吸附符合伪二级动力学模型。本研究得出，4 种生物炭表面的—OH 在对 NH_4^+-N 的吸附中都起到了最主要作用，其他的基团起到辅助作用。各种生物炭对 NH_4^+-N 吸附的作用基团不一样，可能是因为不同物质吸收强度不同，试验所用生物炭为 500 ℃高温下制备得到，4 种生物炭在高温中纤维素、半纤维素等有机质分解情况不一样，即生物炭表面的基团消失不一样，所以导致这种情况。徐楠楠等（2014）研究也发现类似现象。由此推断，生物炭可能通过形成氢键、π-π 键以及离子电荷等作用吸附溶液中的 NH_4^+-N，具体机制仍需要进一步研究。

溶液初始 pH 值和共存阴离子会影响经盐酸改性的芦苇生物炭（MRB）与香蒲生物炭（MCB）吸附硝酸盐，且随着溶液 pH 值的升高，MRB 和 MCB 对硝酸盐的吸附量会降低（王博等，2017）。Ozturk 和 Bektas（2004）研究发现，粉末活性炭吸附去除污水中 NO_3^--N，最大吸附量对应的 pH 值为 2.0，且随着 pH 值的增加，吸附量逐渐减小。Bock 等（2015）研究认为，在低 pH 值状态下，溶液中大量存在的 H^+会导致生物炭表面带负电荷的官能团减少，从而带正电荷的官能团增多，有利于吸附带负电的 NO_3^--N。4 种生物炭对 NO_3^--N 的吸附量随着初始 NO_3^--N 溶液浓度的增大而增加，Tofighy 和 Mohammadi（2011）在研究中也发现，当达到平衡之前，生物炭对水体中 NO_3^--N 的吸附，随着浓度的增高而增大，主要归因于溶液浓度升高，物质的传输力增加，单位面积内生物炭可吸附的物质增多，因此，高浓度更有利于 NO_3^--N 的吸附。Khan 等（2011）在改性颗粒生物炭吸附 NO_3^--N 的研究中认为，生物炭表面积累的金属离子会与酮基官能团发生络合反应，促使阴离子与阳离子络合物之间的静电引力增强，从而提高 NO_3^--N 吸附量。生物炭表面带负电的含氧官能团（羰基、羧基、酯基等）可通过静电吸附或者络合作用与生物炭表面分布的金属离子结合，形成金属键桥，增加 NO_3^--N 的吸附量（Radhika et al.，2017）。Wang 等（2015）、Kameyama 等（2012）研究结果指出，生物炭对 NO_3^--N 的吸附量与生物炭表面官能团的数量和种类有关，不同生物炭表面含氧官能团种类不同，进而影响对 NO_3^--N 的吸附。综上，生物炭对 NO_3^--N 的吸附量和吸附机制，与生物炭表面的含氧官能团和表面的金属化合物等多种特性有关，并受其数量和种类的影响。

4 种生物炭在平衡浓度为 800 $mg \cdot L^{-1}$的吸附体系中，对 NH_4^+-N 的吸附能力大小表现为 NBC>CBC>BBC>ABC，其中 NBC 对 NH_4^+-N 的最大吸附量为 15 $mg \cdot g^{-1}$，CBC 为 12.5 $mg \cdot g^{-1}$，ABC 为 9.5 $mg \cdot g^{-1}$，BBC 为 10.5 $mg \cdot g^{-1}$；对 NO_3^--N 的吸附能力大小表现为 CBC>NBC>BBC>ABC，其中 NBC 对 NO_3^--N 的最大吸附量为 30 $mg \cdot g^{-1}$，CBC 为 44 $mg \cdot g^{-1}$，ABC 为

18 mg · g^{-1}，BBC 为 22 mg · g^{-1}。Langmuir 模型能够较好地描述 4 种生物炭对 NH_4^+-N 的热力学行为，伪二级动力学方程可以较好地描述 4 种生物炭对 NH_4^+-N 的动力学吸附过程，吸附均在 50 min 内达到平衡；Langmuir 模型能够较好地描述 NBC、CBC 和 BBC 3 种生物炭对 NO_3^--N 的热力学行为，而 Freundlich 模型能够较好地描述 ABC 对 NO_3^--N 的热力学行为，伪一级动力学方程可以较好地描述 4 种生物炭对 NO_3^--N 的动力学吸附过程，吸附均在 60 min 内达到平衡。NH_4^+-N/NO_3^--N 通过表面累积或孔道填充，吸附于生物炭。NBC 和 CBC 表面分布的含氧官能团（—OH、—C=O、—C—O）以及甲基(—CH_3)和亚甲基（—CH_2）参与了吸附；ABC 表面分布的—OH、—C=O、—C—O 参与了吸附；BBC 表面分布的—OH、—C=O、—C—O、—O—参与了对 NH_4^+-N 的吸附。而对于 NO_3^--N，NBC 与 CBC 表面分布的—OH、三键（—C≡C—、—C≡N—）、累积双键（=C=C=C=、=C=C=O）、—C=O、—C—O、—O—参与了吸附；ABC 和 BBC 表面分布的—OH、三键（—C≡C—、—C≡N—）、累积双键（=C=C=C=、=C=C=O）、—C=O 参与了吸附；ABC 和 BBC 表面参与吸附过程的官能团种类少于 NBC 与 CBC，且由于带负电基团的参与，金属元素也参与了对 NO_3^--N 的吸附。

第二节　金属改性生物炭对硝态氮的吸附机制

2.1　试验材料

2.1.1　生物炭选择

采用第一章第二节 2.1 制备的金属改性生物炭。

2.1.2　吸附溶液配制

称取一定质量的 KNO_3（分析纯），溶解于去离子水中，KNO_3母液中 NO_3^--N 质量浓度为1 000 mg · L^{-1}，根据试验需要将母液稀释至不同的质量浓度。

2.2　最适 pH 值确定

2.2.1　吸附最适 pH 值确定试验

称取未改性及改性后的生物炭各 0.10 g 于 100 mL 的塑料瓶中，加入

50 mL KNO_3 溶液（80 mg·L^{-1}），然后用 HCl/NaOH 调节溶液 pH 值分别至 2.00、4.00、6.00、8.00、10.00，每个处理 3 次重复，混合后的溶液在 25 ℃条件下，200 r·min^{-1} 振荡 24 h，静置后用滤膜过滤，测定滤液中 NO_3^--N 的质量浓度，根据式（1-1）计算出单位质量生物炭对 NO_3^--N 的吸附量，根据结果确定吸附最适 pH 值。

2.2.2 溶液 pH 值对改性生物炭吸附性能的影响

随溶液 pH 值的升高，生物炭对 NO_3^--N 的吸附量迅速下降（图 2-10）。酸性环境有利于生物炭对 NO_3^--N 的吸附，当溶液 pH 值<4 时，吸附量均达 3.0 mg·g^{-1}以上。当溶液 pH 值高于 6 时，生物炭对 NO_3^--N 吸附量下降到 0.54~1.98 mg·g^{-1}，其中 FBC 和 MBC 下降的幅度较小。当溶液 pH 值高于 8 时，不同生物炭对 NO_3^--N 的吸附量均表现为显著下降，但 FBC 下降的幅度较小，相对 BC 仍具有较高的吸附量，GBC、MBC 吸附量降低到与 BC 无显著性差异，这可能是金属改性在一定程度上改变了生物炭的零电位点（pH 值$_{pzc}$），溶液 pH 值不仅影响吸附剂表面电荷性质，而且影响吸附质的离子化程度及存在状态。当溶液 pH 值低于生物炭 pH 值$_{pzc}$时，生物炭表面官能团被质子化，呈正电，利于通过静电作用吸附 NO_3^-。当溶液 pH 值高于生物炭 pH 值$_{pzc}$时，

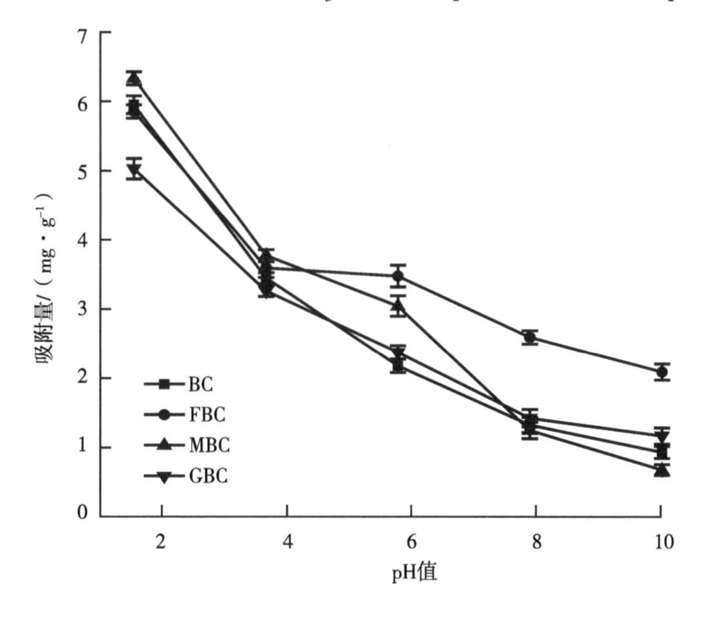

图 2-10 生物炭在不同 pH 值下对 NO_3^--N 的吸附

较多 OH^- 使生物炭呈负电性，与 NO_3^- 相斥，不利于吸附（Yang et al.，2016）。

2.3 温度对吸附的影响

2.3.1 试验过程

称取生物炭 0.10 g 于 100 mL 的塑料瓶中，分别加入 80 mg · L^{-1}、800 mg · L^{-1} 不同质量浓度的 KNO_3 溶液 50 mL，用 HCl 调节溶液 pH 值至 2.00，每个处理 3 次重复，分别在 15 ℃、25 ℃、35 ℃下，200 r · min^{-1} 的恒温振荡器中振荡 24 h，静置，过滤，用流动分析仪测定溶液中 NO_3^--N 的质量浓度。

2.3.2 温度对改性生物炭吸附性能的影响

不同温度条件下，BC、FBC、MBC、GBC 对 NO_3^--N 的吸附量均随吸附体系中 NO_3^--N 初始浓度的增加而增大（图 2-11）。BC、FBC、GBC 对 NO_3^--N的吸附量随温度升高呈增加的趋势，表现为升温有利于吸附，可见为吸热反应。MBC 表现为随温度升高吸附量下降的趋势，低温时（15 ℃）吸附量较高温时（35 ℃）大，为放热反应。

2.4 共存阴离子对吸附的影响

2.4.1 试验过程

称取生物炭 0.10 g 于 100 mL 的塑料瓶中，分别加入含 80 mg · L^{-1} Cl^- 和 80 mg · L^{-1} SO_4^{2-} 的 KNO_3 溶液 50 mL，KNO_3 溶液设置 80 mg · L^{-1}、

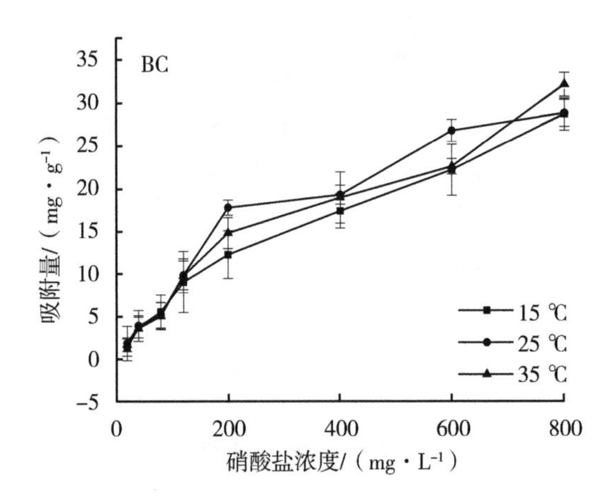

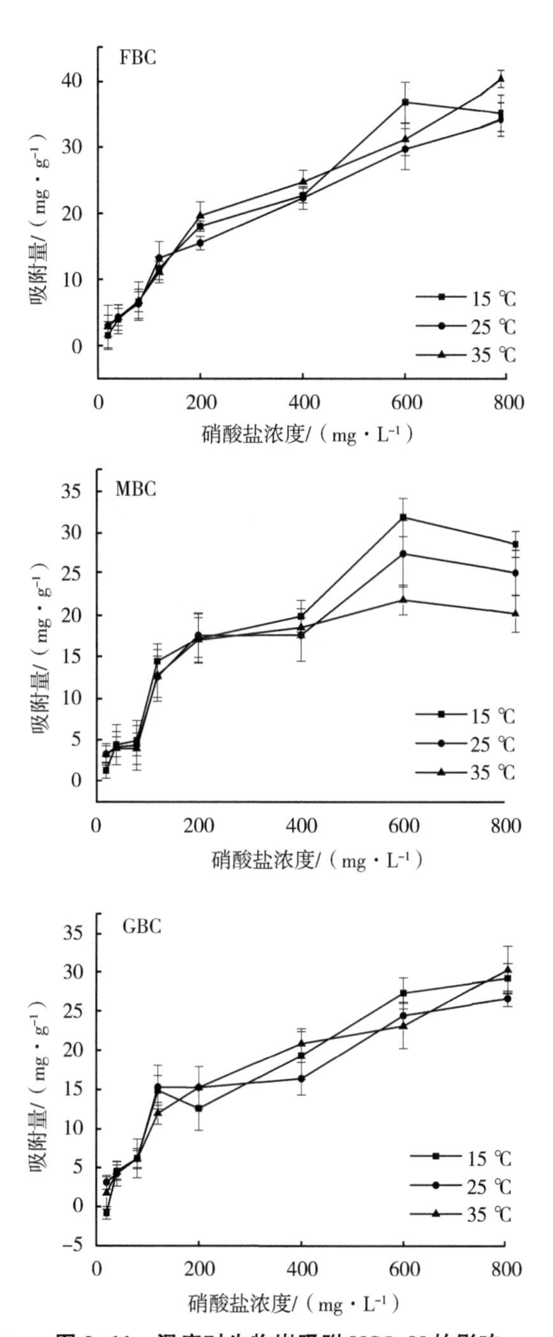

图 2-11　温度对生物炭吸附 NO_3^--N 的影响

800 mg · L^{-1}两个浓度梯度，用 HCl 调节溶液 pH 值至 2.00，每个处理 3 次重复，在 25 ℃、200 r · min^{-1}的恒温振荡器中振荡 24 h，静置，过滤，流动分析仪测定溶液中 NO_3^--N 的质量浓度。

2.4.2 共存阴离子对金属改性生物炭吸附性能的影响

溶液中 SO_4^{2-} 和 Cl^-的存在显著影响生物炭对 NO_3^--N 的吸附（图 2-12），且 Cl^-的影响比 SO_4^{2-} 大。这主要是因为 NO_3^-、SO_4^{2-} 和 Cl^-之间相互竞

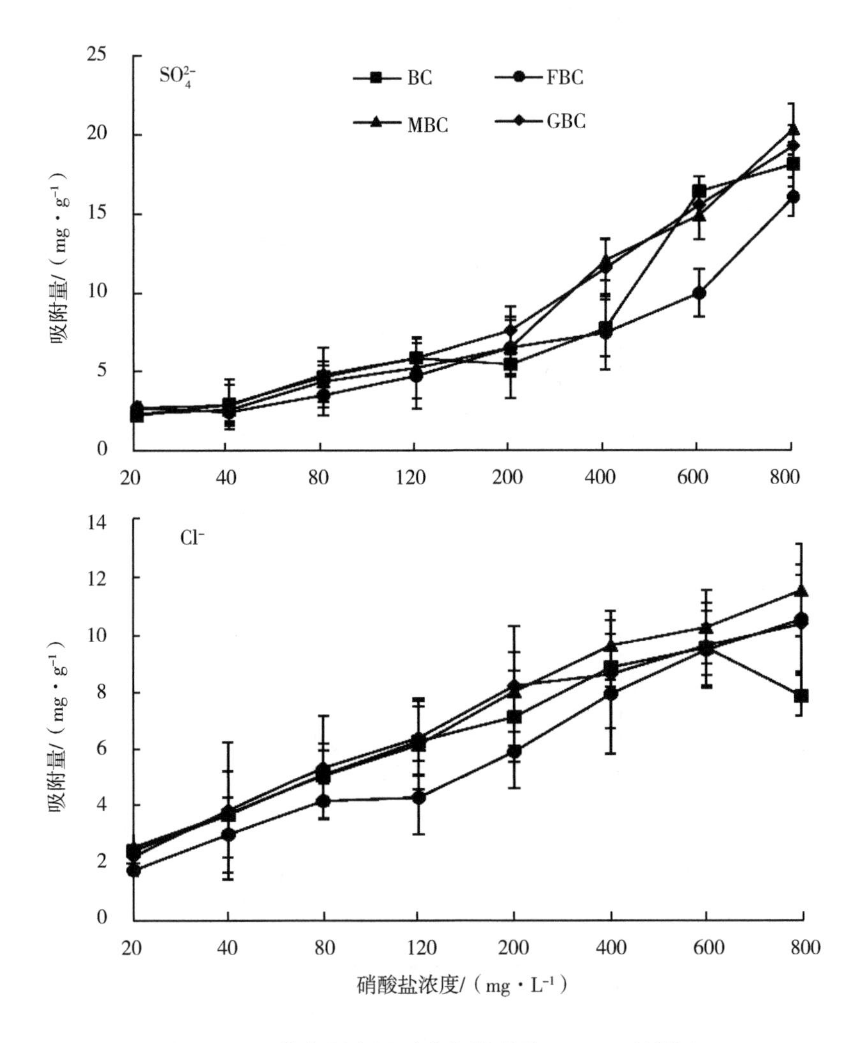

图 2-12 共存阴离子对生物炭吸附 NO_3^--N 的影响

争生物炭上的吸附位点。在 SO_4^{2-} 存在的溶液中，生物炭对 NO_3^--N 的吸附量下降 10.90~18.03 mg·g^{-1}，其中 FBC 在 NO_3^--N 浓度高于 400 mg·L^{-1} 时下降的幅度较大。在 Cl^-存在的溶液中，生物炭对 NO_3^--N 的吸附量下降 19.70~23.57 mg·g^{-1}，吸附量整体较 SO_4^{2-} 存在溶液中低 5.54~8.80 mg·g^{-1}，这可能是因为 Cl^-的离子半径小，更容易在生物炭孔隙内扩散占据吸附位点。

2.5　金属改性生物炭的吸附热力学特性

2.5.1　吸附等温线测定

称取未改性及改性后的生物炭各 0.10 g 于 100 mL 的塑料瓶中，分别加入 20 mg·L^{-1}、40 mg·L^{-1}、60 mg·L^{-1}、80 mg·L^{-1}、100 mg·L^{-1}、200 mg·L^{-1}、400 mg·L^{-1}、600 mg·L^{-1}、800 mg·L^{-1}、1 000 mg·L^{-1}不同质量浓度梯度的 KNO_3溶液 50 mL，根据吸附最适 pH 值试验的结果，调节溶液 pH 值至 2.00，每个处理 3 次重复，混合后的溶液在 25 ℃条件下，200 r·min^{-1}振荡 24 h，静置后用滤膜过滤，测定滤液中 NO_3^--N 的质量浓度（宋婷婷等，2018）。根据式（1-1）计算单位质量生物炭对 NO_3^--N 的吸附量并作图，分别用 Langmuir［式（2-1）］、Freundlich［式（2-2）］（陈靖，2015）和 Temkin 模型［式（2-7）］对数据进行拟合。

Temkin 模型：$q_e = B \times \ln A + B \times \ln C_e$　　(2-7)

式中，q_e 为生物炭对 NH_4^+-N/NO_3^--N 的吸附量（mg·g^{-1}）；C_e 为吸附平衡时液相中 NH_4^+-N/NO_3^--N 的浓度（mg·L^{-1}）；B 为吸附平衡常数(L·g^{-1})；A 是吸附过程的经验系数。

2.5.2　金属改性生物炭对 NO_3^--N 的热力学吸附特征

由图 2-13 可知，生物炭对 NO_3^--N 的吸附量随溶液初始 NO_3^--N 浓度的增加而逐渐增加，在 20~200 mg·L^{-1}阶段，随着吸附体系初始浓度的增加，吸附量大幅度增加，为快速增长阶段；当初始浓度高于 200 mg·L^{-1}时，吸附量增幅较小，为慢速增长阶段；当初始浓度达到 800 mg·L^{-1}后，整体上达到吸附平衡，因此，确定初始浓度 800 mg·L^{-1}为本研究吸附体系的最佳硝酸盐浓度。FBC、MBC、GBC 对 NO_3^--N 的最大吸附量分别为 40.54 mg·g^{-1}、35.29 mg·g^{-1}、35.08 mg·g^{-1}，表现为 FBC > MBC > GBC > BC。采用 Langmuir、Freundlich 和 Temkin 模型分别对生物炭的吸附数据进行拟合（表

2-5），决定系数（R^2）为0.906～0.961，3种模型均能较好地描述生物炭对NO_3^--N的吸附行为。其中，Langmuir模型拟合的R^2大于Freundlich和Temkin模型，且模拟值与实测值较为接近，能更贴切地描述生物炭对NO_3^--N的吸附行为，表明吸附为单层吸附。Freundlich模型拟合吸附经验系数$1<n<2$，表明这种吸附较容易进行，FBC、MBC、GBC的K_F相对BC显著增大，说明吸附性能增强。

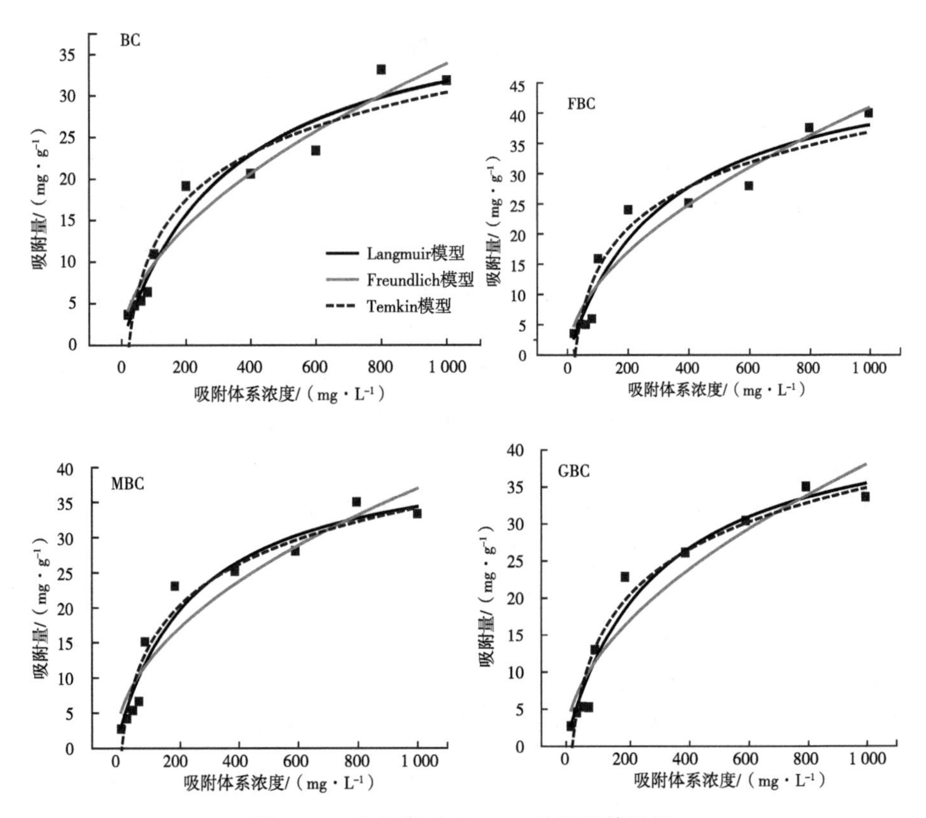

图2-13　生物炭对NO_3^--N的吸附等温线

表2-5　生物炭对NO_3^--N的吸附热力学参数

生物炭	Langmuir模型			Freundlich模型			Temkin模型		
	B	Q_m/（mg · g^{-1}）	R^2	n	K_F	R^2	A	B	R^2
BC	0.003	42.635	0.951	1.841	0.795	0.944	0.043	8.042	0.918

（续表）

生物炭	Langmuir 模型			Freundlich 模型			Temkin 模型		
	B	Q_m/ (mg · g^{-1})	R^2	n	K_F	R^2	A	B	R^2
FBC	0.003	51.185	0.935	1.847	0.984	0.924	0.042	9.964	0.914
MBC	0.004	43.545	0.951	2.001	1.180	0.906	0.044	9.085	0.940
GBC	0.003	46.109	0.961	1.909	1.019	0.913	0.041	9.409	0.940

注：b、B 为吸附平衡常数（L · g^{-1}）；n、K_F 和 A 是吸附过程的经验系数；Q_m 为达到平衡时生物炭的吸附量（mg · g^{-1}）；R^2 为拟合决定系数。

2.6 金属改性生物炭的吸附动力学特性

根据吸附最适 pH 值试验和等温吸附试验的结果，称取 0.10 g 生物炭加入 50 mL 浓度为 800 mg · L^{-1} 的 KNO_3 溶液中，调节体系 pH 值至 2.00，25 ℃条件下，200 r · min^{-1}振荡，分别于第 5 min、10 min、20 min、30 min、40 min、50 min、60 min、90 min、120 min、180 min 取出样品，每个处理重复 3 次，静置后用滤膜过滤，测定滤液中 NO_3^--N 的质量浓度（宋婷婷等，2018）。分别用伪一级动力学模型、伪二级动力学模型和颗粒扩散模型对试验数据进行拟合（陈靖，2015）。

在初始浓度为 800 mg · L^{-1} 的吸附体系中，改性与未改性生物炭对 NO_3^--N的吸附量均随吸附时间的延长而增加（图 2-14），其中 BC 约在 40 min 时达到吸附平衡，MBC、GBC 约在 60 min 时达到吸附平衡，而 FBC 约在 90 min 时达到吸附平衡。FBC、MBC、GBC 在达到吸附平衡时的吸附量分别是 41.58 mg · g^{-1}、39.04 mg · g^{-1}、39.58 mg · g^{-1}。由表 2-6 可知，伪一级动力学和伪二级动力学模型对吸附动态拟合的 R^2 为 0.920～0.980，均能较准确地描述吸附动态，说明该吸附过程既有物理吸附也有化学吸附。伪一级动力学模型 R^2较高，且 Q_m与实际值更接近，因此，伪一级动力学模型能更好地描述生物炭对 NO_3^--N 的吸附过程，表明改性后生物炭对 NO_3^--N 的吸附仍是以物理吸附为主。

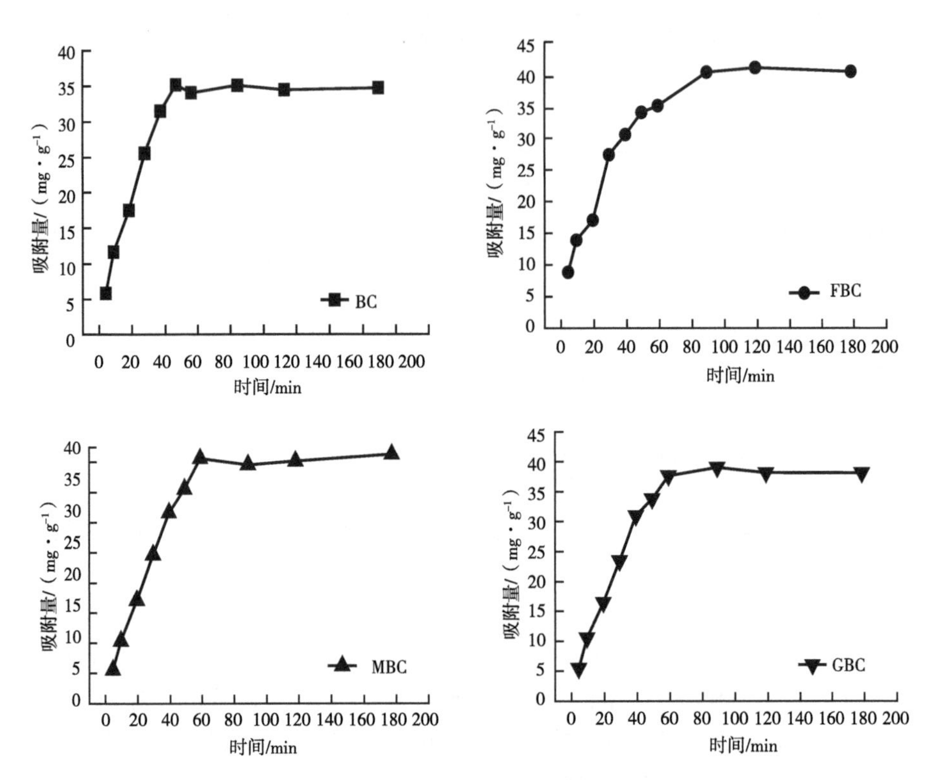

图 2-14　生物炭对 NO_3^--N 的吸附动力学曲线

表 2-6　NO_3^--N 在生物炭上的吸附动力学参数

生物炭	伪一级动力学模型			伪二级动力学模型			颗粒扩散模型		
	k_1	Q_m/（mg·g^{-1}）	R^2	k_2	Q_m/（mg·g^{-1}）	R^2	K_p	C	R^2
BC	0.043	36.414	0.970	0.001	42.664	0.920	2.581	8.901	0.652
FBC	0.034	41.844	0.980	nd	50.256	0.967	3.147	7.013	0.820
MBC	0.031	40.319	0.971	nd	49.799	0.937	3.274	3.900	0.765
GBC	0.033	40.763	0.974	nd	49.846	0.936	3.235	4.921	0.747

注：Q_m为达到平衡时生物炭吸附量（mg·g^{-1}）；k_1、k_2 和 K_p分别为伪一级动力学吸附、伪二级动力学吸附以及颗粒扩散速率常数；C 为常数项；R^2 为拟合决定系数。

2.7　改性生物炭对 NO_3^--N 的吸附机制研究

2.7.1　改性生物炭吸附前后表征分析

FT-IR 谱显示（图 2-15），BC 在3 430 cm^{-1}、1 600 cm^{-1}、900 cm^{-1}左右出现吸收峰，分别是 —OH 伸缩振动峰、C＝C/C＝O 伸缩振动峰和 C—H 面外弯曲振动峰。3 种金属离子负载改性后，—OH 和 C＝C/C＝O 特征峰强度均减弱，可见金属离子的负载在一定程度上消耗了这些基团。吸附后不同生物炭在3 430 cm^{-1}处的—OH 特征峰消失，1 600 cm^{-1}处的 C＝C/C＝O 特征峰强度进一步减弱，说明—OH、C＝C/C＝O 基团参与了吸附过程。其中—OH 的减少或消失，可能是因为在 pH 值较低的条件下，NO_3^- 多以 HNO_3形态存在，—OH 与 HNO_3中的羟基脱水（硝基烷化反应），生成硝酸酯（阮宏伟等，2016），进而形成吸附。C＝C/C＝O 的减少，可能是因为生物炭中芳香族化合物与硝酸根发生硝化反应，以—NO_2 取代了芳环上的—H（王鹏程，2013），进而形成吸附。

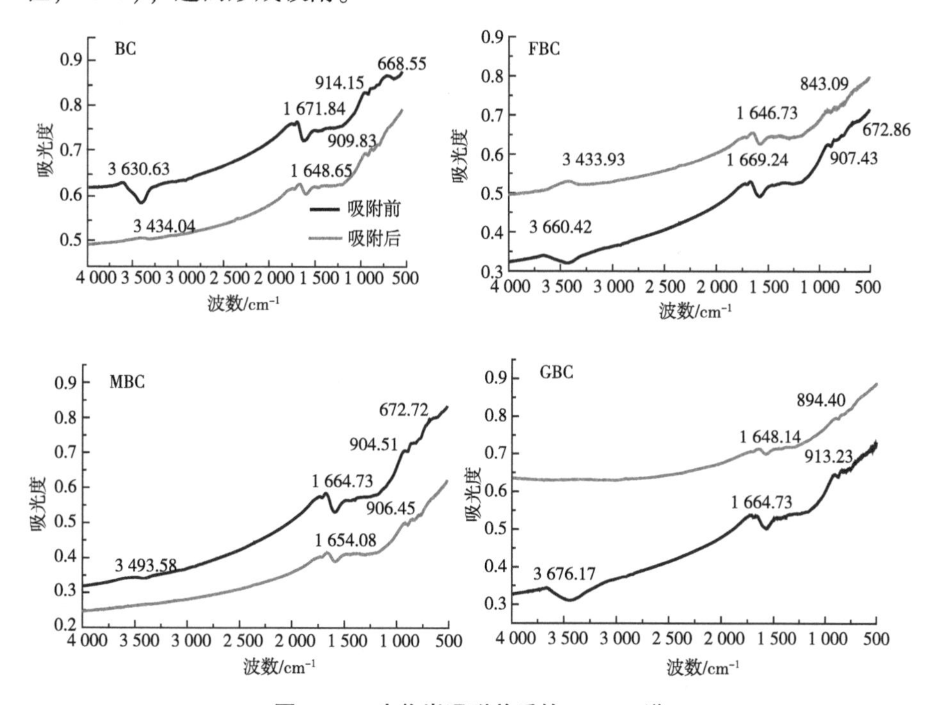

图 2-15　生物炭吸附前后的 FT-IR 谱

由图 2-16 可知，不同生物炭的吸附等温线均属于Ⅳ型，表明发生了多分子层吸附（Evans et al.，2019）。在相对压力（P/P_0）为 0~0.04 时，随气体压强的增大，等温线逐渐上升凸起，此时为单分子层吸附（Kundu et al.，2020）。当 P/P_0 为 0.10~0.98 时，等温线处于"平台"期，当 $P/P_0>1.00$ 时，等温线斜率迅速增大，发生多分子层吸附和毛细孔凝聚（Kundu et al.，2020）。生物炭的微孔孔径主要在 2 nm 左右，介孔孔径多在 20 nm。与其他生物炭相比，铁离子改性显著增加生物炭微孔和介孔数量，丰富了生物炭材料的孔隙结构（图 2-17）。

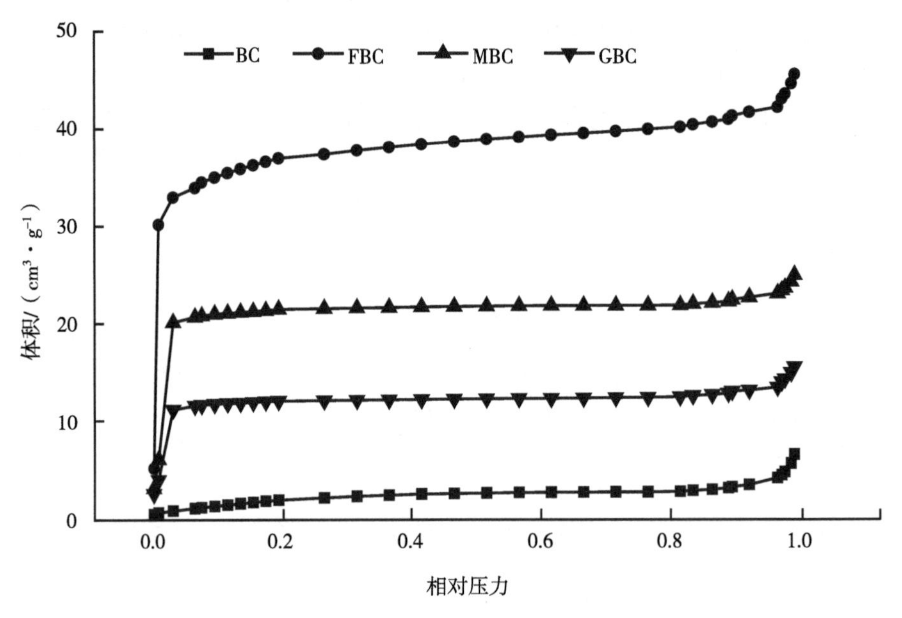

图 2-16　生物炭的 BET 吸附曲线

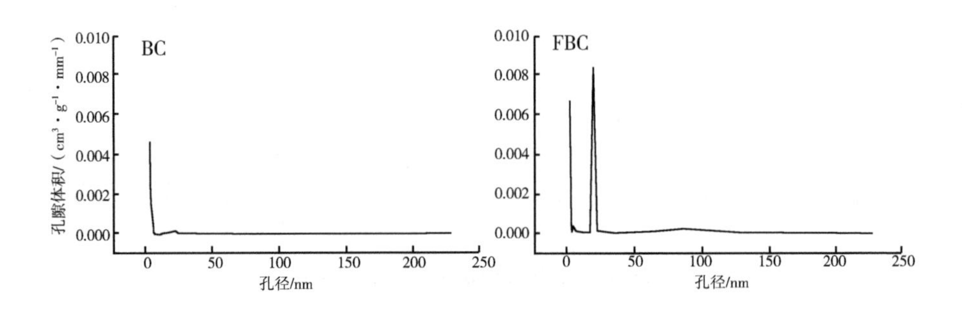

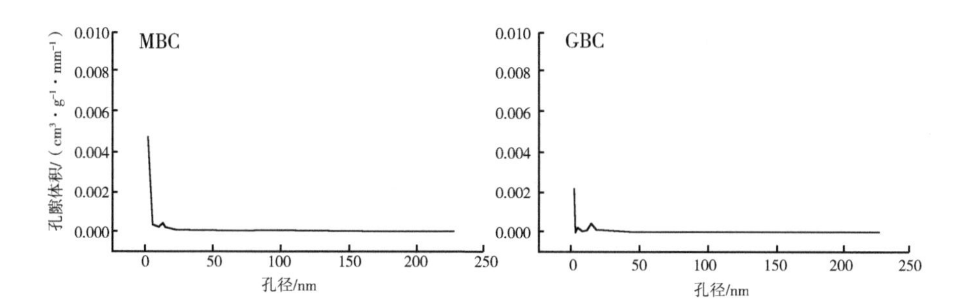

图 2-17　生物炭孔隙分布

2.7.2　改性生物炭对 NO_3^--N 的吸附机制探讨

金属离子在生物炭表面负载，在一定程度上改变了生物炭的形貌和结构，林丽娜等（2017）研究结果显示，铁离子改性使生物炭比表面积和单点总孔容分别增大 3.41 倍和 4.65 倍，改性效果较锰离子强，这与本研究结果较为一致。生物炭表面分布—OH、C＝O 等含氧官能团，多呈负电性，不利于通过静电作用吸附 NO_3^--N。Dewage 等（2018）研究发现，三价铁离子可以为生物炭提供更多的表面正电荷，增加了对 NO_3^--N 的吸附位点，提高其吸附速率。本研究中，FBC 对 NO_3^--N 吸附量较 BC 显著增大，同时比 MBC 和 GBC 对 NO_3^--N 吸附性能强，铁/炭质量比达 0.8 左右为最佳质量比，李际会等（2012）用 $FeCl_3$改性小麦秸秆生物炭吸附 NO_3^--N，得到最佳质量比为 0.7。陈靖（2015）用 $MgCl_2$ 改性竹炭，发现镁离子与竹炭的质量比为 0.36 时吸附量最大，这与本研究结果较为接近。

生物炭对 NO_3^--N 的吸附量随 pH 值的升高而降低，表现出低 pH 值体系吸附量大于高 pH 值体系。吸附体系 pH 值<4 时，MBC 对 NO_3^--N 的吸附量最大，而当 pH 值>4 时，FBC 对 NO_3^--N 的吸附量最大。研究认为，在低 pH 值的吸附体系中，溶液中大量存在的 H^+会使生物炭表面带负电荷的官能团减少（Yang et al.，2016）或质子化，从而增加其对阴离子的吸附能力（王荣荣等，2016）；溶液中 OH^-增多，会占据生物炭表面吸附位点（Ashoori et al.，2019）。随着溶液 pH 值的升高，FBC 仍然表现出优越的吸附性能，可能与其较大的比表面积和孔容为吸附 NO_3^--N 提供了更多的吸附位点有关（Piscitelli et al.，2018）。

而改性方法的不同也改变生物炭表面结构和金属离子的附着情况。已有研究用 $FeCl_3$浸渍改性生物炭后其吸附性能显著提高，在中性吸附介质中，

对 NO_3^--N 的最大吸附量达到 15.50 mg · g^{-1} (Dewage et al., 2018); 用硫酸浸渍复合超声波处理的改性方法处理猪粪生物炭，其表面积和总孔体积分别比改性前提高了 5.10 倍和 14.50 倍（陈佼等，2017）；本研究所用的改性方法是金属盐溶液浸渍、超声波处理及煅烧等，通过增加 300 ℃煅烧工艺，使生物炭表面散布的碎片进一步热解气化，表面变为有序的多层环状结构，铁离子与生物炭充分接触，形成 Fe—C 复合体，丰富吸附位点，更利于对 NO_3^--N 的吸附，在中性吸附介质中，FBC 对 NO_3^--N 的最大吸附量为 24.13 mg · g^{-1}；当吸附介质 pH 值为 2 时，最大吸附量达 41.58 mg · g^{-1}。

温度对生物炭吸附 NO_3^--N 的影响则跟生物炭的微孔数目和孔隙分布有很大的关系。微孔结构多的生物炭，在振荡过程中，升温能使溶液中的硝酸根更多地与孔隙接触，进而被吸附在生物炭上，FBC 对 NO_3^--N 的吸附表现为吸热反应过程。金属离子负载可以为生物炭提供更多的表面吸附位点。用 $MgCl_2$ 浸泡花生壳生物炭，再 600 ℃灼烧，制备 MgO 改性生物炭，负载的 MgO 晶体使其产生了更多的吸附位点，从而影响了改性后生物炭对水体中硝酸盐的吸附性能（Wu et al., 2019）。但在振荡过程中，温度升高也会导致负载到生物炭表面的金属离子或晶体脱落，进而影响到对 NO_3^--N 的吸附。受这两种因素的共同影响，MBC 出现随温度升高吸附量下降的情况，表现为放热反应过程。GBC 随温度的变化也表现出一定的规律，可能是 Mg^{2+} 在生物炭上负载得比 Mn^{2+} 更牢固。溶液中共存阴离子对生物炭吸附 NO_3^--N 的影响主要是占据其孔隙的吸附位点，且在吸附过程中，分子半径小的阴离子竞争能力更强。

Langmuir 模型多用于描述单分子层物理吸附过程（宋婷婷等，2018），本研究中改性生物炭对 NO_3^--N 的吸附可以较好地用 Langmuir 模型描述，这与前人的研究结果一致（Dewage et al., 2018; Sanford et al., 2019）。一般认为生物炭表面官能团对 NO_3^--N 的化学吸附先于孔隙结构对其的物理载负（Li & Li, 2019），金属改性生物炭对 NO_3^--N 的吸附达到平衡的时间比 BC 滞后，进一步说明改性生物炭对 NO_3^--N 的物理吸附是其主要的吸附方式。在化学吸附方面，已有研究结果表明，生物炭在吸附一定时间后，化学吸附作用成为吸附速率的一个限制因素（Zhou et al., 2018）。Dewage 等（2018）研究发现，生物炭通过磁性和表面官能团作用吸附 NO_3^--N；另有研究表明，生物炭也可通过表面静电作用、表面零价铁的氧化还原反应吸附 NO_3^--N（Wei et al., 2018）。本试验 FT-IR 分析结果显示，改性生物炭表面羟基、羰基、烯烃和芳烃等参与吸附过程，这些基团可以通过硝基烷化反应、硝化反应方式吸附 NO_3^--N。另外，改性后生物炭表面负载的金属离子或其氧化物，可通过静电作用、配位交换等方式吸附 NO_3^--N。Kizito 等（2015）的研究也得到类似的结论，但具体吸附机制仍需进一步深入研究。

通过浸渍和煅烧工艺，可以成功地将铁、锰、镁离子负载到花生壳生物炭上，能够显著增加生物炭的比表面积和孔容，改变生物炭的 pH 值、EC 值等。与 BC 相比，比表面积增大 6.70~12.20 倍，孔容增大 2.30~5.00 倍，EC 值增加 0.50~3.10 倍，铁离子改性生物炭 pH 值降低 0.76 个单位，镁离子改性生物炭 pH 值提高 2.36 个单位。铁、锰、镁改性显著增强生物炭对 NO_3^--N吸附能力，最大吸附量分别达 4.40 $mg \cdot g^{-1}$、3.90 $mg \cdot g^{-1}$、3.70 $mg \cdot g^{-1}$，较未改性生物炭增加 26.90%~48.60%。铁、锰、镁与生物炭的最佳质量比分别为 0.8、0.2、0.2。改性效果表现为：铁离子>锰离子>镁离子。

随溶液 NO_3^--N 初始浓度的增加，改性生物炭对 NO_3^--N 的吸附量逐渐增大，当达到 800 $mg \cdot L^{-1}$时，吸附趋于饱和，Langmuir 模型能较好地描述改性生物炭对 NO_3^--N 的吸附过程。改性生物炭对 NO_3^--N 的吸附在 90 min 时达到平衡，吸附动态符合伪一级动力学模型，为单层吸附，受颗粒扩散控制。

酸性条件（pH 值<4）利于改性生物炭对 NO_3^--N 的吸附。SO_4^{2-}、Cl^-与 NO_3^- 竞争吸附位点，抑制生物炭对其的吸附，其中 Cl^-抑制作用较大。FBC、GBC 对 NO_3^--N 的吸附过程为吸热反应，MBC 的吸附过程为放热反应。改性生物炭表面负载的金属离子或氧化物可能通过静电作用与配位交换吸附 NO_3^--N，表面分布的羟基、羰基和芳烃等官能团可能通过硝基烷化、硝化反应等方式吸附 NO_3^--N。

第三节 金属-凝胶复合改性生物炭对硝态氮的吸附机制

3.1 试验材料

3.1.1 生物炭选择

采用第一章第三节 3.1 制备的金属-凝胶复合改性生物炭。

3.1.2 吸附溶液配制

称取一定质量的 KNO_3（分析纯），溶解于去离子水中，KNO_3 母液中 NO_3^--N 质量浓度为 1 000 $mg \cdot L^{-1}$，根据试验需要将母液稀释至不同的质量浓度。

3.2 pH 值对金属-凝胶复合改性生物炭吸附性能的影响

3.2.1 最适 pH 值测定

称取 PBC 和 PFBC 各 0.10 g 于 100 mL 的塑料瓶中，加入 50 mL 80 mg · L^{-1}的 KNO_3 溶液，然后用 HCl/NaOH 调节溶液 pH 值分别至 2.00、4.00、6.00、8.00、10.00，每个处理 3 次重复，混合后的溶液在 25 ℃、200 r · min^{-1}条件下振荡 24 h，静置后过滤，利用流动分析仪测定溶液中 NO_3^--N 的质量浓度，根据式（1-1）计算单位质量生物炭对 NO_3^--N 的吸附量。

3.2.2 金属-凝胶复合改性生物炭吸附最适 pH 值

表 2-7 为 PBC 和 PFBC 在不同 pH 值条件下，在 80 mg · L^{-1}的 KNO_3 溶液中对水体 NO_3^--N 的吸附量。由表 2-7 可知，PBC 和 PFBC 在 pH 值为 2~10 的吸附体系中对水体 NO_3^--N 的吸附量随着 pH 值的升高先降低再升高后又降低，并且基本在 pH 值为 2 时 PBC 吸附量最大。由第二节试验结果可知，炭基材料 BC 和 FBC 在 pH 值越低的吸附体系中对水体 NO_3^--N 的吸附量越大。而 PBC 和 PFBC 对 NO_3^--N 的吸附是炭基材料的物理化学吸附和凝胶复合材料吸水同时带走水中 NO_3^--N 共同作用的结果，所以与 BC 和 FBC 的吸附最适 pH 值不同。

表 2-7 pH 值对 PBC 和 PFBC 水体硝态氮吸附量的影响 单位：mg · g^{-1}

生物炭	pH 值=2	pH 值=4	pH 值=6	pH 值=8	pH 值=10
PBC	2.91±0.04Ab	1.84±0.07Cb	2.69±0.13Bb	1.48±0.08Db	-0.03±0.10Eb
PFBC	4.11±0.09Ba	2.21±0.12Ca	6.36±0.06Aa	2.06±0.07Ca	0.83±0.11Da

注：不同大写字母表示同一生物炭不同 pH 值间差异显著（$P<0.05$）；不同小写字母表示同一 pH 值不同生物炭间差异显著（$P<0.05$）。

3.3 金属-凝胶复合改性生物炭吸水性与耐盐性

3.3.1 吸水性与耐盐性测定

称取 3 份 0.10 g 水凝胶固体样品分别放置于盛有 100 mL 去离子水、80 mg · L^{-1} KNO_3溶液、800 g · L^{-1} KNO_3溶液的烧杯中，3 h 吸附达到平衡，

收集样品并擦干样品表面的水分，称量样品吸水后的重量，每个处理3次重复。吸水倍率按照式（2-8）计算（朱照琪，2017）。

$$A=(m_1-m_2)/m_2 \tag{2-8}$$

式中，A 是样品吸水倍率（$g \cdot g^{-1}$），m_1是样品吸水后的质量（g），m_2是样品吸水前的质量即样品的质量（0.1 g）。

3.3.2　金属-凝胶复合改性生物炭吸水性与耐盐性

由表2-8可知，生物炭作为炭基骨架可显著提高凝胶在盐水中的吸水倍率（$P<0.05$）。与P相比，PBC和PFBC在KNO_3溶液中的吸水倍率提高了2.81~24.3 $g \cdot g^{-1}$，且在80 $mg \cdot L^{-1}$ KNO_3溶液体系中PFBC和PBC的吸水倍率比在去离子水中分别提高了3.70 $g \cdot g^{-1}$和1.85 $g \cdot g^{-1}$，但在800 $mg \cdot L^{-1}$ KNO_3溶液体系这两种材料的吸水倍率都比在80 $mg \cdot L^{-1}$ KNO_3溶液体系中低。这说明两种炭基水凝胶材料在低浓度盐水中的吸水性都比在去离子水中要好，但在高浓度盐水中其吸水能力会下降。其中，PFBC在800 $mg \cdot L^{-1}$ KNO_3溶液体系中的吸水倍率比在80 $mg \cdot L^{-1}$ KNO_3溶液体系中下降了0.88 $g \cdot g^{-1}$，但仍然比在去离子水中的吸水倍率高。而PBC在800 $mg \cdot L^{-1}$ KNO_3溶液体系中的吸水倍率比在80 $mg \cdot L^{-1}$ KNO_3溶液体系中下降了2.28 $g \cdot g^{-1}$，比在去离子水中的吸水倍率还低了0.43 $g \cdot g^{-1}$。这说明，PFBC比PBC的耐盐性更强。

表2-8　PBC和PFBC在不同溶液中的吸水倍率　　单位：$g \cdot g^{-1}$

生物炭	去离子水	80 $mg \cdot L^{-1}$ KNO_3溶液	800 $mg \cdot L^{-1}$ KNO_3溶液
P	36.56±0.17Aa	34.04±0.21Bc	14.60±0.19Cc
PBC	35.00±0.30Ba	36.85±0.24Ab	34.57±0.13Bb
PFBC	36.08±0.24Ba	39.78±0.11Aa	38.90±0.16Aa

注：不同大写字母表示同一生物炭不同吸附溶液间差异显著（$P<0.05$）；不同小写字母表示同一吸附溶液不同生物炭间差异显著（$P<0.05$）。

3.4　金属-凝胶复合改性生物炭对硝态氮的去除能力

3.4.1　硝态氮去除能力测定

称取0.10 g PBC和PFBC固体样品分别放置于50 mL浓度为20 $mg \cdot L^{-1}$、40 $mg \cdot L^{-1}$、60 $mg \cdot L^{-1}$、80 $mg \cdot L^{-1}$、100 $mg \cdot L^{-1}$、200 $mg \cdot L^{-1}$、400 $mg \cdot L^{-1}$、800 $mg \cdot L^{-1}$的KNO_3溶液中，用HCl/NaOH调

节溶液 pH 值至吸附最适 pH 值，在 25 ℃、200 r · min^{-1}条件下振荡 24 h 后，收集样品并擦干样品表面的水分，然后称量样品吸水后的重量，每个处理设 3 次重复。吸水倍率按照式（2-8）计算。

水中 NO_3^--N 的去除率计算如下：

$$W = (A \times m \times C_0 \times 10^{-3}/1 + q_e \times m)/(C_0 \times V) \quad (2-9)$$

式中，A 是样品吸水倍率，g · g^{-1}，m 为生物炭的加入量，为 0.10 g，1 是水溶液的浓度，g · mL^{-1}，q_e 为单位质量生物炭对 NO_3^--N 的吸附量，mg · g^{-1}，C_0为溶液中 NO_3^--N 的起始质量浓度，mg · L^{-1}，V 为吸附体系溶液的体积，L。

3.4.2 金属-凝胶复合改性生物炭对溶液硝态氮的去除能力

PBC 和 PFBC 在低硝酸盐浓度的吸附体系（20~80 mg · L^{-1}）中和在高硝酸盐浓度的吸附体系（100~800 mg · L^{-1}）中对水体 NO_3^--N 的去除率，均随着吸附体系硝酸盐浓度的升高而逐渐降低（图 2-18）。但在吸附体系硝酸盐浓度为 100 mg · L^{-1}时 PBC 和 PFBC 对水体 NO_3^--N 的去除率比在 80 mg · L^{-1}的吸附体系中分别提高了 5.76%和 7.56%。PFBC 对水体 NO_3^--N 的去除率显著高于 PBC。在低硝酸盐浓度的吸附体系中，PFBC 对水体 NO_3^--N 的去除率为 23.94%~48.10%，平均去除率为 32.58%；PBC 对水体 NO_3^--N 的去除率为 18.99%~39.00%，平均去除率为 25.87%。在高硝酸盐

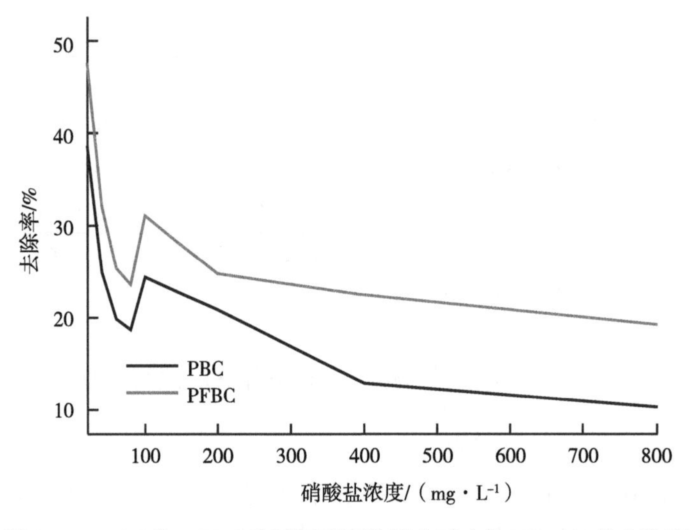

图 2-18 PBC 和 PFBC 在不同吸附体系中对水体 NO_3^--N 的去除率

浓度的吸附体系中，PFBC 对水体 NO_3^--N 的去除率为 19.56%~31.50%，平均去除率为 24.74%；PBC 对水体 NO_3^--N 的去除率为 10.52%~24.75%，平均去除率为 17.40%。由此可见，炭基水凝胶复合材料在 NO_3^--N 含量较低的溶液中对水体 NO_3^--N 去除效果更好，对水体 NO_3^--N 的去除率最高可达 48.10%。

3.5　金属-凝胶复合改性生物炭对硝态氮的吸附机制研究

复合改性材料在 80 mg·L^{-1} KNO_3 溶液中比在去离子水中的吸水性更好，可能是因为 KNO_3 溶液中的离子会和复合改性材料表面的官能团或化学键发生反应（李海燕等，2016），从而影响它的吸水性能。而 PFBC 的吸水性及耐盐性比 PBC 都好，主要是因为作为复合改性材料骨架的 FBC 比 BC 有更大的比表面积和孔容，结构也更加立体。已有研究表明，石墨烯的二维片状结构可在一定程度上支撑聚合物基体网络结构，以减弱其在高盐环境下的坍塌，从而提高其耐盐性（李明会等，2014；朱照琪，2017）。本研究中，在 80 mg·L^{-1} KNO_3 溶液吸附体系中两种复合改性生物炭的吸水能力下降，也可能是高盐环境导致复合改性材料的结构坍塌所造成的。

铁离子改性后使生物炭表面的 C=C 基团增多，芳香性增强，同时负载了铁氧化物。有研究表明铁氧化物有较高的亲和力，铁氧化物的存在增强了生物炭吸附作用（Noraini et al.，2016），这在本研究中得到证实。凝胶负载到生物炭的表面或填充到孔隙中，丰富表面官能团，使其亲水性和极性发生变化，在一定程度上影响生物炭的吸附性能（Awwad & Salem，2014）。本研究中 FBC 负载聚丙烯酰胺凝胶后，—OH/NH_2 和 C=C/C=O/NH_2 基团增多，并且还引入—CH_3/—CH_2、—COO 和 C—N 等新的基团。其中—NH_2、—OH、C=O、—COO 等均为易于促进水分子形成氢键的基团，具有超吸水性（袁福根等，2011），C=C、—CH_3、—CH_2 等为疏水性基团，因疏水作用而向内侧折弯，形成不溶性微区，使进入的水分子失去流动性，进而起到保水作用（Wang et al.，2015b）。朱照琪（2017）用氧化石墨烯做骨架制备的纳米复合水凝胶，研究其吸附能力，获得了与本研究相似的结果。但本研究用作骨架的生物炭的量比朱照琪（2017）用的氧化石墨烯的量要大很多倍，与其相比，本研究中的金属改性炭基水凝胶具有更多的生物炭特性。

复合改性材料对溶液 NO_3^--N 的吸附主要依赖生物炭，凝胶与生物炭的最适配比是 1∶20。聚丙烯酰胺凝胶能有效填充铁离子生物炭孔隙，且在表面均匀分布，使生物炭表面—OH、—NH_2、—C=O 和—COO 等亲水基团增多，同时增加—CH_3、—CH_2、C=C 等疏水基团，使复合改性生物炭的吸水性和保水性增强，PFBC 吸水倍率较 PBC 增加 7.37%，耐盐性较 PBC 增加 11.13%。炭基骨架的存在可以显著增强凝胶的耐盐性（$P<0.05$），与 P 相比，PBC 和 PFBC 在 KNO_3 溶液中的吸水倍率提高了 2.81~24.30 g·g^{-1}。

复合改性生物炭具有较高的吸水性和稳定性，能有效吸附 NO_3^--N。PFBC 比 FBC 的吸附量提高 1.13 倍。凝胶并不会单独吸附 NO_3^--N，但凝胶可通过吸水带走水中溶解的 NO_3^--N。通过金属-凝胶复合改性可显著提高生物炭对 NO_3^--N 的去除率（$P<0.05$），相比 BC 和 FBC，PBC 和 PFBC 对水体 NO_3^--N 的去除率分别提高 61.29%和 54.34%。金属-凝胶复合改性生物炭在 NO_3^--N 含量较低的近中性水环境中对水体 NO_3^--N 的去除效果更好，去除率最高可达 48.10%，有利于在实际水体环境中的高效、广泛应用。

第四节　固定微生物生物炭对铵态氮的吸附机制

4.1　试验材料

4.1.1　生物炭选择

采用第一章第四节 4.1 制备的不同原料类型生物炭。

4.1.2　吸附溶液配制

铵态氮（NH_4^+-N）模拟废水：去离子水，按比例依次加入（NH_4）$_2SO_4$ 2.36 g·L^{-1}、琥珀酸钠 28.55 g·L^{-1}、$MgSO_4·7H_2O$ 1 g·L^{-1}，NaCl 0.12 g·L^{-1}、KH_2PO_4 0.5 g·L^{-1}、K_2HPO_4 0.5 g·L^{-1}、$FeSO_4·7H_2O$ 0.03 g·L^{-1}，pH 值调至 7.0 ~7.3，115 ℃灭菌 20 min 备用，NH_4^+-N 浓度为 500 mg·L^{-1}

4.2　固定微生物生物炭对铵态氮的去除性能

4.2.1　铵态氮去除性能测定

分别把生物炭（BC）、吸附法固定微生物生物炭（F-BC-T/J/L）、包埋法固定微生物生物炭（M-BC-T/J/L）加入体积为 100 mL 的 NH_4^+-N 模拟废水中，同时以不加任何物质（CK）、单加菌株（T/J/L）、单加包埋材料（M）、加生物炭与包埋材料复合体（M-BC）为对照。为尽量保证加入模拟废水中的物质的量相同，处理中的生物炭、细菌、包埋材料量均保持一致。将所有处理置于 30 ℃恒温培养箱中培养，并每天摇晃 1 次。分别于第 1 d、第 3 d、第 7 d、第 15 d、第 30 d 取培养后的模拟废水，离心测定溶液中的 NH_4^+-N 浓度，采用式（2-10）计算 NH_4^+-N 去除率：

$$q = \frac{(C_0 - C_1)}{C_0} \times 100 \tag{2-10}$$

式中，q 为 NH_4^+-N 去除率，%；C_0 为相应天数对照（CK）组中 NH_4^+-N 的浓度，$mg \cdot L^{-1}$；C_1 为处理后废水中 NH_4^+-N 的浓度，$mg \cdot L^{-1}$。

4.2.2　不同固定方式生物炭对水体铵态氮的去除效果

随处理时间的推进，吸附法固定微生物生物炭（F-BC-T/J/L）对水体 NH_4^+-N 的去除率逐渐增高（图 2-19a），30 d 累计去除率均达到 97.9%～99.1%。处理初期（第 1 d）吸附法固定微生物生物炭对水体 NH_4^+-N 的去除率维持在较低水平（9.5%～12.2%）；第 3 d 以后大幅度增加，但从表 2-3可以看出，吸附法固定脱氮副球菌生物炭（F-BC-T）显著低于吸附法固定假单胞菌和拉乌尔菌生物炭（F-BC-J/L），与包埋法没有显著性差异，这可能是因为 T 细菌更易与生物炭上的吸附位点结合，从而使生物炭去除 NH_4^+-N 所需的位点减少。第 15 d 时，F-BC-T 和 F-BC-J 的去除率分别达到 89.7%和 90.1%，F-BC-L 的去除率也升高到 72.0%，但相对 F-BC-T 和 F-BC-J 平均低 17.9 个百分点，说明 F-BC-T、F-BC-J 对 NH_4^+-N 的去除能力强于 F-BC-L。但第 15 d 时单加菌株（T/J/L）间并没有显著性差异，说明生物炭的加入降低了 L 细菌对 NH_4^+-N 的去除效果。

包埋法固定微生物生物炭（M-BC-T/J/L）对水体 NH_4^+-N 的去除率在第 1～7 d 波动幅度较小，其中在第 3～7 d 水中 NH_4^+-N 含量出现小幅度上升（图 2-19b），加生物炭与包埋复合体（M-BC）和单加包埋材料（M）水中 NH_4^+-N 含量也出现了升高，这可能是因为包埋小球与外部水体出现浓度差，使水分子进入包埋材料，导致外部水体中 NH_4^+-N 浓度升高，M-BC-T/J/L 较 M-BC 升高少，说明细菌在第 3 d 时已经开始作用。至第 15 d 时 NH_4^+-N 含量迅速降低（图 2-19b），M-BC-T、M-BC-J 和 M-BC-L 的 NH_4^+-N 去除率分别达到 74.1%、74.2%和 68.5%，较 M-BC 高 13～19 个百分点。至第

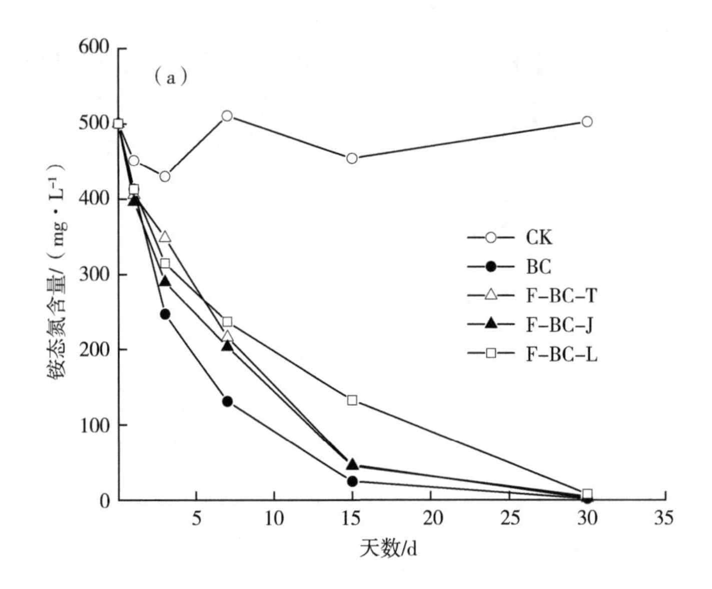

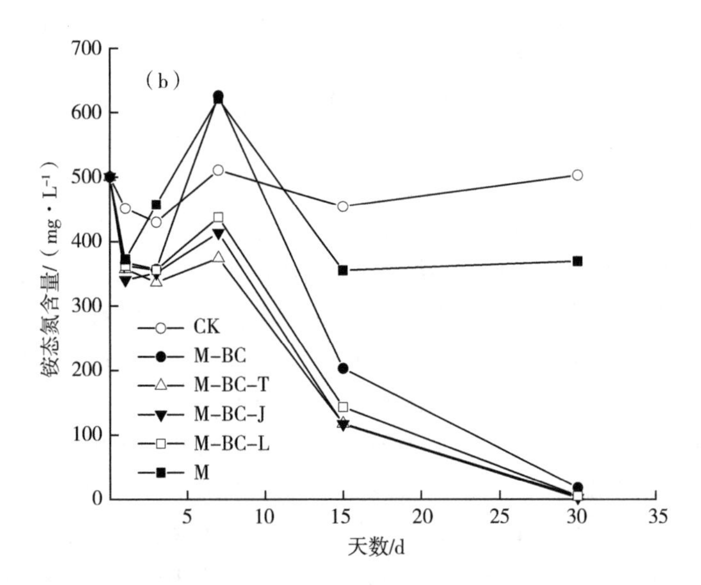

图 2-19　固定微生物生物炭对水体铵态氮（NH_4^+-N）含量的影响

30 d，去除率分别达 96.9%、97.3%和 96.8%，M-BC-T 和 M-BC-J 对水体 NH_4^+-N 的去除率较 M-BC-L 高，与吸附法表现一致。

从整个培养过程来看，吸附法固定微生物生物炭对水体 NH_4^+-N 的去除能力较包埋法强，在第 1 d 时不同固定方式间存在显著性差异（表 2-9）。包埋法固定假单胞菌生物炭（M-BC-J）对水体 NH_4^+-N 的去除率最高，达到 24.6%，其次是包埋法固定脱氮副球菌生物炭（M-BC-T）、包埋法固定拉乌尔菌生物炭（M-BC-L）以及单加包埋材料（M）。相比之下，吸附法固定微生物生物炭（F-BC-T/J/L）去除速率低，这可能是由包埋材料的孔隙和表面官能团造成的。第 7 d 时，F-BC-T、F-BC-J 和 F-BC-L 对水体 NH_4^+-N 的去除率，较对应包埋法固定微生物生物炭分别高 1.16 倍、2.15 倍和 3.44 倍，说明除包埋小球与水体内外渗透压造成该结果外，吸附法固定的细菌在第 7 d 时已经开始利用水中 NH_4^+-N 进行自身繁殖代谢。相对于单加生物炭和菌株，利用包埋法和吸附法制得的微生物生物炭对水体 NH_4^+-N 的去除速率低，单加菌株和生物炭处理在第 15 d 左右分别达到 94.5%、96.0%~96.1%，接近最大处理效果，而固定微生物生物炭约 30 d 才达到相近效果。

表 2-9　对水体铵态氮（NH_4^+-N）去除率的动态变化　　单位：%

处理	第 1 d	第 3 d	第 7 d	第 15 d	第 30 d
BC	8.4±2.1f	42.6±0.5a	74.3±1.1b	94.5±2.2a	95.9±1.7bc
M	17.5±0.8b	-1.4±2.5e	-21.6±1.0g	21.8±.07d	26.0±1.7e
T	14.2±1.1c	36.2±1.9b	90.5±3.9a	96.1±0.0a	97.0±0.1ab
J	19.5±1.0b	44.7±0.9a	95.9±1.3a	96.0±0.1a	80.1±1.1d
L	13.5±1.0cd	35.0±1.5bc	91.2±1.2a	96.0±0.1a	96.4±1.9bc
F-BC-T	10.5±1.3def	19.0±1.6d	57.7±1.8c	89.7±0.3a	98.5±0.2ab
F-BC-J	12.2±1.7cde	32.5±0.5bc	60.1±1.5c	90.1±0.6a	99.1±0.0a
F-BC-L	9.5±0.4ef	30.1±1.7c	64.0±1.8bc	72.0±1.2b	97.9±0.9a
M-BC	18.6±1.5b	17.0±1.3d	1.0±0.7f	55.3±0.9c	94.2±1.1c
M-BC-T	20.7±1.2b	21.7±0.5d	26.7±1.3d	74.1±0.5b	96.9±0.3ab
M-BC-J	24.6±0.7a	18.3±1.5d	19.1±0.8de	74.2±1.1b	97.3±0.7a
M-BC-L	19.7±1.3b	17.2±1.4d	14.4±0.7e	68.5±1.6b	96.8±0.2ab

注：同列不同小写字母表示不同处理间差异显著（$P<0.05$）。

4.3　不同固定方式生物炭对铵态氮的吸附机制研究

利用生物炭固定微生物时，生物炭表面结构特征是否发生较大变化主要由固定方法决定。在本试验中，吸附法固定对生物炭表面结构特征造成的影响较小。细菌主要利用生物炭孔隙、表面官能团、静电作用力等使其被更好地固定（Samonin & Elikova，2004），对生物炭的表面结构特征的影响主要表现在孔隙结构和比表面积的变化。而包埋法固定则将生物炭作为载体，利用包埋剂的“黏合”作用将细菌和生物炭组合为“一体”，滴入含 2% $CaCl_2$ 的饱和硼酸溶液形成生物炭-包埋剂固态小球，对生物炭及细菌表面结构特征的影响大，处理后的生物炭比表面积和孔体积缩减的幅度较大。这主要是因为包埋剂封堵了生物炭孔隙或填平了沟槽，使生物炭表面变得较为平整“光滑”，减少了生物炭的吸附位点，导致第 3~7 d 时利用包埋法的处理 NH_4^+-N去除率显著低于利用吸附法的处理。

菌体和包埋剂可能通过孔隙填充、表面驻留及遮掩等改变生物炭孔径和比表面积。本研究中，吸附法固定拉乌尔菌增大了生物炭微孔体积和比表面积，这和 Bayat 等（2015）的研究一致，这可能是由于 L 菌本身具有较大的比表面积（闫小娟等，2017）。除 F-BC-T 外，其余菌株的负载均减小了生物炭表面孔隙（微孔、介孔和大孔）和比表面积，这是因为菌株更易被吸附于生物炭表面沟壑和孔隙结构处（Guo et al.，2021），从而减小孔隙体积和比表面积。虽然 F-BC-L 增大了生物炭微孔体积和比表面积，但结合表 2-9 可以发现，在同一培养时间下孔隙和比表面积增加并没有提高 NH_4^+-N 的去除率，说明由于细菌引起的微孔体积和比表面积的改变对水中 NH_4^+-N 的去除效果没有显著影响。前期起主要作用的是生物炭的孔隙结构以及官能团，而包埋法固定虽然使生物炭的孔隙和比表面积大幅减小，但是利用官能团吸附使其在第 1 d 时有较高的去除率。

吸附法固定脱氮细菌对生物炭表面官能团没有显著影响，而包埋法固定除了含有大量的羟基、亚甲基、羰基等官能团外，还引入了 C—H、—CH_2、B—H 和 C—O 等新官能团。这主要是由包埋材料带入，包埋材料海藻酸钠、聚乙烯醇以及交联剂硼酸中带有上述基团（李佳佳，2014；李琳等，2013）。结合 Wang 等（2018）利用聚乙烯醇-海藻酸钠-壳聚糖-蒙脱土纳米片水凝胶珠对亚甲基蓝去除机理，推得包埋材料基团的带入可能是导致包埋法固定微生物生物炭在前 3 d 对水中 NH_4^+-N 有着相对较高去除率的主要因素。生物炭表面含有—OH、—C=O 等官能团，这些官能团可通过形成氢键、氧化还原反应以及离子电荷等作用吸附溶液中的 NH_4^+-N（Kizito et al.，2015；Sun et al.，2018），因此，生物炭自身也表现出较高的去除能力。

本研究中吸附法制得的固定微生物生物炭在投入水体初期（第 1~

3 d)，对水体 NH_4^+-N 的去除率较包埋法低，这是因为菌株被固定后，初期(第1~3 d)处于未激活状态。但包埋法固定可以利用包埋材料进行吸附，Li等（2013）利用水凝胶去除废水中重金属离子的研究表明，凝胶多孔结构在处理过程中除有物理吸附参与外，还可利用官能团进行化学吸附。但在快速达到吸附饱和后（第1 d），对 NH_4^+-N 的去除效果逐渐降低，这和 Li 等（2015）的研究结果一致。第3 d后吸附法去除能力大幅度提升，到第7 d时高于包埋法2~3倍。这是因为第3 d后细菌逐渐活化，利用吸附法固定的细菌与外部环境直接接触，优先利用水中 NH_4^+-N 作为氮源，开始生长繁殖，其去除能力快速升高（Chen et al.，2021；杜勇，2012）。包埋法则需要水中 NH_4^+-N进行粒子扩散到达小球内部才能被细菌利用，不利于菌株生长，且包埋过程中选用2%的海藻酸钠作为添加剂，虽然在一定程度上改善了包埋小球的表面性能（Long et al.，2004），但是高浓度海藻酸钠的添加使细菌无法获取足够的营养，底物难以通过包埋小球扩散，因此降低了对 NH_4^+-N 的去除率（Ali et al.，2015；Lin et al.，2013）。第7 d后，菌体从小球内部释放出来，并大量繁殖，吸收、代谢水中 NH_4^+-N，去除效率快速升高（Liu et al.，2019）。

在本研究中，吸附法和包埋法均能将脱氮副球菌（T）、假单胞菌（J）和拉乌尔菌（L）固定在生物炭表面。吸附法固定T细菌和J细菌，使生物炭微孔、介孔容积减小，同时也缩小了比表面积。吸附法固定L细菌后，生物炭比表面积和微孔容积增大，但介孔和大孔容积减小。相比吸附法固定，包埋法固定微生物则使生物炭大孔、介孔以及比表面积均显著缩小，微孔几乎被全部封堵，同时引入C—H、—CH_2 和C—O等新官能团。吸附法和包埋法制得的微生物生物炭均能有效去除水体中的 NH_4^+-N，30 d的去除率均达到96.8%以上。相对于包埋法，吸附法有利于微生物生长，制得的微生物生物炭去除水体 NH_4^+-N 的效率显著高于包埋法。

第三章　生物炭对氮素转化及温室气体排放的影响

近年来，生物炭在土壤中的驻留及其影响土壤氮素循环方面的探索与研究，使人们看到其阻控土壤氮素深层淋失的潜力。生物炭是生物质在缺氧的条件下，经高温热解而产生的一类含碳量高、比表面积大、孔隙多且稳定性高的物质。有关生物炭对土壤氮素行为的阻控作用与机制国内外已有一些假说，其中物理、化学性质引起的非生物学机制是主要观点，受到人们关注，微生物寄宿、繁殖及代谢引起的生物学机制是新生的活跃研究领域。然而，没有任何一种概念或观点引导形成阻控土壤氮素淋失的有效措施，其原因在于人们对生物炭阻控氮素行为的确切过程尚未获得共识。再者，生物炭制备原料广泛、工艺简陋、表面理化性质复杂，致使其有效成分有限，作用效果不突出，导致诸多研究结果和试验现象不尽一致，难以在机制论断上获得有力证据。因此，需要通过相应的处理改性，使生物炭表面性质均一，增加有效成分，强化作用效果。在此基础上，深入研究生物炭影响氮素行为的过程及规律，发现生物炭对氮素土壤淋移的阻控作用与机制，探索土壤氮素淋失阻控的新思路与途径，对提高设施菜地氮肥利用效率、控制氮素淋失造成的环境污染具有重要意义。生物炭添加到土壤后，对氮素循环微生物的生存、繁殖和代谢可能有一定的潜在作用，并可通过调控微生物活动促进 $N_2O \rightarrow N_2$ 的反硝化过程，或者通过吸附微生物释放的 NH_4^+ 而改变了土壤氮的动态，减少 N_2O 排放。生物炭在土壤微生物的生存、繁殖及相互作用中扮演着重要角色，据此有人提出了生物炭在土壤中的“氮岛”功能假说，显然这一假说的成立需要进一步试验验证。

仅以表观现象为依据的判断难以确切揭示生物炭的物理化学行为与土壤氮素活动的关系，需要从内在机制方面进行剖析研究。如何提高生物炭对氮素的这种吸持能力及清晰地表征这种吸持过程是其影响氮素循环研究的关键问题。

本章以花生壳低氧环境下不同温度热解制取的生物炭为材料，经过优选去杂后，分别通过 NO_3^--N 负载、微生物固定、金属改性、金属-凝胶复合改性，强化其对氮素的吸持能力。设计生物炭对氮素的固液相吸附体系，观察氮素在生物炭表面的累积变化与规律，分析表面特异理化因子与氮素吸附累积的关系，用经典模型、影像及图谱表征生物炭对氮素的吸持过程。同时，借助吸持作用，将氮素锚定于生物炭表面，使其成为氮素贮库，设置土壤培养试验，监测氮转化相关微生物对载氮生物炭输入的响应特征。结合氮同位素示踪技术及田间原位淋溶监测等技术，进一步验证生物炭对氮素淋失的阻控效应，系统揭示生物炭影响土壤氮素行为的作用机制，为实现作物氮肥高效利用提供新的技术思路。

第一节　载氮生物炭对设施菜地土壤硝态氮淋溶的影响

生物炭对氮肥有固持作用，主要是以下几方面决定的：一是生物炭具有多孔性、比表面积大、可提供大量极性和非极性位点等特点，为其大量吸附土壤中的 NH_4^+-N 和 NO_3^--N 提供可能；二是因为生物炭表面存在大量的电荷，在碱性条件下可与土壤中的 NH_4^+-N 发生离子交换吸附。其中，载氮生物炭对氮有固定作用，为土壤提供了一个临时的无机氮库，可以降低多次淋洗土柱中氮素的转化和流失。

1.1　试验材料

1.1.1　载氮生物炭制备

花生壳去除浮土风干，用去离子水清洗 2~3 次后烘干（105 ℃、8 h），研磨后用 2 mm 的筛子除去大块剩余的生物炭，并在 300 ℃下热解制取生物炭。具体操作过程：称取 1 000 g花生壳放入炭化槽中，然后放入已设置好程序的热解炉中，炉中保持 N_2 通过，流量为 0.1 $m^3 \cdot h^{-1}$。热解温度控制：启动温度为 40 ℃，以 5 $℃ \cdot min^{-1}$的速度缓慢升温，最终达到 170 ℃，保持该条件热解 30 min，然后再按照 5 $℃ \cdot min^{-1}$ 的速度升温至预设炭化温度 300 ℃，保持 3 h，然后保持通 N_2 状态冷却至室温。冷却后，将制备的生物炭过 2 mm 筛，用稀释好的 1 $mol \cdot L^{-1}$盐酸溶液浸泡 24 h，使盐酸与生物炭充分混合，去除漂浮在溶液上方的物体，再用去离子水洗至生物炭 pH 值接近 7，烘干（105 ℃、24 h），保存于广口瓶，密闭、干燥保存备用。

将生物炭置于 pH 值 = 5.0、T = 20 ℃、硝酸钾溶液初始浓度为

800 mg · L^{-1}的吸附体系中振荡吸附 1 h，得吸附 NO_3^--N 40 mg · g^{-1}载氮生物炭。

1.1.2　供试土壤

试验于农业农村部环境保护科研监测所温室进行，供试土壤为天津市武清区农产品蔬菜基地耕作层土壤（0～20 cm），属华北平原潮土，地处117°03′E、39°38′N。土壤基本理化性质如下：pH 值为 8.25，NO_3^--N 含量为 27.9 mg · kg^{-1}，NH_4^+-N 含量为 5.21 mg · kg^{-1}，全氮含量为 3.78 mg · g^{-1}。将采集的样品自然风干后过 4 mm 筛，充分混匀，备用。

1.2　淋溶试验

试验采用 PVC 圆柱管作为淋滤土柱，底面积为 177 cm^2，高度为 30 cm。在圆柱管底部垫上滤纸和纱布（防止土样颗粒流失），上、下端各铺 3 cm 厚的用去离子水洗净干燥后的石英砂，上部的石英砂可以防止浇水时土柱被损坏，下部石英砂起过滤作用。按照约 1.2 g · cm^{-3}的容重将试验土壤装入圆柱管，形成 20 cm 的模拟土柱，每个土柱土壤质量约为 4.248 kg。载氮生物炭和 KNO_3 的加入方法是将表层（0～5 cm）的供试土壤与载氮生物炭和硝酸钾分别充分混匀，并尽可能将土柱压到紧实。安装土柱时，注意不要晃动土柱使土壤分散开，并确保灌溉时没有水流从土柱内壁流失，尽可能降低边缘效应所产生的影响。

试验包括 9 个处理：①CK，不添加生物炭；②C1，添加生物炭量为土壤干重的 1%，即 42.48 g 生物炭带入 NO_3^--N 1.69 g，相当于每公顷 960 kg 氮肥；③C2，添加生物炭为土壤干重的 0.7%，即生物炭 29.74 g，带入 NO_3^--N 1.19 g，相当于每公顷 672 kg 氮肥；④C3，添加生物炭量为土壤干重的 0.4%，即生物炭 16.99 g，带入 NO_3^--N 0.68 g，相当于每公顷 384 kg 氮肥；⑤C4，添加生物炭量 为土壤干重的 0.2%，即生物炭 8.49 g，带入 NO_3^--N 含量为 0.34 g，相当于每公顷 192 kg 氮肥；⑥N1，添加 KNO_3 12.25 g，NO_3^--N 含量为 1.69 g；⑦N2，添加 KNO_3 8.58 g，NO_3^--N 含量为 1.19 g；⑧N3，添加 KNO_3 4.90 g，NO_3^--N 含量为 0.68 g；⑨N4，添加 KNO_3 2.45 g，NO_3^--N 含量为 0.34 g。每个处理设置 4 个重复，所有淋溶土柱随机摆放。所有土柱装填夯实以后，用吊瓶式输液器在 4 d 之内缓慢滴入 1.4 L 去离子水［基于田间持水量（WHC）］。将淋溶土柱置于温室平衡稳定 7 d，温室条件：温度 25 ℃，相对湿度 65%～75%。

1.3　载氮生物炭施用对淋溶液体积和土壤含水量的影响

土壤中添加生物炭的土柱，即 C1、C2、C3、C4 的累积淋溶液的体积比不加生物炭的土柱 N1、N2、N3、N4 分别增加了 2.7%、6.9%、7.1%、1.1%（图 3-1），但各处理之间均未达到显著性差异。这可能是因为在试验前期进行过土柱的水平衡处理，土壤已经达到 WHC，并且在生物炭处理组中，小白菜的生长受到抑制或是氮肥含量不足，导致载氮生物炭土柱比氮肥土柱中的小白菜生物量少，植物吸收和蒸腾作用消耗掉的水分少。

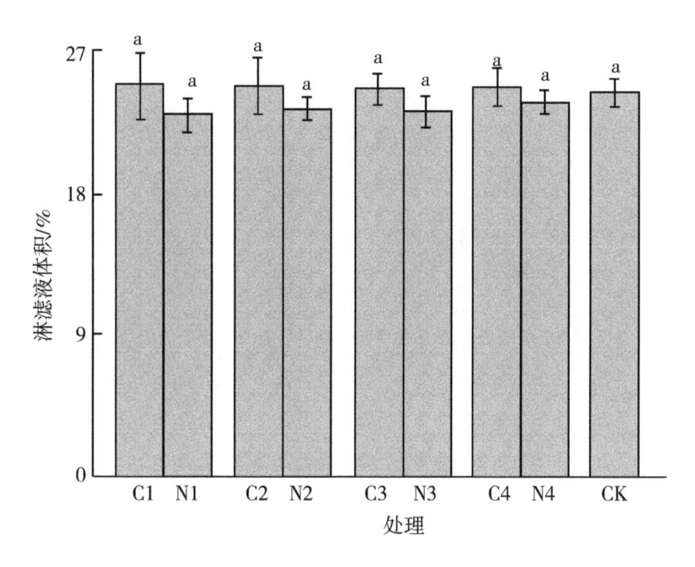

图 3-1　生物炭对土壤淋溶液体积的影响

注：柱上相同小写字母表示处理间差异不显著（$P>0.05$）。

生物炭的添加可以增大 WHC（Laird et al.，2010；Novak et al.，2009b），并且生物炭的添加量越多，土壤的 WHC 就越高，这与该试验中得出的含水量数据相一致（图 3-2）。与施氮肥处理组相比，载氮生物炭处理组的含水量较高，即土壤含水量水平 C1>N1、C2>N2、C3>N3、C4>N4，但各处理组之间均未达到显著性差异。载氮生物炭可以改善土壤持水能力，主要是因为生物炭可以使土壤密度、粒径分布、土壤团聚体和孔隙度发生改变，这些性质的改变会使土壤溶液的渗透模式、停留时间和流动路径产生变化（Major et al.，2009）。薛立等（2003）研究认为，随着载氮生物炭添加量的增加，其对土壤性质的影响也越明显，对土壤的持水能力也越强，这与本研究结果相一致。

土壤的 WHC 可以影响土壤对养分的固持效应，降低土壤中流动性较强元素的流失，例如氮、钾等。而且，土壤 WHC 的提高，可以降低田间灌溉的频率，减少田间用水量，进而可以将因田间灌溉而引起的养分流失的潜在风险降低。本试验中，各处理间的土壤含水量差异均不显著，可能是因为试验的时间尚短，载氮生物炭对土壤的影响不明显，其对土壤的效应有待于进一步长时间的田间试验进行验证。

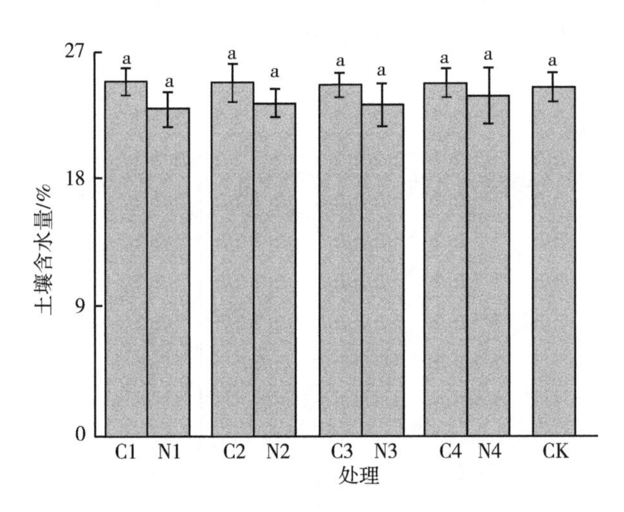

图 3-2　生物炭对土壤含水量的影响

注：柱上相同小写字母表示处理间差异不显著（P>0.05）。

1.4　载氮生物炭施用对淋溶液硝态氮淋失量的影响

两种处理组的土壤中，载氮生物炭的添加均不同程度地降低了 NO_3^--N 的累积淋失量（图 3-3）。从图 3-3a 可以看出，同样施氮肥量的条件下，添加载氮生物炭比例为 1%的土柱 NO_3^--N 累积淋失量为 406 mg，比 N1 处理（1 173 mg）减少了 65.3%。在整个淋洗进程中，开始淋滤时 NO_3^--N 的含量比较低，随着淋洗次数的增加，在第 2 次和第 3 次淋洗时，NO_3^--N 含量显著增加，在第 4 次淋洗时，NO_3^--N 的淋失量又略有降低。该试验现象表明，土壤扰动后，会一定程度地改变其理化性质，使 NO_3^--N 的淋失主要发生在第 1 次淋溶液收集以后。周志红等（2011）认为施用生物炭可以降低氮素的淋失，为作物吸收利用更多的氮素提供可能性。在试验的整个过程中，

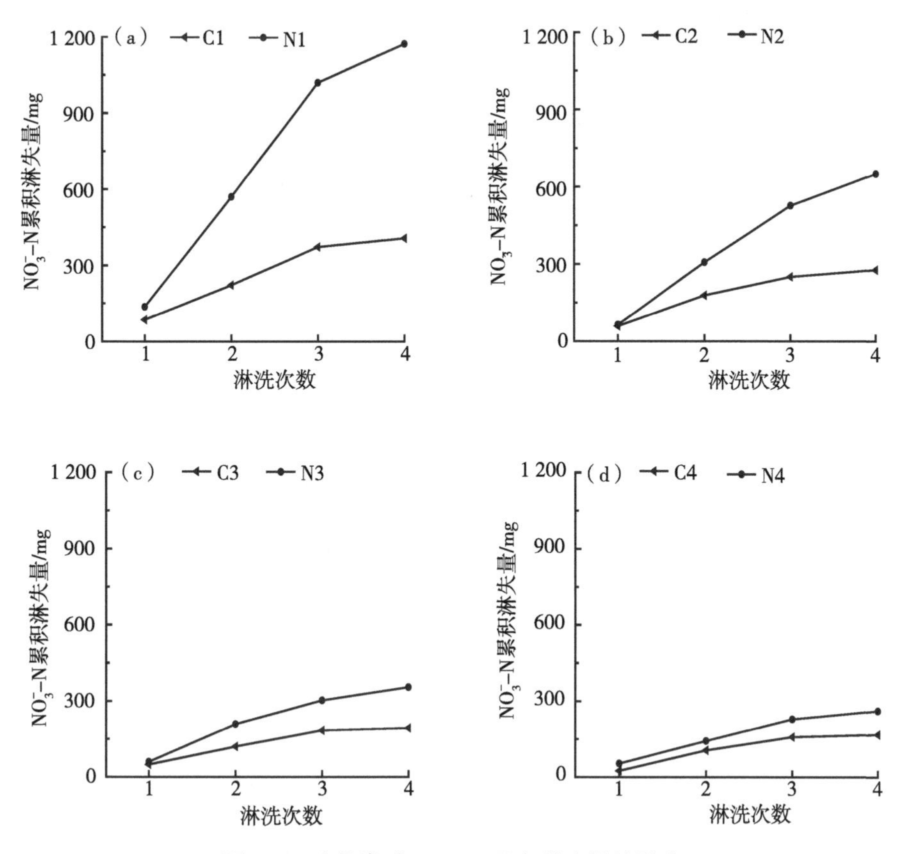

图 3-3　生物炭对 NO_3^--N 累积淋失量的影响

C1 处理始终比 N1 处理累积淋失量低，验证了本试验与该观点相一致。另外，施加载氮生物炭土柱的 NO_3^--N 累积淋失量较低，也可能是由于生物炭可以影响土壤中 N 的转化引起的（Ball et al.，2010；Clough & Condron，2010；Ruser et al.，2006）。同时，从图 3-3 可以看出，载氮生物炭土柱的 NO_3^--N 累积淋失量增加比较平缓，说明载氮生物炭利于土壤中氮的固定，可以实现将氮肥缓慢释放到土壤中，减少土壤中氮肥的流失，提高氮肥利用率，为生产高效且长效氮肥提供可能性。从图 3-3b、c、d 可以得到与图 3-3a相似的结论，即分别在相同量的氮肥施用条件下，C2（277 mg）、C3（194 mg）、C4（167 mg）土柱累积 NO_3^--N 淋失量比 N2（651 mg）、N3（354 mg）、N4（261 mg）处理分别减少了 57.4%、45.3%和 35.9%。该结果说明，载氮生物炭可以减少土壤中氮素的流失，但要达到减少养分流失这一目的，生物炭的施用就要达到一定的量，本试验中，1%的生物炭施加量能够最大幅度地降低土壤中氮素的流失。整个淋溶过程中，载氮生物炭可以降低 NO_3^--N 的淋失量，添加量越大，减少 NO_3^--N 损失的比例也越高。这可能是因为载氮生物炭可以提高土壤的含水量，使土壤微生物活动减弱，最终使土壤硝化作用降低，这些都利于土壤微生物发生还原反应。也有研究表明，生物炭中的有机添加剂可以提高厌氧型细菌的活动（邢英等，2011），对土壤中的硝化反应有抑制作用，导致在同样的施肥条件下，添加载氮生物炭的土柱中的淋失量较低。也有研究指出，将生物炭添加到森林土壤中，会使土壤中的硝化反应加剧，进而促进 NO_3^--N 的淋失（Feleke & Sakakibara, 2002)，这与本试验结果相悖。

1.5　载氮生物炭施用对淋溶液铵态氮淋失量的影响

NH_4^+-N 在土壤中的移动性很差，极易被土壤吸附，由图 3-4 可知，载氮生物炭处理和施氮处理淋溶液的 NH_4^+-N 含量为 1.69~1.99 mg，经统计检验，各处理之间无显著性差异。载氮生物炭含量≥0.4%时，淋溶液中 NH_4^+-

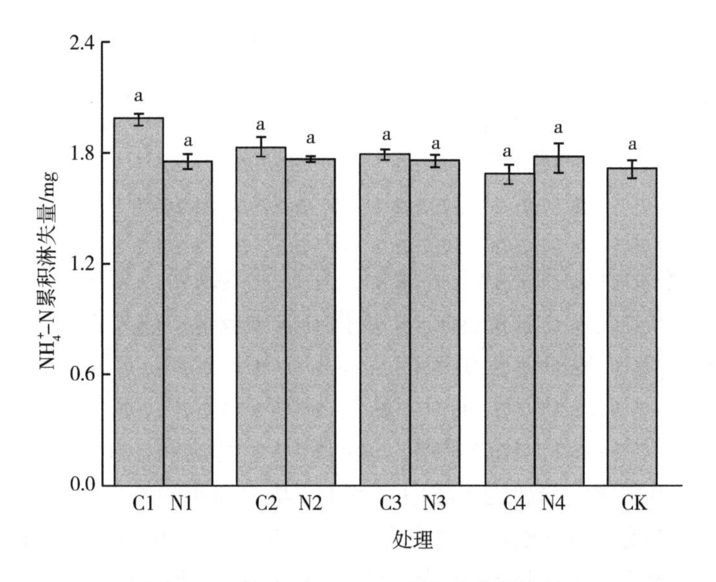

图 3-4　生物炭对 NH_4^+-N 积累淋失量的影响

注：柱上相同小写字母表示处理间差异不显著（P>0.05）。

N 含量 C1（1.99 mg）>N1（1.76 mg）、C2（1.84 mg）>N2（1.77 mg）、C3（1.80 mg）>N3（1.76 mg）；当载氮生物炭含量为 0.2%时，淋溶液中 NH_4^+-N 含量 C4（1.69 mg）<N4（1.78 mg），且 C1>C2>C3>C4。

添加载氮生物炭可以在一定程度上影响土柱 NH_4^+-N 的淋失量，但其淋失量比较均匀，各处理没有显著性差异，淋失过程与 NO_3^--N 的淋失趋势类似。Lehmann 和 Rondon（2006）、刘世杰和窦森（2009）研究认为，在淋溶试验中种植农作物，加入生物炭后能够显著减少淋溶液中 NH_4^+-N 的含量，提高作物对氮肥的利用率，进而提高植物的生物量。这与本试验的结果有差异，本研究中只有在载氮生物炭含量为 0.2%时，其 NH_4^+-N 累积淋失量比没有添加生物炭的施氮肥土柱低，当生物炭含量等于或高于 0.4%时，则与 Lehmann 和 Rondon（2006）研究相反，研究结果有差异可能是与生物炭有关，土柱中含有更多的生物炭时，即表现为含有较多的阳离子，可以抑制土壤对 NH_4^+ 的吸附。

在整个淋洗过程中，淋溶液中 NH_4^+-N 含量始终很低，淋失量与 NO_3^--N 相比可忽略不计，所以 NH_4^+-N 的淋失量不会对土壤中全氮的淋失造成较大影响。

1.6 载氮生物炭施用对土壤全氮含量的影响

从土壤的全氮含量结果（图 3-5）可以看出，施用载氮生物炭后，土壤全氮含量升高，由此推测，载氮生物炭不仅对氮素有固持作用，而且可以将氮肥缓慢地释放到土壤中，减少了氮肥随淋溶液流失而产生的损失。添加载氮生物炭后，C1（4.58 $mg \cdot g^{-1}$）、C2（4.28 $mg \cdot g^{-1}$）、C3（4.17 $mg \cdot g^{-1}$）、C4（4.10 $mg \cdot g^{-1}$）的土壤全氮含量相较于对照组 N1（3.86 $mg \cdot g^{-1}$）、N2（3.70 $mg \cdot g^{-1}$）、N3（3.59 $mg \cdot g^{-1}$）、N4（3.41 $mg \cdot g^{-1}$）分别提高了 16%、14%、14%和 17%。载氮生物炭对氮有固定作用，为土壤提供了一个临时的无机氮库，因而可以降低多次淋洗土柱中氮素的流失（Lehmann et al.，2003）。总体上看，添加载氮生物炭过多或者过少，都会提高氮素在土壤中的残留比例，这可能与土柱中种植的小白菜有关，不同生物量的小白菜会吸收不同量的氮素，对土壤中氮素的残留量有一定的影响。

生物炭可以吸附土壤中的水分和营养元素，提高土壤中对有效养分含量固持的时间和生产力（Farrell et al.，2014；Yu et al.，2013）。生物炭对氮肥有固持作用，主要是由以下两个方面决定的：一是生物炭具有多孔性，比表面积大，提供了大量的极性和非极性的位点，为其大量吸附土壤中的

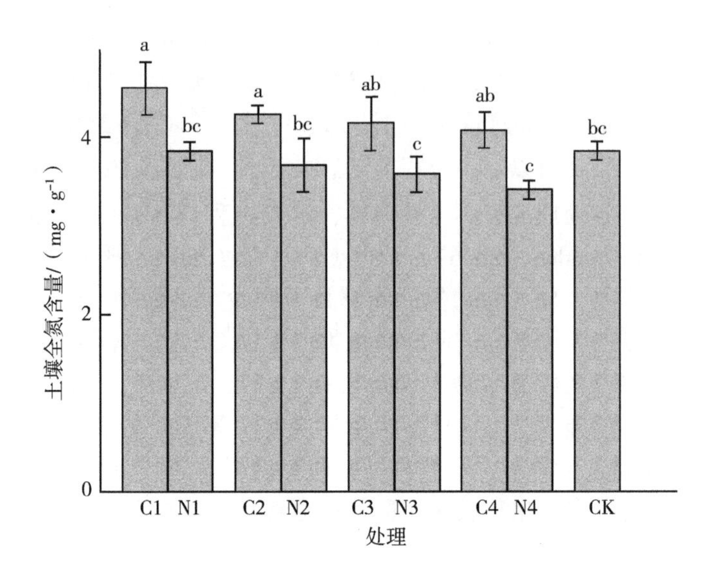

图 3-5　生物炭对土壤全氮的影响

注：柱上不同小写字母表示不同处理间差异显著（P<0.05）。

NH_4^+-N 和 NO_3^--N 提供可能；二是生物炭表面存在大量的电荷，在碱性条件下可与土壤中的 NH_4^+-N 发生离子交换吸附。郑浩（2013）研究发现，添加生物炭可以提高土壤微生物的活性，由此证明生物炭可以增加土壤对氮的固持作用。刘玉学等（2015）研究也表明，添加生物炭可以提高土壤养分含量，尤其是提高氮素的有效性较为显著。

1.7　载氮生物炭施用对土壤 pH 值的影响

试验土壤的 pH 值结果如图 3-6 所示。由试验结果可知，添加载氮生物炭后，N1、N2、N3、N4 分别比 C1、C2、C3、C4 pH 值降低了 0.06、0.10、0.10 和 0.01 个单位，载氮生物炭含量为 1%时 pH 值最高，载氮生物炭处理组与施氮肥处理组达到显著性差异水平，但是载氮生物炭处理组内和施氮肥处理组内均未达到显著性差异。以上结果表明，添加生物炭可以提高土壤的 pH 值，土壤 pH 值不会随生物炭添加量的改变而产生显著变化。有研究表明，土壤 pH 值的增加可以缓解施用氮肥对土壤的酸化作用。土壤中氮损失的另一个常见途径的是氨的挥发，pH 值越高的土壤越容易产生氨的挥发，试验处理组土壤的 pH 值均在 8.50 以上，已达到引起氨挥发的水平（pH 值>8）。所以，该试验中氨挥发造成的氮损失也一定程度地降低了淋溶液中氮的含量。

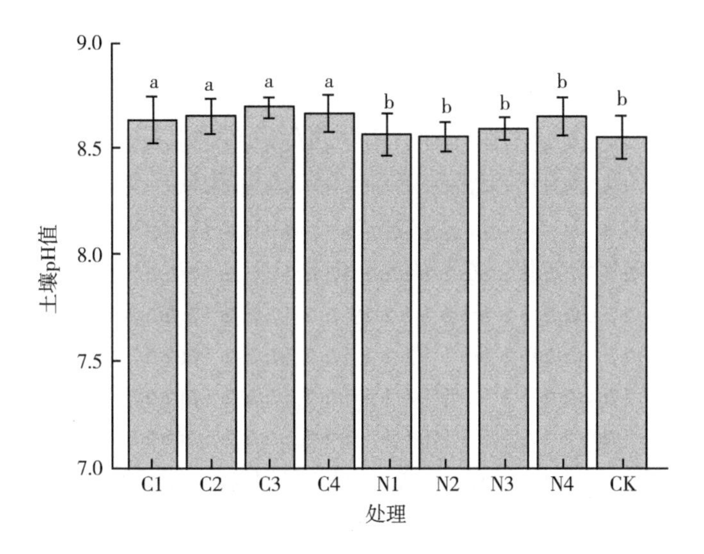

图 3-6 生物炭对土壤 pH 值的影响

注：柱上不同小写字母表示不同处理间差异显著（$P<0.05$）。

Liang 等（2006）研究认为，土壤 pH 值的升高与生物炭自身的理化性质有关，生物炭的灰分中含有一些金属元素，如钾、钙、镁等，可以以离子状态存在于土壤中，与土壤中的酸性基团结合，提高盐基饱和度；另外，生物炭呈碱性，表面含有大量的负电荷，也可使土壤 pH 值发生改变。

1.8 载氮生物炭对土壤氮素的阻控效果

载氮生物炭的添加提高了土柱的淋溶液体积，增加了土壤的含水量，但各处理间均未达到显著性差异；载氮生物氮的添加同时也会提高土壤的 pH 值，缓解氮肥对土壤的酸化作用；载氮生物炭的添加均不同程度地降低了 NO_3^--N 的累积淋失量，添加量越大，减少 NO_3^--N 损失的比例也越高；载氮生物炭对土柱 NH_4^+-N 的累积淋失量无显著性影响，淋失过程与 NO_3^--N 淋失的趋势类似；载氮生物炭对氮有固定作用，可以为土壤提供一个临时的无机氮库。

第二节 固定微生物生物炭对氮素转化的影响

为提高作物产量，需要大量施用氮肥（Zhang et al.，2019）。但进入土壤中的大部分氮素会随着氮素的转化以不同形式损失，不仅造成了严重的资源浪费，还会引起环境污染等问题，其中比较突出的就是氮素流失引起的面源污染（Xun et al.，2020）。生物炭固定微生物是减弱环境给外源微生物带来不利影响，并且具有生物强化作用的技术手段（Hong et al.，2012；Ma et al.，2021）。大多数研究已经证明，生物炭的应用可以对土壤氮素转化起到积极作用，例如生物炭可以增强对 NH_4^+ 和 NO_3^- 的固定（Xie et al.，2020）、降低 N_2O 的排放量等（Wu et al.，2019a）。目前，虽然鲜有关于固定微生物技术应用于土壤氮素转化方面的研究，但是从固定微生物技术对水污染处理（Ahmad et al.，2020；Yu et al.，2019）、土壤重金属固定（Teng et al.，2020）以及有机污染物的去除（Liu et al.，2017）等的作用表明，利用固定微生物技术可以对解决不同类型的环境问题起到较好的效果。

微生物的单独添加存在很多问题，如难以适应新的环境以及和土著微生物的竞争等（Suja et al.，2014），固定微生物技术可以有效提高微生物的生存能力，解决环境因素引起的微生物密度低、处理效率低等问题（Fu et al.，2020）。本节优选吸附法固定微生物，制备微生物生物炭联合体，通过控制试验，观测固定微生物生物炭施用后土壤关键理化指标的变化及 NH_4^+-N和 NO_3^--N 的累积动态，以期揭示其对土壤氮素转化的影响。

2.1 试验材料

2.1.1 固定微生物生物炭选择

选择第一章第四节4.1制备的固定微生物生物炭，并选择去除效果较好的脱氮副球菌（T）、假单胞菌（J）为固定对象，吸附法制备固定脱氮副球菌生物炭和固定假单胞菌生物炭。

2.1.2 供试土壤

试验所用土壤取自天津市武清区天民蔬果专业合作社（117°05′E，39°54′N）设施菜地，采集耕层（0~20 cm）土壤，一部分过2 mm筛用于培养试验，另一部分风干研磨后过0.25 mm、1 mm筛，用于土壤基本理化性质测定。供试土壤的基本理化性质见表3-1。

表3-1 供试土壤基本理化性质

pH值	电导率/($mS \cdot cm^{-1}$)	有机质/($g \cdot kg^{-1}$)	全氮/($g \cdot kg^{-1}$)	铵态氮/($mg \cdot kg^{-1}$)	硝态氮/($mg \cdot kg^{-1}$)
7.18	0.97	11.60	1.03	2.85	72.46

2.2 土壤培养试验

本试验采取室内恒温培养，试验布置如下：按大田施肥量 200 kg · hm^{-2} 的等量尿素混合施入过 2 mm 筛的土壤，将生物炭施用量设置 4 个梯度：0.0%（CK）、0.5%、1.0%和 2.0%，并分别吸附脱氮副球菌（T）和假单胞菌（J），同时以施氮后的土壤、单施细菌、单施生物炭作为对照，每个处理设置 4 个重复，具体处理及说明见表 3-2。称取 100 g 土与不同处理添加物混合均匀后置于高 20 cm、直径 5 cm 的玻璃管中，加水至田间持水量的 60%，用滤菌封口膜封口，置于 30 ℃培养箱中培养。于培养时间为第 0 d、第 7 d、第 21 d、第 35 d、第 60 d、第 90 d 进行破坏性取样，用于各种指标的测定。

表 3-2 试验处理及说明

处理	说明	处理	说明
CK	仅施加氮肥未做任何处理的土壤	$BCT_{0.5}$	0.5%生物炭吸附脱氮副球菌
$BC_{0.5}$	单施 0.5%生物炭	BCT_1	1.0%生物炭吸附脱氮副球菌
BC_1	单施 1.0%生物炭	BCT_2	2.0%生物炭吸附脱氮副球菌
BC_2	单施 2.0%生物炭	$BCJ_{0.5}$	0.5%生物炭吸附假单胞菌
T	单施脱氮副球菌	BCJ_1	1.0%生物炭吸附假单胞菌
J	单施假单胞菌	BCJ_2	2.0%生物炭吸附假单胞菌

2.3 固定微生物生物炭对土壤关键理化指标的影响

2.3.1 对土壤电导率（EC 值）的影响

由表 3-3 可知，培养期间，除 CK 处理外，其余处理土壤 EC 值均随培养时间的推进波动式增加，升高幅度在 2.0%~21.7%。培养初期（第 1 d），$BCT_{0.5}$处理土壤 EC 值较 CK 显著（$P<0.05$）降低 13.5%，与其他处理没有显著性差异。到了第 7 d，BC_2 处理土壤 EC 值较 CK、$BC_{0.5}$、T、$BCT_{0.5}$、BCT_1、$BCJ_{0.5}$、BCJ_1 显著升高，较其他处理高但不显著。培养中期（第 21 d、第 35 d），BCT_2 处理土壤 EC 值较 CK 显著升高 14.6%，但不显著高于其他处理。第 60 d，BCJ_1处理土壤 EC 值较其他处理明显高，分别较 CK、BCT_2、BCJ_1显著增加 0.24 mS · cm^{-1}、0.19 mS · cm^{-1}、0.20 mS · cm^{-1}。培

养末期（第 90 d），所有处理土壤 EC 值无显著性差异。以上结果表明，添加固定微生物炭对土壤 EC 值无显著影响。

表 3-3　不同处理土壤电导率（EC 值）的动态变化 单位：$mS \cdot cm^{-1}$

处理	第 1 d	第 7 d	第 21 d	第 35 d	第 60 d	第 90 d
CK	0.96±0.09a	0.96±0.09b	0.96±0.09c	0.95±0.03c	0.89±0.07c	0.98±0.09a
$BC_{0.5}$	0.90±0.08ab	0.96±0.05b	1.02±0.03abc	0.95±0.04c	0.96±0.08bc	1.02±0.08a
BC_1	0.93±0.02ab	0.99±0.08ab	1.02±0.05abc	1.02±0.03abc	0.99±0.03abc	1.04±0.04a
BC_2	0.93±0.02ab	1.11±0.04a	1.04±0.06abc	1.02±0.06bcd	0.98±0.10bcde	1.09±0.08a
T	0.95±0.09ab	0.55±0.03d	0.98±0.03bc	1.03±0.05abc	1.02±0.05abc	0.96±0.03a
J	0.89±0.05ab	0.99±0.09ab	1.00±0.04bc	1.09±0.02abc	1.08±0.08ab	1.08±0.05a
$BCT_{0.5}$	0.83±0.02b	0.68±0.00c	1.04±0.06abc	1.00±0.04bc	1.06±0.09ab	1.01±0.05a
BCT_1	0.86±0.02ab	0.94±0.06b	1.03±0.05abc	1.01±0.03abc	1.05±0.08ab	1.00±0.08a
BCT_2	0.90±0.05ab	1.03±0.04ab	1.10±0.01a	1.10±0.01a	0.94±0.05bc	1.08±0.07a
$BCJ_{0.5}$	0.83±0.04ab	0.95±0.04b	1.08±0.03ab	1.02±0.09abc	1.04±0.05abc	0.97±0.07a
BCJ_1	0.91±0.06ab	0.94±0.07b	1.05±0.01abc	1.07±0.04ab	1.13±0.09a	1.06±0.03a
BCJ_2	0.95±0.03ab	1.01±0.03ab	1.04±0.04abc	1.02±0.04abc	0.93±0.06bc	0.97±0.08a

注：同列不同小写字母表示不同处理间差异显著（$P<0.05$）。

2.3.2　对 pH 值的影响

相对于 CK，单施生物炭、菌剂或固定微生物生物炭均在一定程度上增加了土壤 pH 值，不同阶段不同处理增加的幅度不同（表 3-4）。培养第 7 d，单施脱氮副球菌（T）和 0.5%生物炭吸附脱氮副球菌（$BCT_{0.5}$）处理土壤 pH 值显著高于其他处理，单施假单胞菌（J）处理土壤 pH 值较单施生物炭（BC）处理显著升高，同时也明显高于固定 J 细菌生物炭处理。第 21 d，所有固定微生物生物炭处理土壤 pH 值均显著高于单施生物炭（BC）处理，T 处理仍保持较高的 pH 值。第 35 d，所有处理土壤 pH 值均高于 CK，但单施生物炭、菌剂和固定微生物生物炭之间没有显著性差异。第 60 d，单施菌剂或固定微生物生物炭处理土壤 pH 值显著高于单施生物炭处理。培养末期（第 90 d），单施生物炭、菌剂或固定微生物生物炭处理之间土壤 pH 值没有显著性差异，但均显著高于 CK。

表 3-4　不同处理土壤 pH 值的动态变化

处理	第 1 d	第 7 d	第 21 d	第 35 d	第 60 d	第 90 d
CK	7. 27±0. 04bcd	6. 86±0. 03c	6. 45±0. 07d	6. 72±0. 17c	6. 43±0. 23f	6. 53±0. 47b
$BC_{0.5}$	7. 28±0. 05bcd	6. 92±0. 03c	6. 70±0. 09d	6. 97±0. 08b	6. 69±0. 07e	6. 78±0. 11a
BC_1	7. 16±0. 04de	6. 95±0. 04c	6. 93±0. 05b	7. 06±0. 02ab	6. 81±0. 02de	6. 86±0. 02a
BC_2	7. 15±0. 06de	6. 88±0. 05c	7. 00±0. 04b	7. 14±0. 02a	6. 89±0. 03cd	6. 88±0. 04a
T	7. 30±0. 02bc	8. 25±0. 34a	7. 16±0. 05a	7. 08±0. 03ab	6. 97±0. 02bc	7. 00±0. 05a
J	7. 49±0. 11a	7. 25±0. 15b	7. 00±0. 06b	7. 06±0. 02ab	6. 99±0. 04bc	6. 97±0. 06a
$BCT_{0.5}$	7. 37±0. 05b	7. 91±0. 06a	7. 10±0. 04a	7. 15±0. 04a	7. 05±0. 03ab	6. 92±0. 04a
BCT_1	7. 26±0. 07bcd	7. 12±0. 15bc	7. 15±0. 01a	7. 13±0. 02a	7. 03±0. 08abc	6. 94±0. 03a
BCT_2	7. 12±0. 02e	7. 12±0. 02bc	7. 11±0. 01a	7. 08±0. 00ab	7. 09±0. 02ab	6. 87±0. 05a
$BCJ_{0.5}$	7. 24±0. 10cde	7. 03±0. 05bc	7. 13±0. 02a	7. 12±0. 04a	7. 08±0. 04ab	6. 96±0. 04a
BCJ_1	7. 18±0. 06cde	7. 03±0. 04bc	7. 12±0. 02a	7. 08±0. 04ab	7. 07±0. 02ab	6. 95±0. 03a
BCJ_2	7. 16±0. 03de	7. 00±0. 01bc	7. 13±0. 03a	7. 20±0. 04a	7. 17±0. 04a	6. 93±0. 06a

注：同列不同小写字母表示不同处理间差异显著（$P<0.05$）。

2. 3. 3　对土壤有机质（SOM）的影响

随时间的推进，所有处理土壤 SOM 逐渐降低（表 3-5）。单施生物炭（BC）或固定微生物生物炭（BCT/J）在一定程度上增加了土壤 SOM 含量，其中 BC_2、BCT_2、BCJ_2 显著高于其他处理，$BC_{0.5}$、$BCT_{0.5}$、$BCJ_{0.5}$土壤 SOM 含量相对较低，接近于 CK。另外，单施脱氮副球菌（T）和假单胞菌（J）处理的土壤 SOM 含量也相对较低，与 CK 没有显著性差异。说明施用生物炭能够增加土壤 SOM 含量，施用量越大，增加效果越显著。这可能是生物炭自身携带的易分解有机碳在土壤中释放所引起的，并随培养时间的延长逐渐被微生物代谢或矿化，表现出总量下降的趋势。

表 3-5　不同处理土壤有机质（SOM）含量的动态变化　单位：$g \cdot kg^{-1}$

处理	第 1 d	第 7 d	第 21 d	第 35 d	第 60 d	第 90 d
CK	15. 01±0. 40cd	14. 49±0. 90f	13. 93±1. 06ef	14. 29±0. 66ab	13. 40±0. 58cdef	12. 86±0. 41e
$BC_{0.5}$	15. 71±1. 13bc	15. 47±0. 51def	14. 88±0. 72bc	15. 40±1. 31a	13. 59±0. 32cde	13. 87±0. 79cd

（续表）

处理	第 1 d	第 7 d	第 21 d	第 35 d	第 60 d	第 90 d
BC_1	16. 72±0. 88ab	15. 11±0. 85ef	14. 68±0. 89bcde	14. 82±1. 49ab	14. 14±0. 53bcd	14. 27±0. 18c
BC_2	17. 93±1. 49a	17. 51±0. 91a	15. 09±0. 30abc	15. 38±0. 58a	15. 28±0. 31a	15. 06±0. 29b
T	15. 07±1. 17cd	15. 57±0. 80cdef	13. 99±0. 42def	13. 58±0. 74bcd	12. 56±0. 81f	12. 79±0. 40e
J	14. 45±0. 54d	15. 77±1. 09bcdef	13. 72±0. 59f	12. 52±0. 43d	12. 80±0. 96ef	12. 86±0. 32e
$BCT_{0.5}$	15. 75±0. 78bc	16. 42±0. 39abcd	14. 41±0. 41cdef	12. 90±0. 08cd	13. 21±0. 40def	13. 86±0. 46cd
BCT_1	15. 74±0. 83bc	16. 08±0. 50bcde	14. 78±0. 09bcd	13. 49±0. 94bcd	14. 19±0. 76bc	14. 33±0. 32c
BCT_2	17. 93±1. 13a	16. 81±1. 11abc	15. 80±0. 59a	15. 45±0. 75a	15. 33±0. 84a	15. 54±1. 10a
$BCJ_{0.5}$	15. 34±0. 53abc	14. 59±0. 82f	13. 90±0. 30ef	14. 05±0. 67abc	13. 46±0. 93cdef	13. 38±0. 22de
BCJ_1	15. 99±1. 33bc	15. 43±1. 17def	14. 97±0. 34bc	14. 96±0. 91a	13. 49±0. 59cdef	13. 98±0. 40cd
BCJ_2	17. 90±1. 23a	16. 90±0. 94ab	15. 40±0. 50ab	15. 43±1. 06a	14. 84±0. 31ab	15. 15±0. 73b

注：同列不同小写字母表示不同处理间差异显著（$P<0.05$）。

2.3.4 对土壤全氮含量的影响

培养期间，不同处理土壤全氮含量变化与 SOM 变化趋势类似（表 3-6），单施生物炭和施用固定微生物生物炭处理均增加土壤全氮含量。施用量较低的处理（$BC_{0.5}$、$BCT_{0.5}$、$BCJ_{0.5}$）增加得不显著，高量生物炭处理（BC_2、BCT_2、BCJ_2）显著增加，且高量生物炭处理之间土壤全氮含量无显著性差异。单施脱氮副球菌（T）和假单胞菌（J）的处理土壤全氮含量显著低于高量（2%）施用生物炭的处理，且与 CK 无显著性差异。可见，土壤全氮含量增加主要是添加生物炭引起的，可能是生物炭自身氮含量较高的原因。

表 3-6　不同处理土壤全氮含量的动态变化　　单位：$g \cdot kg^{-1}$

处理	第 1 d	第 7 d	第 21 d	第 35 d	第 60 d	第 90 d
CK	1. 27±0. 04b	1. 15±0. 01d	1. 12±0. 05e	1. 12±0. 04bcde	1. 06±0. 02c	1. 05±0. 02ef
$BC_{0.5}$	1. 27±0. 04b	1. 20±0. 02abc	1. 18±0. 03bcde	1. 14±0. 04bcde	1. 07±0. 01c	1. 09±0. 02cde
BC_1	1. 29±0. 04ab	1. 17±0. 03cd	1. 20±0. 01bcd	1. 16±0. 04bcd	1. 12±0. 03abc	1. 12±0. 02bcd
BC_2	1. 38±0. 06a	1. 28±0. 02a	1. 24±0. 05abcd	1. 18±0. 01ab	1. 20±0. 03a	1. 16±0. 04ab
T	1. 27±0. 12b	1. 13±0. 05d	1. 17±0. 03cde	1. 08±0. 03e	1. 07±0. 01c	1. 04±0. 05ef
J	1. 27±0. 06b	1. 18±0. 04cd	1. 16±0. 04de	1. 11±0. 02bcde	1. 09±0. 03bc	1. 02±0. 02f
$BCT_{0.5}$	1. 32±0. 01ab	1. 23±0. 03abc	1. 22±0. 03bcd	1. 09±0. 07de	1. 10±0. 03abc	1. 06±0. 01def

（续表）

处理	第 1 d	第 7 d	第 21 d	第 35 d	第 60 d	第 90 d
BCT_1	1. 30±0. 03ab	1. 24±0. 03abc	1. 24±0. 05abcd	1. 10±0. 02a	1. 15±0. 03abc	1. 06±0. 04def
BCT_2	1. 37±0. 02ab	1. 25±0. 06ab	1. 30±0. 01a	1. 24±0. 03a	1. 18±0. 07bc	1. 19±0. 04a
$BCJ_{0.5}$	1. 26±0. 04b	1. 24±0. 01abc	1. 23±0. 05abcd	1. 11±0. 02bcde	1. 09±0. 07bc	1. 06±0. 02def
BCJ_1	1. 26±0. 03b	1. 23±0. 03abc	1. 25±0. 03abc	1. 17±0. 02bc	1. 12±0. 03abc	1. 12±0. 03bcd
BCJ_2	1. 35±0. 03ab	1. 30±0. 02a	1. 26±0. 01ab	1. 17±0. 02ab	1. 11±0. 09abc	1. 15±0. 02abc

注：同列不同小写字母表示不同处理间差异显著（$P<0.05$）。

2.4　固定微生物生物炭对土壤铵态氮含量的影响

施用固定微生物生物炭显著提高了土壤 NH_4^+-N 含量。培养初期（第 1 d），与 CK 相比，$BCT_{0.5}$、BCT_1、BCT_2 处理土壤 NH_4^+-N 含量分别增加了 28.4%、78.7%、49.9%，同时显著高于单施生物炭和菌剂处理（图 3-7）。到第 21 d，固定微生物生物炭处理土壤 NH_4^+-N 含量较单施生

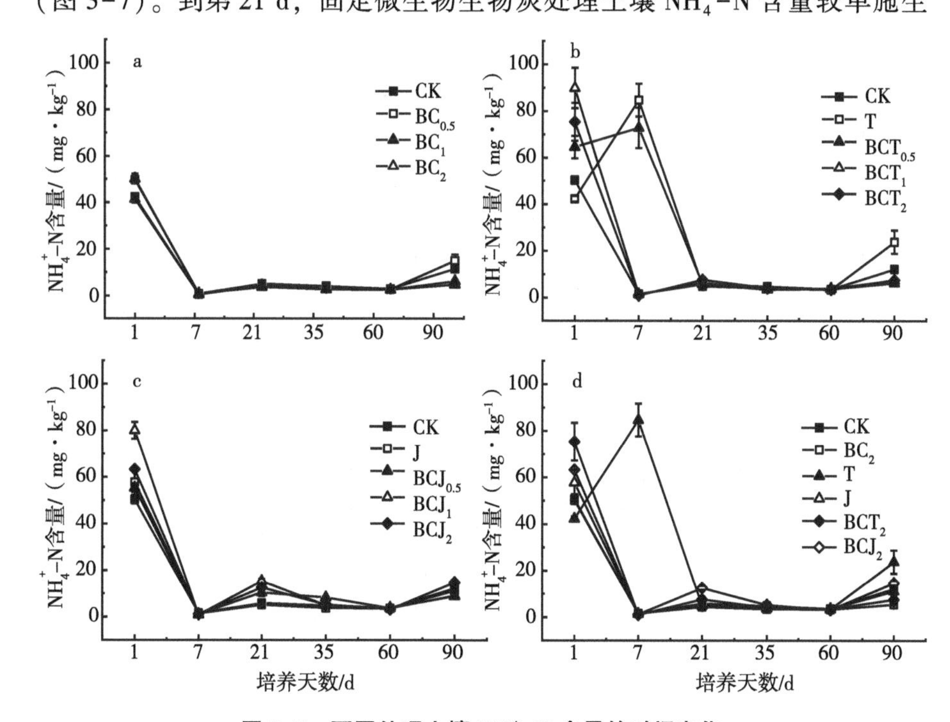

图 3-7　不同处理土壤 NH_4^+-N 含量的时间变化

物炭处理高 2.6 倍，培养结束（第 90 d）后，BCJ_2 处理土壤 NH_4^+-N 含量是 BC_2 处理的 1.9 倍。多数处理在第 7 d 内土壤 NH_4^+-N 含量下降到较低值，以后持续稳定。但单施脱氮副球菌（T）和 0.5%生物炭吸附脱氮副球菌（$BCT_{0.5}$）处理，前 7 d 土壤 NH_4^+-N 含量上升，此后迅速下降，并一直到培养结束维持较低值。这说明脱氮副球菌在前期能在一定程度上抑制 NH_4^+-N 的转化。

2.5 固定微生物生物炭对土壤硝态氮含量的影响

随培养时间的推进，土壤 NO_3^--N 含量总体呈上升趋势，相对于培养初期（第 1 d），培养末期（第 90 d）不同处理土壤 NO_3^--N 含量平均增加 169.4 mg · kg^{-1}（图 3-8）。第 7~35 d 阶段，单施生物炭、单施菌剂和施用固定微生物生物炭处理均增加了土壤 NO_3^--N 含量，但施用固定微生物生物炭处理的增加幅度显著大于单施生物炭、单施菌剂处理，且随生物炭施用量

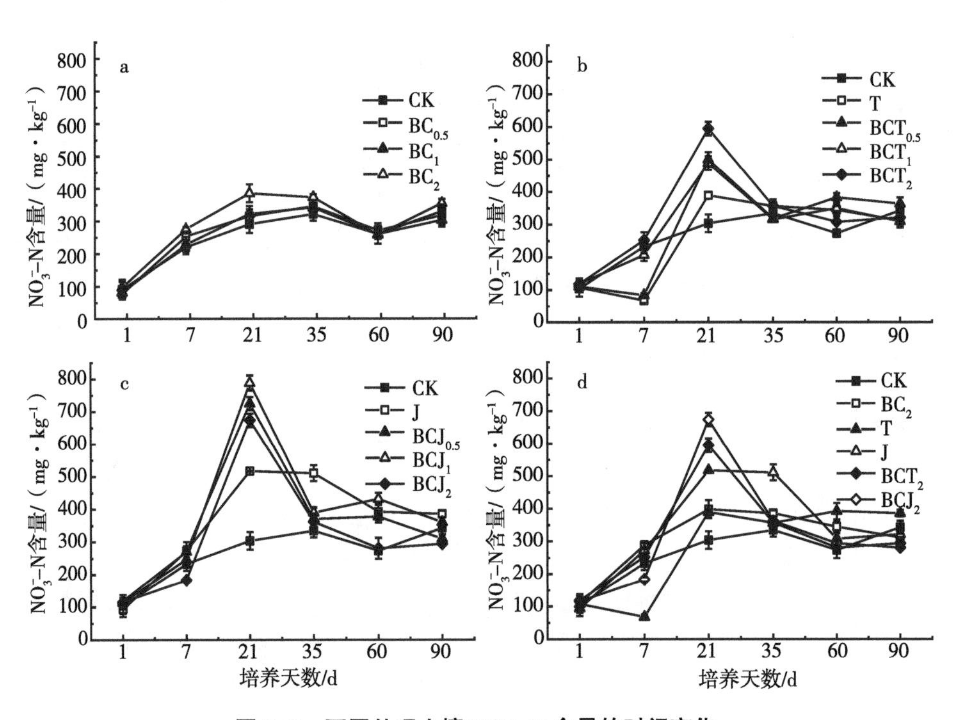

图 3-8　不同处理土壤 NO_3^--N 含量的时间变化

的增加而增加。培养前 7 d $BCT_{0.5}$处理土壤 NO_3^--N 含量下降，低于 $BC_{0.5}$处理 49.8%，NO_3^--N 含量显著低于 CK，说明脱氮副球菌（T）的施用在前 7 d 抑制了硝化过程。到了第 21 d，固定脱氮副球菌生物炭（BCT）处理的土壤 NO_3^--N 含量高于单施生物炭处理 33.0%，说明固定脱氮副球菌生物炭促进了土壤氮素硝化过程。

固定假单胞菌生物炭处理土壤 NO_3^--N 的变化趋势和固定脱氮副球菌生物炭处理类似，BCJ_2 处理第 1~7 d 土壤 NO_3^--N 含量下降幅度大，到第 7 d 时显著低于其他处理。第 7~21 d 固定假单胞菌生物炭处理土壤 NO_3^--N 含量迅速升高，较固定脱氮副球菌生物炭处理高 27.1%，说明假单胞菌的添加在第 7~21 d 可能会促进硝化过程，第 21~35 d 固定假单胞菌生物炭处理土壤 NO_3^--N 含量下降 39.6%，可见固定假单胞菌生物炭对土壤 NH_4^+-N 的转化调控作用明显高于固定脱氮副球菌生物炭。

2.6　固定微生物生物炭促进氮素转化效果的机制

在整个培养过程中，施加生物炭和细菌处理的土壤 EC 值均有所升高，这可能是由于生物炭中存在的盐分引起的，不同生物炭特性相差很大，其效果也因生物炭含盐量的不同而不同（Liang et al.，2006）。相比生物炭，施加固定微生物生物炭的土壤 EC 值在 1~7 d 更低，这可能是由于微生物利用土壤中的营养物质而导致的，$BCT_{0.5}$表现得最为明显，游离细菌越多，土壤 EC 值下降越多。但是，假单胞菌的施加没有使土壤 EC 值发生显著变化，说明假单胞菌在前期处于休眠期。在整个培养期间，土壤 pH 值随着培养时间的推移呈下降趋势，这和袁巧霞等（2009）的研究结果一致，其研究表明，土壤 pH 值的降低和土壤温度、水分以及施氮量有关；在控制水分的条件下，温度为 30 ℃、施氮量为 200 kg · hm^{-2}时，pH 值的变化主要由温度决定。在本试验中，添加>0.5%生物炭会在培养初期降低土壤 pH 值，这可能是本试验所用生物炭经过酸洗后残留少量 H^+导致的。7 d 后添加生物炭会增加土壤 pH 值，这和 Kannan 等（2021）研究结果一致，这是因为生物炭中含有钙、镁等离子，同时表面富含大量碱性官能团，使生物炭本身呈碱性。添加细菌的处理土壤 pH 值显著高于 CK 组或是单施生物炭组，这可能是因为细菌的添加增加了土壤中总细菌的数量，而细菌在繁殖、代谢过程中会产生 CO_2 并释放到土壤系统中。从理论上讲，释放出的 CO_2 可以与土壤中的游离水反应，生成碳酸氢根并形成二价阳离子的碳酸氢盐，从而增加了土壤的 pH 值（Nazir et al.，2010）。第 7 d 时 T、$BCT_{0.5}$处理土壤 pH 值的异常上升也可能和细菌的繁殖、代谢有关。游离的脱氮副球菌添加到土壤环境后，不需要经历或经历短时间适应期（Shan & Obbard，2001）后开始繁殖、代谢，产生 CO_2，与水结合形成碳酸氢盐而增加 pH 值。

试验结果表明，所有处理中的土壤有机质含量随培养时间的增加逐渐降低，这种情况的产生可能和土壤本身的特性有关。田昌等（2018）的研究表明，施用的氮肥减量过大时会导致有机质降低，可能是由于氮肥减量会刺激土壤有机质的矿化。生物炭的添加在一定程度上可以增加土壤有机质，并且随着生物炭施加量的增加而增加，这和 Mohmoud 等（2019）的研究结果一致。和未固定微生物的生物炭处理相比，固定细菌的生物炭处理在 21 d 后出现土壤有机质数值较低的情况，同时游离细菌量越多，土壤有机质越低。这是因为热解后的生物炭中存在大量的微生物可利用的碳，这些碳会优先成为微生物利用的底物来源（Wang et al.，2016），在未添加生物炭时，外源细菌仅靠土壤中的碳源作为繁殖、代谢的营养物质。生物炭的添加可以增加土壤全氮含量，这与高德才等（2014）的研究一致，当施炭量达到 2%或更大时，生物炭的施加才能显著提高土壤全氮含量。因为生物炭的添加不仅可以通过降低土壤氮素淋失量来达到提高全氮的目的，还可以通过改善土壤通气状况来抑制微生物反硝化作用，减少 NO_x 的形成和排放，使土壤全氮含量增加。

土壤 NH_4^+-N 含量下降快，主要集中在施氮后 7 d 内，这和董文旭等（2005）研究结果一致。本试验所用土壤是菜地土壤，长期施肥的情况下会增加土壤硝化细菌数量，这可能会加快尿素的水解以及 NH_4^+-N 向 NO_3^--N 及其他氮形式的转化。单施脱氮副球菌（T）和 0.5%生物炭吸附脱氮副球菌（$BCT_{0.5}$）处理在氮转化过程中有明显的抑制作用，并且表现为游离脱氮副球菌的数量越多效果越好。这可能是因为脱氮副球菌对环境有很强的适应性，游离状态下能迅速发挥作用，而固定后需要经历适应期（Shan & Obbard，2001）。第 7 d 时 T、$BCT_{0.5}$处理土壤 NH_4^+-N 含量保持较高水平，NO_3^--N 有下降趋势，pH 值显著高于其他处理，并且与 NH_4^+-N 呈显著负相关，与 NO_3^--N 呈显著正相关（$P<0.05$），这和 Žyrovec 等（2021）研究一致。其研究结果认为，pH 值升高会阻碍氧化亚氮还原酶的合成，使反硝化过程受阻，导致 NO_3^--N 的累积，同时因为 NO_3^--N 含量升高反向影响 NH_4^+-N的硝化过程。还有研究认为反硝化群落变化影响 pH 值也能间接影响氮的转化（Zheng et al.，2019）。

添加固定微生物生物炭对土壤电导率（EC 值）没有显著影响，但能显著提高土壤 pH 值，增加土壤有机质（SOM）和全氮含量，且随生物炭施用量的增大而增加。添加固定微生物生物炭在初期显著提高土壤 NH_4^+-N 含量，其中，0.5%、1%、2%生物炭吸附脱氮副球菌（$BCT_{0.5}$、BCT_1、BCT_2）处理土壤 NH_4^+-N 含量较 CK 分别增加了 28.4%、78.7%、49.9%，脱氮副球菌对土壤氨氧化有一定抑制作用，0.5%生物炭固定脱氮副球菌（$BCT_{0.5}$）处理显著减小 NH_4^+-N 的转化速率。添加固定微生物生物炭在初期抑制氮素硝化过程，降低土壤 NO_3^--N 含量，在中期加快硝化速率，增加土壤 NO_3^--N 含量。固定假单胞菌生物炭对土壤无机氮转化的调控作用大于固定脱氮副球菌生物炭；土壤 pH 值、SOM 和全氮含量分别与 NH_4^+-N 含量和 NO_3^--N 含量密切相关，可见固定微生物生物炭的添加，通过调节 pH 值，增加 SOM 和全氮含量，进而抑制氨氧化过程。

第三节　复合改性生物炭对硝态氮淋失及氮素转化的影响

NO_3^--N 淋溶是农田土壤氮素损失的重要途径之一，也是导致地下水硝酸盐污染的重要源头。生物炭能够改善土壤质量、调节土壤肥力、缓控土壤氮素淋失等功能已经得到诸多验证（王静等，2018）。添加生物炭能够增强土壤对氮素的固持能力（Kameyama et al.，2012；刘玉学等，2015），抑制土壤氮素淋失（周志红等，2011）。但生物炭的制备材料、热解温度等也影响着其对土壤氮素活动的调控作用，同时生物炭表面分布 C＝O、—OH、—COO 等阴离子官能团，导致其通常表现负电性，不利于吸附阴离子 NO_3^-。因此，常通过改性来调节生物炭表面性状，如丰富孔隙结构、增大比表面积、改变表面电荷等，以期增多生物炭表面吸附位点，进而提高其吸附能力。另外，通过负载功能性材料，改变其亲水能力和疏水能力，增加其吸水性或保水性，进而增强其对 NO_3^- 的控制能力。改性后的生物炭在水溶液中通常对 NO_3^- 表现优越的去除或吸附功能，但在土壤复杂介质的干扰下，其是否还能有效阻控 NO_3^--N 的活动或淋失，对土壤氮素转化乃至整个生态系统存在哪些潜在影响，从当前的研究结果来看，仍不得而知。本节重点是通过控制试验，监测复合改性生物炭添加后土壤 NO_3^--N 淋失、氮素转化及相关微生物群落的变化，解析复合改性生物炭对土壤氮素供应、淋失的调控作用。

3.1 试验材料

3.1.1 生物炭选择

选择第一章第二节 2.1 制备的铁改性生物炭和第一章第三节 3.1 制备的铁改性生物炭基聚丙烯酰胺水凝胶。

3.1.2 供试土壤

供试土壤为华北地区典型潮土，取自天津市武清区小麦玉米轮作农田（117°03′E，39°38′N）。该地区属于温带大陆性季风气候，全年平均气温 11.2 ℃，年平均降水量 642 mm，全年无霜期 210 d，该地块为小麦试验田的对照地，没有种植任何作物。土样采集深度为耕层（0~20 cm），将采集的新鲜土壤样品挑去肉眼可见的石块和细根，然后将土壤混合均匀，风干过 0.85 mm 筛后待用。供试土壤基本性质见表 3-7。

表 3-7 供试土壤基本理化性质

含水量/%	pH 值	全氮/（$g \cdot kg^{-1}$）	有机质/（$g \cdot kg^{-1}$）
1.52	7.36	1.74	11.02
硝态氮/（$mg \cdot kg^{-1}$）	铵态氮/（$mg \cdot kg^{-1}$）	微生物量碳/（$mg \cdot kg^{-1}$）	微生物量氮/（$mg \cdot kg^{-1}$）
19.90	1.57	160.82	15.38

3.2 土柱试验

试验共设置 4 个处理，空白对照组（CK）、添加未改性生物炭（BC）、添加铁改性生物炭（FBC）、添加铁改性生物炭基聚丙烯酰胺水凝胶（PFBC），每个处理加入相同量的氮肥（KNO_3）。每个处理 3 次重复，共 12 个淋溶土柱。具体试验处理设置见表 3-8。

淋溶装置为内直径 6 cm、高 20 cm 的圆柱形 PVC 管。底部铺有纱网和滤纸以过滤土壤淋溶液，并设有阀门，便于收取淋溶液。把加入生物炭和氮肥并混合均匀的土样装入淋溶土柱中（每个土柱中约 1.5 kg）。在土柱内壁均匀涂抹凡士林，并将边缘的土壤压实，以降低边缘效应对试验结果的影响。用喷壶均匀地往土柱中加水至有溶液在底部渗出为止，平衡 3 h 后放置恒温培养箱中（25 ℃）培养 30 d。在取淋溶液的前一天浇水，加水量为培养前土壤重量的 60%。分别在培养的第 1 d、第 3 d、第 5 d、第 7 d、第 10 d、第 18 d、第 30 d 收取淋溶液，并用量筒准确量取淋溶液的体积。用全自动流动分析仪测定淋溶液中 NO_3^--N 的浓度。

表 3-8 土柱与土壤培养试验处理的设置

处理	生物炭	生物炭添加量/%	氮肥添加量/（$mg \cdot kg^{-1}$）
CK		0	120
BC	BC	1	120
FBC	FBC	1	120
PFBC	PFBC	1	120

3.3 土壤培养

试验共设置 4 个处理，空白对照组（CK）、添加未改性生物炭（BC）、添加铁改性生物炭（FBC）、添加铁改性生物炭基聚丙烯酰胺水凝胶（PFBC），每个处理加入相同量的氮肥（KNO_3）。把加入生物炭和氮肥并混合均匀的土样装入平底玻璃筒中（每个筒中 150 g）。用喷壶均匀加水，保持土壤含水量为 65%，用称重法对其进行补水。平衡 3 h 后放入恒温培养箱中（25 ℃）培养 30 d。分别在培养的第 1 d、第 3 d、第 5 d、第 10 d、第 15 d、第30 d取样，每个处理 3 次重复，共 72 个样品。具体试验处理设置见表 3-8。

3.4 复合改性生物炭对土壤 pH 值、EC 值的影响

生物炭在添加初期（第 1～3 d）显著降低土壤 pH 值，与 CK 相比，BC、FBC、PFBC 处理土壤 pH 值分别降低了 3.64%、5.98%、4.14%（图 3-9a），这主要与生物炭自身 pH 值较低有关。随培养时间的推进（第 3～10 d），BC、FBC、PFBC 3 个处理的土壤 pH 值逐渐升高，并与 CK 接近，但与之没有显著性差异。此后，BC、FBC、PFBC 3 个处理的土壤 pH 值随培养时间的变化趋势与 CK 基本一致。表明改性生物炭施用对土壤 pH 值没有显著影响。

由图 3-9b 可知，与 CK 相比，BC 处理的土壤 EC 值基本没有变化，FBC、PFBC 处理的土壤 EC 值分别升高了 93.84%、48.34%。这是因为 FBC

和 PFBC 处理的生物炭经过铁离子改性，表面负载了金属盐离子，增强了离子交换能力，所以添加到土壤后使土壤 EC 值升高。而在添加量相同的情况下，PFBC 由于存在凝胶，相对 FBC 纯量较低，离子交换能力低。PFBC 处

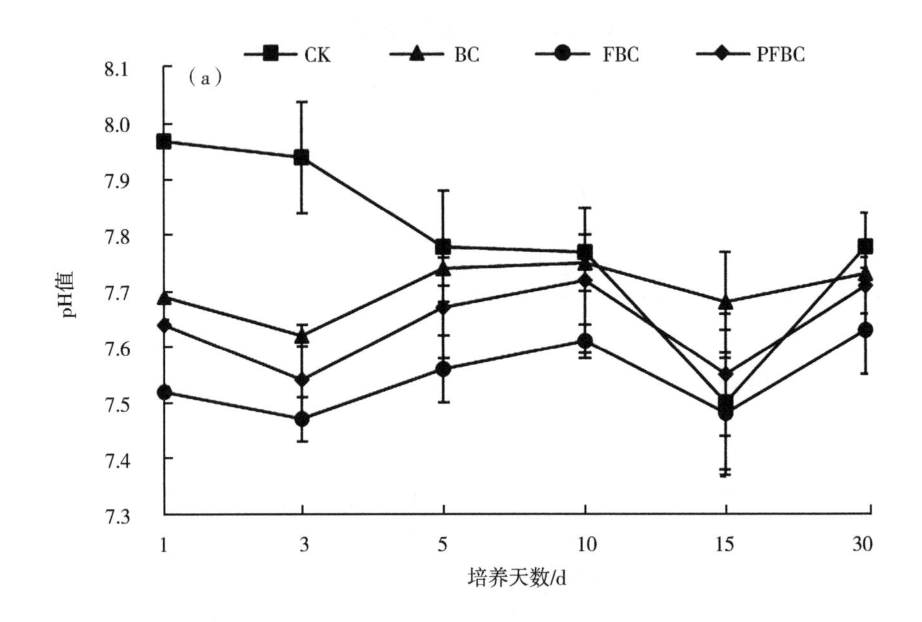

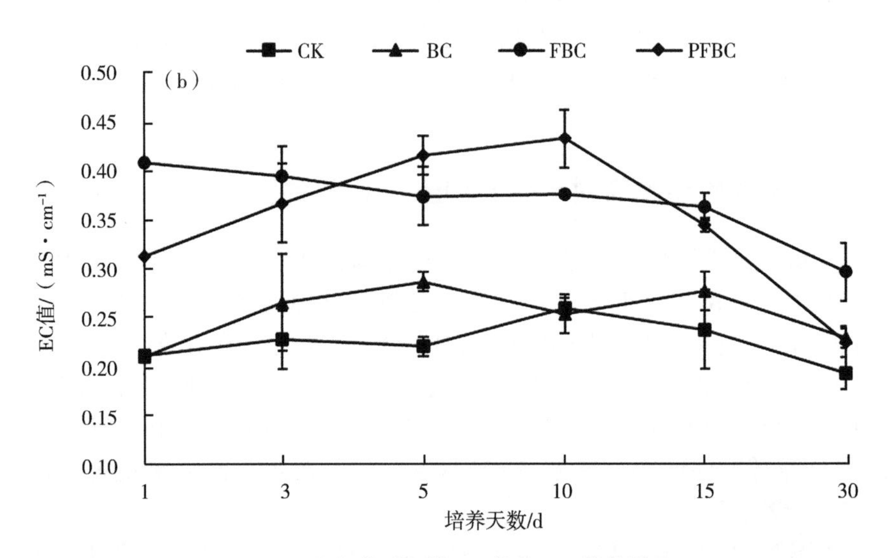

图 3-9　生物炭对土壤 pH 值和 EC 值的影响

理土壤 EC 值随培养时间的推进呈先升后降的趋势；在培养末期 PFBC 处理土壤 EC 值与 BC 处理接近，可能与 PFBC 高量吸水有关。

3.5　复合改性生物炭对土壤硝态氮淋失的影响

施用生物炭显著抑制土壤 NO_3^--N 的淋失，与 CK 相比，BC、FBC、PFBC 处理的土柱 NO_3^--N 累积淋失量分别下降 27.48%、35.14%、64.22%。相对于 BC 处理，FBC 处理淋失量下降 13.04%；与 FBC 处理相比，PFBC 处理淋失量下降 45.00%。可见，铁离子改性、铁离子凝胶复合改性均能有效阻控土壤 NO_3^--N 的淋失。对土壤 NO_3^--N 的固持效果表现为 PFBC>FBC>BC（图 3-10）。

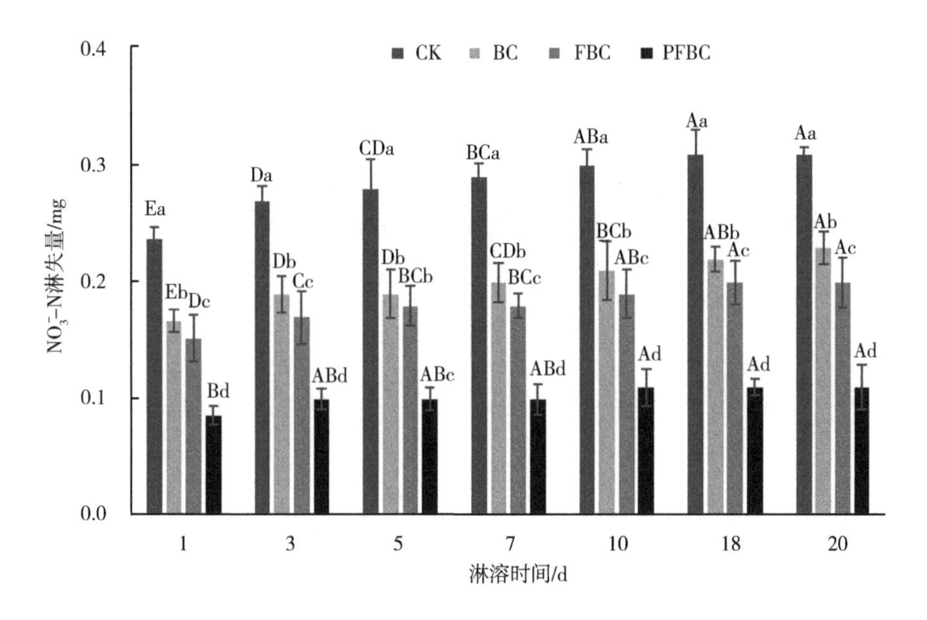

图 3-10　生物炭对土壤 NO_3^--N 淋失量的影响

注：不同大写字母表示同一处理不同培养时间之间差异显著（$P<0.05$）；不同小写字母表示同一培养时间不同处理之间差异显著（$P<0.05$）。

3.6　复合生物炭对土壤氮素转化过程的影响

整个培养期内，CK、BC 和 FBC 处理土壤 NH_4^+-N 和 NO_3^--N 含量始终保

持较低水平，处理之间无显著性差异（图 3-11）。PFBC 处理土壤 NH_4^+-N 含量在最初 5 d 显著高于其他处理，5 d 以后开始下降，到 10 d 以后下降到较低水平，与 CK、BC 和 FBC 处理没有显著性差异；土壤 NO_3^--N 含量在培养前 10 d 持续上升，10 d 以后开始下降，到第 15 d 降低到与 CK、BC 和 FBC 处理接近的水平。可见，添加 BC 和 FBC 对土壤无机氮转化没有显著的影响作用。添加 PFBC 显著促进了氮肥的氨化过程，提高了土壤氮素的硝化速

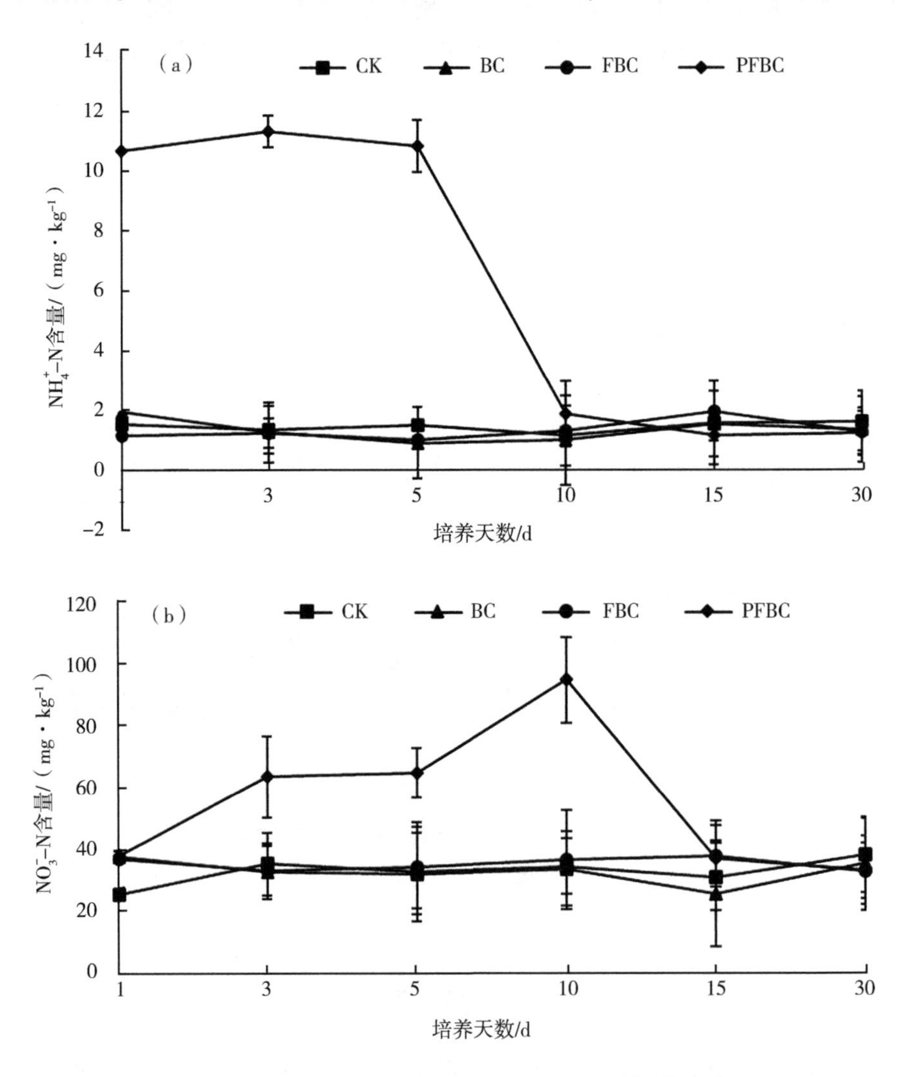

图 3-11　生物炭对土壤 NH_4^+-N、NO_3^--N 含量的影响

率。在培养前 10 d，PFBC 处理 NH_4^+-N 含量累计下降 8.83 mg·kg^{-1}，NO_3^--N含量累计上升 56.60 mg·kg^{-1}。这可能与 PFBC 在土壤中的吸水、保水作用有关，通过吸水过程把土壤无机氮积聚在 PFBC 周围，土壤局部无机氮浓度较高，提高了转化势，同时土壤水凝聚在 PFBC 颗粒上，周围土壤水减少，透气性增强，刺激了硝化菌群的活性（Lehmann et al.，2006）。

3.7 复合改性生物炭对土壤微生物生物量的影响

随培养时间的推进，不同处理土壤微生物量碳含量呈“波浪式”变化（图 3-12）。与 CK 相比，BC 和 FBC 处理一定程度上降低了土壤微生物量碳（MBC）的含量，整个培养期平均分别下降了 1.58%、3.15%。PFBC 处理显著增加了土壤 MBC 含量，整个培养期平均增加 6.80%。不同处理土壤微生物量氮（MBN）在培养前 10 d 的变化幅度较小，维持在相对恒定的水平，10 d 以后逐渐增加。CK、BC 和 FBC 处理之间在培养期内土壤 MBN 含量接近，没有显著性差异；PFBC 处理始终保持较高水平，尤其在第 15 d 差异更为显著，相对 CK，土壤 MBN 提高了 3.26 倍。由上述结果可以看出，BC 和 FBC 添加对土壤微生物生长繁殖没有促进作用，甚至抑制其生长，而添加 PFBC 改善了土壤环境，促进了微生物的生长。

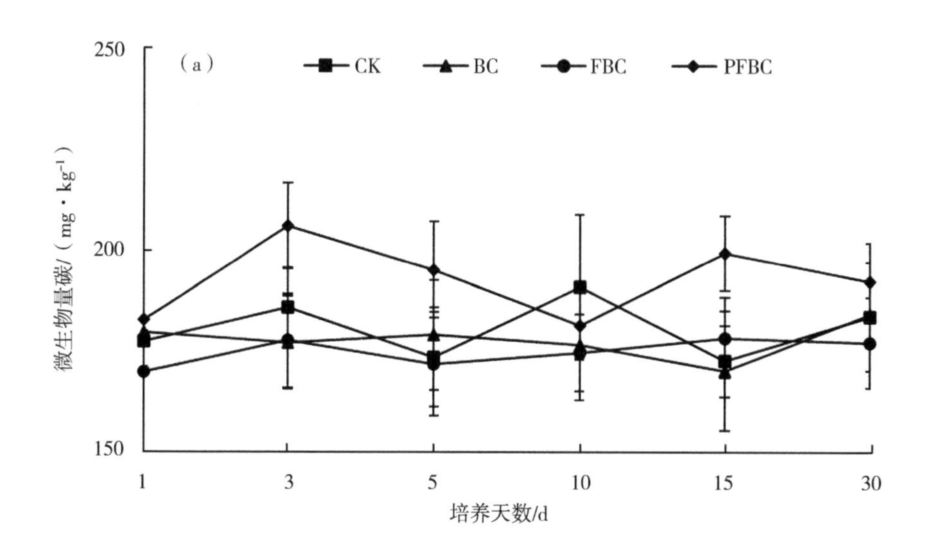

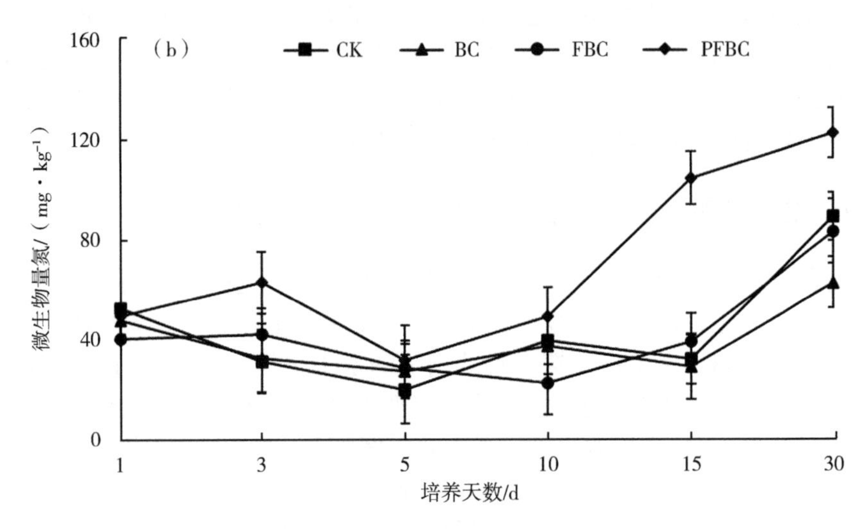

图 3-12　生物炭对土壤微生物量碳/氮的影响

3.8　复合改性生物炭对土壤呼吸动态的影响

添加生物炭对培养前、培养后土壤呼吸的影响如表 3-9 所示，添加生物炭可显著增强土壤微生物的呼吸作用（$P<0.05$）。经过 30 d的培养，呼吸作用增强。在培养前，不同生物炭对土壤呼吸的促进作用大小为 BC＝FBC>PFBC，土壤呼吸与对照组相比分别增加 16.67%、16.67%、10.78%；培养结束后，不同生物炭对土壤呼吸的促进作用大小为 BC>PFBC>FBC，土壤呼吸与对照组相比分别增加 36.37%、31.31%、25.47%。培养结束后，CK、BC、FBC、PFBC 这 4 组土壤的呼吸作用分别增加 52.77%、78.55%、64.28%、80.54%。添加 PFBC 对土壤呼吸的促进作用最显著，这与上述研究结果一致。

表 3-9　生物炭对土壤呼吸的影响　　单位：CO_2，$mL\cdot kg^{-1}$

处理	培养前	培养后
CK	44.80±5.14Bc	68.44±6.23Ad
BC	52.27±6.51Ba	93.33±7.20Aa
FBC	52.27±6.08Ba	85.87±7.46Ac

（续表）

处理	培养前	培养后
PFBC	49. 63±6. 39Bb	89. 60±6. 33Ab

注：同行不同大写字母表示同一处理培养前、后差异显著（$P<0.05$）；同列不同小写字母表示培养前或培养后不同处理间差异显著（$P<0.05$）。

3.9 复合改性生物炭对硝态氮淋失及氮素转化机制的探讨

添加酸洗后的改性生物炭会降低土壤 pH 值，但同时生物炭可以缓冲土壤在培养过程中的 pH 值变化幅度，使土壤的 pH 值环境更加稳定。这与孙军娜等（2014）的研究结果基本一致，但也与一些已有研究的结果不尽相同（王桂君等，2013；杨艳丽等，2015）。这可能是因为所用生物炭性质的不同导致的，也可能是因为土壤培养时间不一样，导致生物炭对土壤 pH 值的影响表现不一致。

FBC、PFBC 这两种改性生物炭的添加显著提高了土壤的 EC 值（$P<0.05$），这是因为这两种生物炭在改性过程中均负载了金属铁离子，添加到土壤后增加了土壤中可溶性盐的含量。添加生物炭可显著降低土壤 NO_3^--N 的淋失量，与 CK 相比，添加生物炭的土壤 NO_3^--N 累积淋失量下降 27. 48%～64. 22%，且 PFBC 和 FBC 的阻控效果比 BC 更好。王静等（2018）研究玉米秸秆生物炭和氯化铁改性玉米秸秆生物炭对土壤无机氮淋失的影响，结果显示，生物炭和改性生物炭分别使土壤 NO_3^--N 的淋失量降低 11. 20%和 31. 60%。本研究的改性生物炭经过盐溶液浸泡和二次煅烧，比表面积和孔隙度增加，且复合改性生物炭的吸水性增强，对土壤 NO_3^--N 的阻控效果更好。

生物炭颗粒能改善土壤结构，促进土壤硝化反应进程，加快土壤氮素的转化。添加复合改性生物炭可以提高土壤微生物碳/氮的含量。Lehmann 等（2006）研究认为，添加生物炭改善了土壤的通气状况，通过抑制微生物的反硝化作用，降低了氮素以氧化态形式的损失，从而提高了土壤氮素含量。本研究中，添加生物炭可显著提高土壤呼吸作用。这可能是因为添加生物炭为微生物提供了更多可供利用的碳源，提高了土壤微生物的活性（Bruun et al.，2012；Jones et al.，2011；Smith et al.，2010）。也有研究认为，生物炭中活性有机碳组分与 CO_2 排放量呈正相关关系（Deenik et al.，2010；Zimmerman，2010），添加生物炭可显著增加 CO_2 排放量，提高土壤呼吸作用

(Cross & Sohi, 2011)。

添加复合改性生物炭（PFBC）对土壤 pH 值没有显著影响，FBC、PFBC 因负载金属离子，显著提高了土壤 EC 值（$P<0.05$）。添加 PFBC 可显著抑制土壤 NO_3^--N 淋失（$P<0.05$），相对 CK 淋失量下降 64.22%，相对 FBC 和 BC 淋失量分别下降 45.00%和 58.04%。添加 PFBC 可刺激土壤微生物生长代谢，土壤微生物量碳、微生物氮分别提高 1.16 倍、3.26 倍，并显著增强土壤呼吸作用（$P<0.05$），CO_2 排放强度增加 1.31%；促进土壤氨氧化过程，提高土壤氮硝化速率，NH_4^+-N 氧化速率增加 0.88 倍，NO_3^--N 累积速率增加 5.66 倍。

第四节　生物炭对土壤温室气体排放的影响

CO_2、N_2O 和 CH_4是农田排放的主要温室气体，已有研究表明，生物炭施入土壤后，能够改善土壤透气透水性（Liu et al., 2017），增加微生物碳/氮源，刺激土壤微生物活动，进而影响土壤温室气体的排放（Karhu et al., 2011）。生物炭较高的 C/N 比和较低的 H/C 比、O/C 比可能是其影响土壤 N_2O、CO_2、CH_4气体排放的重要参数（Brassard et al., 2016）。

氮氧化物（NO、N_2O、NO_2 等）是农田排放的强效应温室气体，其中 N_2O 的温室效应是 CO_2 的 298 倍，也是目前诸多关于农田 N_xO 排放研究的焦点。生物炭通过提高土壤 pH 值、增加土壤可溶性有机碳含量，改变土壤厌氧菌群结构，进而抑制稻田 N_2O 排放（Yanai et al., 2007）。不同原料类型生物炭对土壤 N_2O 排放的影响效果不同，Ameloot 等（2013a）发现猪粪生物炭抑制了 N_2O 的排放，但木材生物炭没有起到抑制效果。不同热解温度对生物炭的作用效果存在影响，Xu 和 Xie（2011）对比了在小麦季施加 300 ℃、400 ℃、500 ℃玉米秸秆生物炭（12 t · hm^{-2}）的影响，发现水稻土 N_2O 释放量：300 ℃处理>400 ℃处理>500 ℃处理。土地利用方式影响生物炭的应用效果，Zhang 等（2010）和 Wang 等（2012）在水稻-小麦轮作体系中添加稻秆生物炭，小麦季 N_2O 排放减少了 53%；而 Hawthorne 等（2017）研究表明，在森林土壤中添加 10%的生物炭，能够增加土壤 N_2O 排放。Zhang 等（2012）研究发现，小麦秸秆生物炭在尿素添加的情况下，抑制土壤 N_2O 的排放，在未添加尿素条件下则无抑制效果，但 Clough 等（2010）研究发现，在粉砂壤土中添加尿素和未添加尿素，施用生物炭

均显著刺激 N_2O 排放。这可能与土壤微生物活动碳、氮源充足有关，土壤N_2O排放是硝化和反硝化作用的结果，而微生物对生物炭输入的响应可能是影响 N_2O 排放的原因。土壤透气性的改变、水分和养分含量的变化等影响微生物的生存环境，进而影响 N_2O 的排放（Huang et al., 2014）。不同类型土壤的成土母质、化学性质和矿物组成不同，在成土过程中受到不同的气候、生物和人为等因素影响，导致其在容重、黏粒含量、盐基离子及酸碱度等存在差异，在一定程度上可能影响生物炭对土壤 N_2O 排放的作用。Karhu 等（2011）研究结果表明，偏碱性旱地土壤施用生物炭增加 N_2O 的排放。Agegnehu 等（2016）试验表明在热带铁铝土中施用生物炭显著降低 N_2O 的排放，而 Lin 等（2017）研究则显示在红壤中施用小麦秸秆生物炭能刺激 N_2O 气体的排放。从目前的研究结果来看，生物炭对土壤 N_2O 排放的影响是多种途径的结果，利用生物炭调控土壤 N_2O 排放需要兼顾生物炭自身性质及其对土壤环境作用的综合效应。

土壤 CH_4排放是产甲烷菌和甲烷氧化菌活动平衡的结果，产甲烷菌为厌氧菌，甲烷氧化菌为好氧菌，在土壤通气性较好的情况下，产甲烷菌活性被抑制，甲烷氧化菌活性被激发。生物炭输入会使土壤的透气性增加，刺激甲烷氧化菌活性，减少 CH_4的排放。许欣等（2016）研究发现，单施生物炭显著提高土壤 CH_4的氧化潜势，配施氮肥条件下，CH_4氧化潜势与生物炭施用量之间存在正相关关系，在同氮肥水平下施加生物炭显著增加了土壤 pmoA/mcrA 比值，即生物炭对甲烷氧化菌的促进作用显著高于产甲烷菌，提高了旱季稻田土壤的 CH_4氧化能力，因此有助于减少稻田土壤 CH_4的排放。Hawthorne 等（2017）发现，在未添加氮肥的情况下，低量（1%）和高量（10%）生物炭施用对铁质灰壤（ferric podzol）CH_4排放均具有抑制作用。Karhu 等（2011）研究发现，施用生物炭能够增加土壤 CH_4排放。高德才等（2015）通过土柱试验发现，当红壤中生物炭添加量达到 2%以上时才抑制 CH_4的排放，少量生物炭（0.5%）对降低综合温室效应并无明显效果。影响土壤 CH_4排放的因素包括：施肥量和肥料类型、耕作制度、有机质含量、pH 值、氧化还原电位、水管理方式、土壤水位、温度、氮含量等（颜永毫等，2013），这些因素也在一定程度上制约着生物炭对土壤 CH_4排放的促控效果。

土壤中 CO_2的产生是土壤生物活动和生物化学过程等综合作用的结果，其排放关键受制于土壤有机质及矿化、土壤生物量及活动。何飞飞等（2013）研究表明在红壤中施用生物炭能促进 CO_2 排放，刘杏认等（2017）在华北冬小麦-夏玉米轮作体系中连续 6 年施用生物炭，也发现土壤 CO_2 累积排放量大幅增加，最高增幅达 42.9%。土壤类型不同是影响生物炭输入效应的关键因素，Smith 等（2010）研究显示，在砂壤土中施用生物炭能够促进土壤 CO_2 的排放；但也有研究发现在水稻土中施用生物炭能够抑制土壤呼吸。Karhu 等（2011）认为向旱地偏碱性农田土壤中施用生物炭对 CO_2 排放没有显著影响。生物炭自身的理化性质及其携带的灰分元素等对土壤通气状况、pH 值等均会影响 CO_2 气体的排放（Liang et al.，2010），生物炭对 CO_2 的刺激主要是因为生物炭内大量的碳在短期内被矿化及其对土壤环境的影响，例如 pH 值、土壤持水性的改变和养分的输入刺激了微生物的活动，增强了土壤呼吸。Ameloot 等（2013）研究发现 350 ℃炭化的粪便和木材生物炭短期内显著增加砂壤土 CO_2 排放量。魏雪勤（2016）研究发现，在施用有机肥的基础上施用生物炭，土壤 CO_2 随生物炭施用量的增加而升高，生物炭单独投入未施肥土壤中，土壤 CO_2 排放量未出现明显的增加或降低。Novak 等（2012）研究结果表明，单施生物炭能够降低砂土中 CO_2 的排放，而配施枝稷则会提高土壤 CO_2 的排放。有研究认为随生物炭施用量的增加土壤 CO_2 的排放增加 0.3%~334.2%，这可能是因为在土壤中施入生物炭后，生物炭中易分解碳组分释放，提供微生物碳源，刺激微生物活性，增加土壤呼吸速率（刘杏认等，2017）。此外，生物炭能改善土壤的透气性，提高土壤微生物量和酶活性等，促进土壤有机质进行分解。

土壤 N_2O、CH_4 及 CO_2 等温室气体排放是土壤-作物系统碳、氮循环的重要过程，也是土壤碳、氮的输出途径。目前有关土壤温室气体排放与生物炭的关系仍是内外学者研究的热点。一些研究指出，由于土壤类型和生物炭施用量的不同，生物炭对温室气体综合环境效益的影响也存在差异。我国是花生产量最大的国家，将大量的花生壳废弃物制成生物炭施入土壤，具有良好的生态意义。红壤和潮土是我国分布较为广泛的两类土壤，分布上存在南北差异，成土母质不同，黏粒、砂粒比例相反；一类偏碱性，一类偏酸性。因此，对比研究生物炭施用对两类土壤温室气体排放的影响，可较全面地揭示生物炭的碳汇调控功能。

4.1 试验材料

4.1.1 生物炭选择

供试的花生壳生物炭由河南三利新能源科技有限责任公司提供，为500 ℃厌氧热解制备。其理化性质见表3-10。

表3-10 生物炭基本理化性质

pH值	比表面积/ ($m^2 \cdot g^{-1}$)	孔容/ ($cm^3 \cdot g^{-1}$)	孔径/mm	灰分/%	元素/ ($g \cdot g^{-1}$)			
					碳	氢	氮	氧
9.71	5.38	0.01	5.81	3.33	719.26	20.51	17.63	90.22

4.1.2 供试土壤

供试土壤为潮土和红壤。潮土采集地点为天津市武清区梅厂镇周庄村(39°36′N，117°13′E)，红壤采集地点为湖南省长沙市长沙县金井镇脱甲村(28°25′N，113°21′E)，对0～20 cm和20～40 cm土壤分别采集，两处采集地点均长期种植露地蔬菜，主要种植小白菜、甘蓝等叶菜类蔬菜。将取回土样分层进行风干，混合过5 mm孔径筛，用以土柱填装。0～20 cm土壤理化性质见表3-11。

表3-11 红壤和潮土的基本理化性质

土壤类型	pH值	有机碳/ ($g \cdot kg^{-1}$)	全氮/ ($g \cdot kg^{-1}$)	硝态氮/ ($mg \cdot kg^{-1}$)	铵态氮/ ($mg \cdot kg^{-1}$)	电导率/ ($\mu S \cdot cm^{-1}$)
潮土	7.99	7.22	1.80	27.90	5.21	366.50
红壤	4.82	10.26	1.92	6.90	1.72	321.00

4.2 土柱试验

试验采用土柱培养试验，每种土壤设计6个处理，包括空白对照处理CK，单独添加氮肥处理N，添加氮肥和生物炭处理，生物炭与土壤的质量比分别为B1（0.5%）、B2（1%）、B3（2%）、B4（4%），红壤（R）各处理分别表示为RCK、RN、RB1N、RB2N、RB3N、RB4N；潮土（M）各处理分别表示为MCK、MN、MB1N、MB2N、MB3N、MB4N，每个处理设3次重复。

土柱装置如图3-13所示，将土柱垂直固定于稳定支架上，装置主体部分为内直径 21 cm、高度 45 cm 的不锈钢圆柱管，上方边缘焊接 5. 5 cm 宽、2 cm 高的边槽，边槽可放置暗箱进行温室气体采集，采集箱是由 PVC 材料制成的内直径 25 cm、高 30 cm 的圆柱体。土柱底部铺有 3 cm 厚、粒径为 1～2 mm、经 2 mol · L^{-1} H_2SO_4浸泡并用蒸馏水洗净的干燥石英砂，砂粒与底盖接触面及与土壤接触面分别铺有一层稍大于底面积的 0. 074 mm 孔径尼龙网。

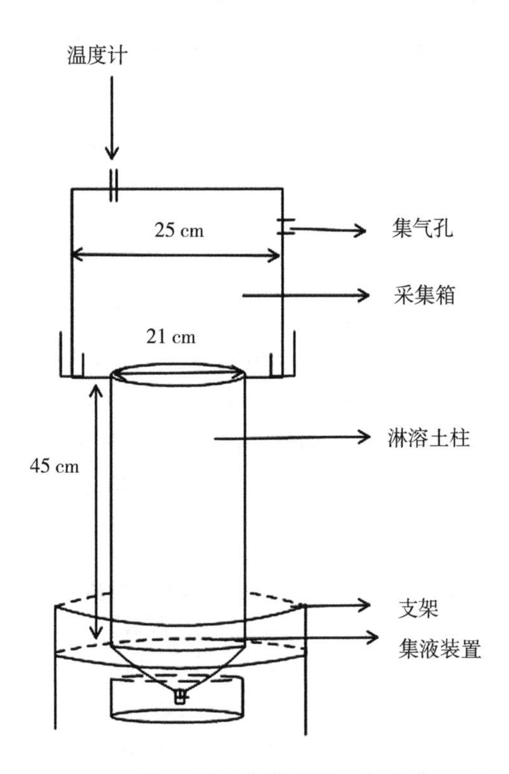

图 3-13　土柱装置示意图

试验于 2017 年 3 月将生物炭均匀施入土壤，每个土柱内装填的生物炭和土壤总质量均为 12 kg，各处理之间土壤高度相差不超过 2 cm，土壤分两层装入土柱装置，先装 20～40 cm 土层，后装 0～20 cm 土层，其中 0～20 cm 土壤是与生物炭充分混匀后慢慢压实装入装置的（王震宇等，2013）。每个土柱加 3. 07 g（约为 450 kg · hm^{-2}）尿素（CK 除外），尿素在植株移植后第 2 d 溶解后施入。参照 Hansen 等（2016）的方法，配制并施入磷、钾等养分营养液。采用蒸馏水浇灌，其间通过土壤水分传感器（Unism，In.，Beijing，China）监测土壤含水量，及时补充水分，保持土壤体积含水量为

30%~40%。试验前将小白菜种子在育苗盘中进行培养。5 月初将育苗盘中长出的 2 片真叶小白菜进行移植，10 d 左右待植株生长稳定后进行间苗，每个处理保留 3 株小白菜。

（1）温室气体排放指标计算　CO_2、CH_4、N_2O 排放通量计算公式见式（3-1）（Chintala et al.，2013b）。

$$F = \frac{273}{273 + t} \times \frac{dC}{dt} \times \frac{P}{P_0} \times \rho \times H \tag{3-1}$$

式中，F 为温室气体（CO_2、CH_4、N_2O）排放通量（$mg \cdot m^{-2} \cdot h^{-1}$）；$t$ 为气样采集过程中的平均温度（℃）；dC/dt 为单位时间内气样采集过程中采集箱内气体的浓度变化梯度（$mL \cdot m^{-2} \cdot h^{-1}$）；$P_0$为标准大气压，$P$ 为箱内气压。ρ 为 3 种温室气体在标准状态下的密度；H 为气体采集箱顶部与水面之间的高度（m）。

CO_2、CH_4、N_2O 的累积排量计算公式见式（3-2）（Chintala et al.，2013b）。

$$F' = \sum_{i=1}^{n} F_i \times D_n \tag{3-2}$$

式中，F'为温室气体累积排放量，F_i为各采样期内 CO_2、CH_4和 N_2O 的平均排放通量，D_n为采样期的天数。

土壤固碳量计算公式见式（3-3）（Novak et al.，2009）。

$$SOCP = (SOC_2 - SOC_1) \times BD \times H \tag{3-3}$$

式中，SOCP 为试验期内固定的有机碳量（$t \cdot hm^{-2}$）；SOC_1为生物炭施用前土壤有机碳含量（$g \cdot kg^{-1}$）；SOC_2 为施用生物炭后各处理土壤有机碳含量（$g \cdot kg^{-1}$）；BD 为各处理土柱土壤容重（$g \cdot cm^{-3}$）；H 为土柱内土层厚度，取 40 cm。

为计算土壤固碳对增温潜势的影响，本研究通过式（3-4）将土壤固碳量折算为固持大气 CO_2 的量（ATCS，$kg \cdot hm^{-2}$）（Hossain et al.，2011）。

$$ATCS = SOCP \times 44/12 \times 1\,000 \tag{3-4}$$

式中，SOCP 为试验期内固定有机碳的量（$t \cdot hm^{-2}$）；ATCS 为固持大气 CO_2 的量（$kg \cdot hm^{-2}$）；44 和 12 分别为 CO_2和 C 的相对分子量；1 000为转换系数。

（2）温室气体综合效应和温室气体排放强度　3 种温室气体引发的净温室气体综合效应（GWP）以 3 种温室气体净交换量的 CO_2 当量的代数和来计算，计算公式见式（3-5）。

$$GWP = CO_2 + CH_4 \times 25 + N_2O \times 298 - ATCS \tag{3-5}$$

式中，GWP 为净温空气体综合效应（$kg \cdot hm^{-2}$）；ATCS 为固持大气 CO_2 的量（$kg \cdot hm^{-2}$）系数 25 和 298 表示单位质量 CH_4 和 N_2O 在百年时间尺度全球增温潜势分别是 CO_2 的 25 倍和 298 倍。

GHGI 为温室气体排放强度（$kg \cdot kg^{-1}$），表示每千克植物地上生物量所产生的 CO_2 排放量，其值的相对大小可以判断各处理的综合温室效应，计算公式见式（3-6）。

$$GHGI = GWP/Y \tag{3-6}$$

式中，GHGI 表示温室气体排放强度（$kg \cdot kg^{-1}$）；GWP 为净温空气体综合效应（$kg \cdot hm^{-2}$）；Y 为作物产量（$kg \cdot hm^{-2}$）。

4.3 生物炭对土壤 N_2O 排放的影响

不同处理下土壤 N_2O 排放通量呈先升后降的单峰型变化（图 3-14a，b），均在培养的第 5 d 左右达到峰值，在培养 8 d 以后，各处理 N_2O 排放通量均维持在极低水平（0.5 $mg \cdot m^{-2} \cdot h^{-1}$左右）。与单施氮肥处理相比，潮土施用生物炭处理 N_2O 排放通量平均增加 0.78~2.49 $mg \cdot m^{-2} \cdot h^{-1}$，红壤平均增加 0.17~1.92 $mg \cdot m^{-2} \cdot h^{-1}$。相比而言，潮土 N_2O 排放量显著高于红壤，排放

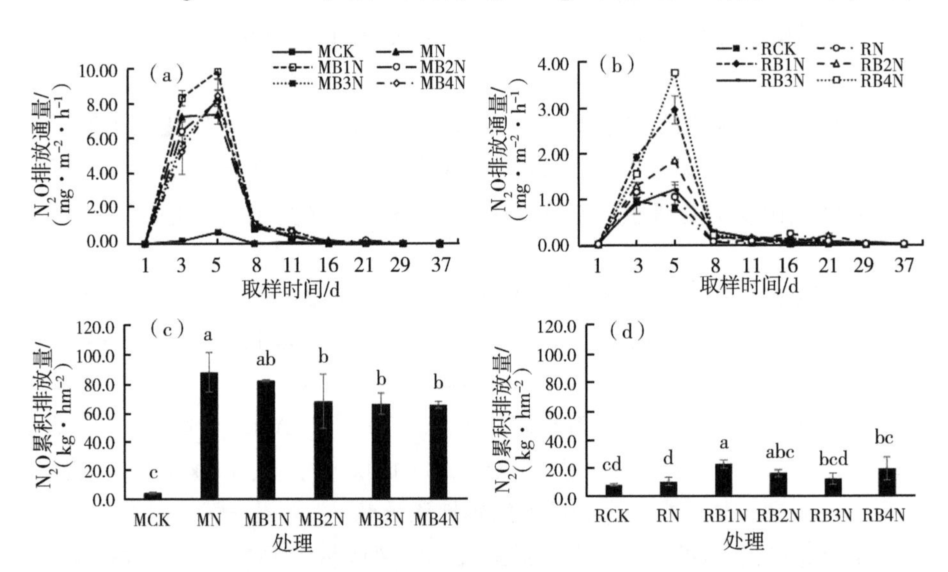

图 3-14 生物炭添加对潮土和红壤 N_2O 排放通量和累积排放量的影响

注：柱上不同小写字母表示不同处理间差异显著（$P<0.05$）。

峰值相差约 7.0 mg·m^{-2}·h^{-1}。整个培养期内，红壤和潮土 N_2O 累积排放量对生物炭的施用表现出不同的响应差异（图 3-14c，d）。施用生物炭能显著降低潮土 N_2O 累积排放量。与单施氮肥处理相比，潮土施用生物炭 N_2O 累积排放量降低 6.5%~26.6%。而红壤 N_2O 累积排放量则随生物炭量的增加呈增加趋势，与红壤空白对照和单施氮肥处理相比，施用生物炭处理 N_2O 累积排放量分别增加 24.2%~65.4%和 14.7%~54.3%。

4.4　生物炭对土壤 CO_2 排放的影响

培养期间，两种土壤 CO_2 排放动态呈先高后低的趋势（图 3-15a，b），均在培养开始后的 3~5 d 达到高峰，峰值均达 1 000~1 200 mg·m^{-2}·h^{-1}，此后急剧下降，并维持在较低水平（200 mg·m^{-2}·h^{-1}左右）。其中，施用生物炭和氮肥增加了两种土壤培养初期的 CO_2 排放通量，较空白对照处理，潮土前 5 d 平均排放通量升高 3.6~4.6 倍，红壤前 3 d 的平均排放通量升高 1.5~2.5 倍。与单施氮肥处理相比，施用生物炭增加了潮土 CO_2 排放通量峰值，增

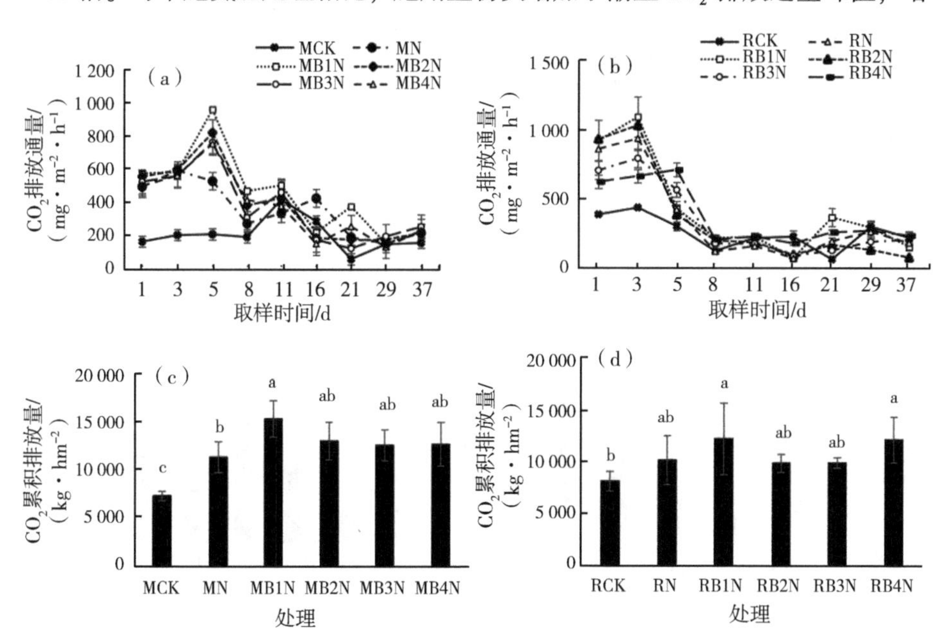

图 3-15　生物炭添加对潮土和红壤 CO_2 排放通量和累积排放量的影响

注：柱上不同小写字母表示不同处理间差异显著（$P<0.05$）。

幅达45.0%，但对红壤 CO_2 排放通量峰值没有显著影响。相同处理下，红壤 CO_2 排放通量峰值高于潮土，平均高出218.7~506.6 mg·m^{-2}·h^{-1}。此外，与空白对照相比，施用氮肥和生物炭均可增加两种土壤 CO_2 累积排放量，其中，潮土 CO_2 累积排放量增加显著，添加0.5%生物炭处理（MB1N）CO_2 累积排放量最高，相对于潮土空白对照和单施氮肥处理分别增加了51.9%和25.9%；而在施用生物炭的红壤中，仅生物炭施用量为0.5%和4%（RB1N、RB4N）的处理，CO_2 累积排放量增幅分别达到33.2%、32.7%，显著高于红壤空白对照，但与红壤单施氮肥处理无显著性差异（图3-15c，d）。

4.5 生物炭对土壤 CH_4 排放的影响

潮土和红壤 CH_4 排放动态随培养时间推进呈不规则变化（图3-16a，b），各处理潮土 CH_4 排放通量为-2.00~2.00 mg·m^{-2}·h^{-1}，红壤 CH_4

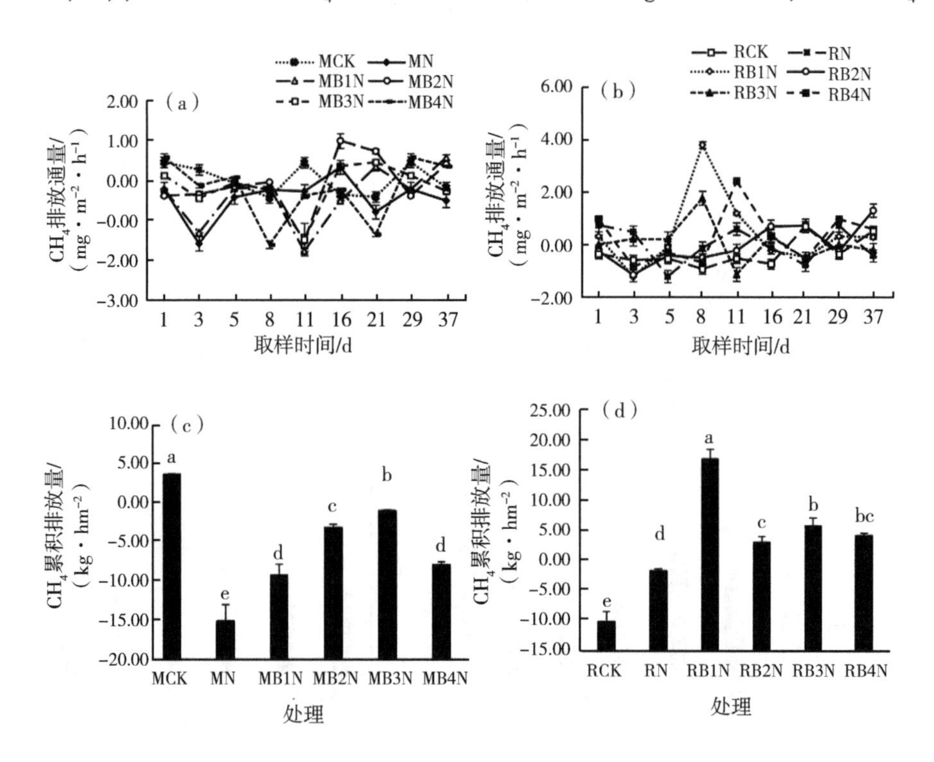

图3-16 生物炭添加对潮土和红壤 CH_4 排放通量和累积排放量的影响

注：柱上不同小写字母表示不同处理间差异显著（$P<0.05$）。

排放通量为-1.13~3.83 mg·m^{-2}·h^{-1}，添加生物炭处理土壤CH_4排放通量均未呈现明显的梯度变化。整个培养阶段，与空白对照相比，施用氮肥和生物炭显著降低潮土CH_4累积排放量，总体上累积排放量为负值，呈吸收状态；而与单施氮肥处理相比，红壤CH_4累积排放量随生物炭施用量的增加显著增加，说明在红壤上添加生物炭可增加CH_4的累积排放量。此外，与潮土不同，红壤空白对照处理CH_4累积排放量为-10.16 mg·m^{-2}·h^{-1}，呈CH_4弱汇，而施用生物炭显著增加红壤CH_4累积排放量，各处理CH_4累积排放量为3.13~17.07 mg·m^{-2}·h^{-1}，呈CH_4弱源，说明总体上添加生物炭后红壤CH_4排放由吸收状态变为释放状态。

4.6　生物炭对土壤综合温室效应的影响

生物炭的施用显著提高了潮土和红壤的固碳量，与未添加生物炭处理相比，潮土固碳量增加了57.1%~78.7%，红壤固碳量增加了11.2%~59.9%，且随生物炭添加量的增加而增加。但小白菜单株生物量、温室气体排放强度、净综合温室效应均呈不同的变化规律（表3-12）。与空白对照和单施氮肥处理相比，生物炭施用在红壤中显著增加小白菜单株生物量1.4~2.9倍，而潮土施用生物炭却显著抑制小白菜生长，其单株生物量显著下降，下降了2.9~4.8倍，说明生物炭对小白菜生长的影响与土壤类型和施用量有关。施用生物炭显著增加潮土GHGI，且随生物炭添加量的增加，潮土GHGI呈显著升高趋势，与单独添加氮肥相比，增幅达68.0%~76.8%，但生物炭施用对红壤GHGI则无显著影响。两种土壤GWP均为空白对照最低，随氮肥和生物炭施用，GWP显著增加，总体上潮土综合温室效应显著高于红壤。

表3-12　不同处理下作物单株生物量、土壤固碳量、净温室气体综合效应和温室气体排放强度

处理	单株生物量/g	土壤固碳量/(kg·hm^{-2})	净温室气体综合效应/(kg·hm^{-2})	温室气体排放强度/(kg·kg^{-1})
RCK	18.62±2.21g	71.62±7.33c	10 171.08±624.92ef	0.19±0.02c
RN	22.15±2.25f	69.14±6.90c	13 095.48±1 523.21def	0.19±0.02c
RB1N	64.70±6.46b	77.88±5.27c	19 262.92±4 166.14c	0.10±0.02c
RB2N	49.94±2.88c	112.94±30.13b	14 434.78±625.18cde	0.09±0.00c
RB3N	45.81±0.39d	131.11±8.82b	13 425.09±688.69def	0.09±0.00c
RB4N	31.91±1.12e	172.50±13.28a	17 526.31±4 684.04cd	0.17±0.05c

（续表）

处理	单株生物量/g	土壤固碳量/（kg·hm^{-2}）	净温室气体综合效应/（kg·hm^{-2}）	温室气体排放强度/（kg·kg^{-1}）
MCK	27.84±1.92f	42.87±5.50d	8 620.11±620.56f	0.10±0.01c
MN	71.49±2.63a	28.62±3.67d	37 339.63±2 840.31ab	0.16±0.01c
MB1N	24.99±0.93f	66.79±4.13c	39 795.01±2 031.81a	0.50±0.02b
MB2N	19.41±1.41f	69.76±0.18c	33 217.77±6 516.59b	0.48±0.10b
MB3N	16.94±4.24g	76.19±9.52c	32 301.71±2 094.63b	0.60±0.16ab
MB4N	14.75±1.70g	134.07±10.65b	31 838.44±2 776.01b	0.69±0.14a

注：同列数据后不同字母表示处理间差异达到显著水平（$P<0.05$，$n=3$）。

4.7 生物炭对红壤和潮土净生态效益的影响

通过对红壤和潮土的净生态效益进行计算，可以发现红壤最高的经济效益为474.56×10^3元·hm^{-2}（RB1N），而潮土的最高的收益为562.73×10^3元·hm^{-2}（MN），可见在红壤中施入低浓度的生物炭能够得到较大的经济效益，而对潮土来说，添加适量氮肥的经济效益最好（表3-13）。

表3-13 红壤和潮土净生态系统经济效益

处理	作物收益/（×10^3元·hm^{-2}）	氮肥消耗/（×10^3元·hm^{-2}）	生物炭消耗/（×10^3元·hm^{-2}）	碳消耗/（×10^3元·hm^{-2}）	生态效益/（×10^3元·hm^{-2}）
RCK	54.56±4.98g	0.00	0.00	1.05±0.06ef	135.36±12.48hi
RN	69.70±5.27f	0.95	0.00	1.36±0.16def	171.95±13.14g
RB1N	191.61±14.54b	0.95	1.53	2.00±0.43c	474.56±36.11b
RB2N	158.96±6.50c	0.95	3.06	1.50±0.06cde	391.90±16.18c
RB3N	142.17±6.49d	0.95	6.11	1.39±0.07def	346.96±16.15d
RB4N	103.50± 4.15e	0.95	12.22	1.82±0.49cd	243.77±10.45e
MCK	84.20±4.32f	0.00	0.00	0.89±0.06f	209.62±10.86ef
MN	227.02±6.03a	0.95	0.00	3.87±0.29ab	562.73±15.13a
MB1N	79.07±2.26f	0.95	1.53	4.13±0.21a	191.06±5.52fg
MB2N	70.23±14.95f	0.95	3.06	3.44±0.68b	168.14±37.06gh
MB3N	55.63±11.48g	0.95	6.11	3.35±0.22b	127.47±28.92i
MB4N	46.96±5.40g	0.95	12.22	3.30±0.29b	100.94±13.72i

注：同列数据后不同字母表示处理间差异达到显著水平（$P<0.05$，$n=3$）。

4.8 生物炭对潮土和红壤温室气体排放的影响机制探讨

土壤 N_2O 排放是硝化和反硝化作用的结果，多数研究认为施用生物炭能够抑制土壤 N_2O 排放（Renner，2007），Zhang 等（2010）的研究表明，将生物炭施于潮土中能够减少其 N_2O 的排放，原因可能是生物炭对于土壤结构的改良，提高了土壤的透气透水性，导致土壤反硝化作用降低。另外，生物炭具有较大的比表面积，能够吸附土壤中的无机氮，从而使红壤中反硝化作用的底物减少，进而降低了 N_2O 排放（Shen et al.，2014）。此外，两种土壤 pH 值不同也可能是影响 N_2O 排放的原因（张玉铭等，2004）。研究表明，碱性条件是降低土壤反硝化过程中产生 N_2O 的关键。低 pH 值条件能够增加 N_2O 的累积，高 pH 值下的 N_2O 产生速率最小，其原因是 N_2O 还原酶争夺电子的能力较弱，充足的电子供体有利于 N_2O 的还原，低 pH 值可影响微生物的代谢，且在 H^+存在时产生的游离亚硝酸（HNO_2）对 N_2O 还原酶具有抑制作用（李鹏章等，2014）。

短期施用生物炭能促进土壤 CO_2 的排放（Kuzyakov et al.，2009），可能是生物炭携带的碳被矿化以 CO_2 形式释放的结果（Smith et al.，2010）。生物炭施用促进了土壤有机碳的矿化，导致 CO_2 释放量的增加，高德才等（2015）研究也有类似的结论。何飞飞等（2013）研究表明，施用生物炭能够提高红壤 pH 值，促进微生物呼吸，从而刺激红壤 CO_2 排放。本研究在潮土中添加生物炭后 CO_2 排放量增加，而红壤没有显著变化，可能的原因是红壤 pH 值（4.8）较低，添加生物炭后 pH 值也多处于 6.0 以下，土壤偏酸的环境并不利于微生物生存和活动，微生物的呼吸代谢较弱，对 CO_2 的排放影响较小。一些研究也指出，生物炭输入可降低土壤呼吸温度敏感性 Q_{10} 值（张阳阳等，2017），进而影响 CO_2 的排放。此外，生物炭制备材料、制备条件、施用量的不同，土壤含水量等都可能影响土壤 CO_2 的排放，具体机制还需要进一步研究。

土壤 CH_4的排放是产甲烷菌和甲烷氧化菌活动平衡的结果，产甲烷菌为厌氧菌，甲烷氧化菌为好氧菌，在土壤通气性较好的情况下，产甲烷菌活性被抑制，甲烷氧化菌活性被激发。本研究在潮土中施用生物炭显著抑制了 CH_4排放，这与前人研究结果较为一致（Feng et al.，2012）。可能的原因是生物炭施用到土壤中降低了土壤容重，改善了土壤透气、透水环境，产甲烷菌活性受到了抑制，从而抑制了 CH_4产生（Lukas et al.，2009）。产甲烷菌在中性或碱性环境中活性较强，而甲烷氧化菌适于偏酸的环境，本研究中红壤的 CH_4排放量增加，这可能与土壤 pH 值发生变化有关，生物炭的输入在一定程度上缓解了土壤酸性条件，刺激了产甲烷菌或抑制了甲烷氧化菌的活性，引起 CH_4的累积。

生物炭施用对潮土和红壤中种植的小白菜生物量的影响不同，两种土壤种植系统温室气体排放强度也显著不同。潮土中施用生物炭（0.5%、1%、2%）净温室气体综合效应呈降低趋势，而红壤中施用生物炭其净温室气体综合效应无显著变化，主要是因为生物炭施用能够减少潮土 N_2O累积排放量，而红壤 N_2O 累积排放量则随生物炭量增加呈增加趋势。红壤施用生物炭在一定程度上促进了小白菜的生长，但在潮土中则表现出明显的抑制作用。有研究认为生物炭可能通过对植株可溶性糖含量的影响，刺激生长素的合成（Viger et al.，2015），影响植株生长发育。另外，生物炭 pH 值高，含有大量可溶性盐离子及有害成分，大量施用不利于作物生长（Kammann et al.，2011）。

将秸秆、稻壳、花生壳、木屑等农业废弃物制备成生物炭，作为改良剂向农田施用，是近年来被广泛关注的固碳减排措施。本研究将生物炭施入潮土和红壤，结果显示生物炭对不同土壤类型温室气体短期减排效果不一致。虽然一些研究认为，由于生物炭具有高含碳量和高稳定性等特性，其提升土壤碳库的作用毋庸置疑（Karhu et al.，2011），但关于生物炭对不同类型土壤温室气体排放影响的研究仍存在争议。因此，在不同类型土壤施用生物炭的综合生态效益还需要进一步深入研究。

施用生物炭显著增加两种土壤的有机碳含量，提高土壤固碳量，与单施氮肥处理相比，潮土增幅达 57.1%~78.7%，红壤增幅达 11.2%~59.9%。同时，施用生物炭显著降低土壤容重，不同程度地影响土壤无机氮含量，提高红壤 pH 值。施用生物炭对两种土壤的温室气体排放特征影响显著。其中，显著降低潮土 N_2O 累积排放量，但增加红壤 N_2O 累积排放量；施用生物炭显著增加潮土 CO_2 累积排放量，而对红壤 CO_2 累积排放量无显著影响；两种土壤 CH_4排放无规律性变化，施用生物炭后，红壤和潮土累积排放量分别为 3.13~17.07 $kg \cdot hm^{-2}$和−9.22~0.82 $kg \cdot hm^{-2}$。生物炭可通过改变土壤容重、有机碳、无机氮、pH 值等影响土壤温室气体排放强度。在红壤中施用生物炭则可促进作物生长，净温室气体综合效应（GWP）较低，不显著影响温室气体排放强度，具较好的生态效应；生物炭施用抑制潮土供试作物生长，显著增加其净温室气体综合效应和温室气体排放强度。

第四章 生物炭与土壤氮循环相关微生物、线虫的互作关系

氮素是作物必需的大量营养元素，对作物的产量和品质起决定性作用。农田土壤中的氮主要以有机态和无机态形式存在，它们之间相互转化，进而形成土壤生态系统氮素循环。转化过程主要包括生物体内有机氮的合成、氨化作用、硝化作用、反硝化作用和固氮作用。其中，硝化作用是在微生物作用下，将土壤中的 NH_4^+-N 氧化成亚硝态氮（NO_2^--N），并进一步被氧化成 NO_3^--N 的过程，硝化过程的最终产物是 NO_3^--N，是旱地作物主要利用的氮源。影响土壤硝化作用的主要因素包括土壤通气状况、水分含量、pH 值和土壤质地等，而且 NH_4^+-N 向 NO_3^--N 转化还受到土壤微生物的驱动与调节。硝化作用也是土壤氮损失的一个重要途径，一方面产生 N_2O 等温室气体，另一方面产生的 NO_3^--N 容易通过灌溉水淋失到地下水体，引起水体硝酸盐含量超标，威胁生态安全。

设施蔬菜生产体系复种指数高，氮肥用量对产量与经济效益影响显著，所以氮肥高量投入在生产中较为普遍，进而直接引起土壤氮库负荷的增加和剧烈的硝化作用，导致氮素损失增加，利用率降低，由此引发的面源污染突出。因此，充分认识土壤硝化作用及关键驱动机制，精准调控土壤氮素转化过程，提高氮素利用效率，一直是诸多学者致力解决的难题。生物炭是源于生物质高温热解而得的一类轻质、多孔、富碳类物质，近年来，广泛应用在农田土壤改良、污染修复及地力提升等领域，让人们逐渐认识到其调控土壤氮素活动的潜力。但在大规模应用前，必须经过严谨的试验以确定其生态效应。

土壤微生物是土壤营养元素生物地球化学循环的驱动者，是维系作物-土壤相互作用的纽带，在农田物质循环和能量流动过程中发挥着关键作用。生物炭能够为土壤氮转化微生物提供代谢和同化底物，并增加其功能基因的丰度等。然而，生物炭输入对土壤硝化作用的影响受到制备原料和工艺、施用量及土壤环境等诸多因素的影响。近年来，有关生物炭施入后土壤关键化

学指标、氮转化微生物多样性及功能基因的探索和研究方法等取得突破性进展。

作为一种自由生活的线虫，秀丽隐杆线虫（*Caenorhabditis elegans*）有着试验操作简便、易于培养和明确的基因组背景等特点，被广泛用于生物毒性的试验当中（Wilson，1999；Wu et al.，2019a）。在以往的研究中，观察到了包括运动（Lieke et al.，2018）和生物毒性（Wang et al.，2017）在内的生物炭对线虫的影响。然而，其生殖和发育的变化，以及影响机制尚未被大量报道。另外，提供更多的生物炭对线虫模型的影响信息对于保证生物炭应用的安全性具有重要意义。

生物炭作为一种源于生物质热解产生的多孔富碳类物质，输入土壤后影响氮素转化和微生物活动已受到普遍关注。探索生物炭影响农田土壤氮素活动的规律，明确生物炭对微生物及线虫模型的影响信息，对于构建高效安全氮素管理决策具有重要指导意义。

第一节　不同原料类型生物炭对土壤微生物群落的影响

已有研究表明，不同性质的生物炭在施入土壤后会被不同的微生物群落利用，其引起的微生物群落结构变化也存在明显的差异（Steinbeiss et al.，2009）。Ameloot 等（2013）研究发现，添加生物炭（350 ℃热解柳树、猪粪）改变了微生物群落结构，使土壤革兰氏阳性细菌和革兰氏阴性细菌的丰度增加。Xu 等（2016）采用高通量测序技术研究发现，玉米秸秆生物炭能够改变土柱淋溶试验后潮褐土中细菌群落结构的组成。以上结果说明，不同类型生物炭对土壤微生物群落结构的影响差异较大，这种差异可能与生物炭的组成结构、物理化学性质以及生物炭的用量有关（Samonin & Elikova，2004）。本节选择了来自不同原料的 4 种生物炭，旨在探索不同类型生物炭与土壤微生物群落的互作关系。

1.1　试验材料

1.1.1　生物炭选择

参照第一章第一节 1.1 制备的 4 种生物炭。

1.1.2　供试土壤

供试土壤采自天津市西青区的一个生态农场（116°9.89′E，39°14.20′N），种植模式为黄瓜等蔬菜和玉米-小麦交替种植。土壤采集深度为地表耕层（0~20 cm），将采集的新鲜土壤样品挑去肉眼可见的石块和细根，然后将土壤混合均匀，风干过 0.85 mm 筛后待用。

土壤理化性质如表 4-1 所示。

表 4-1　供试土壤基本理化性质

含水量/%	pH 值	全氮/（$g \cdot kg^{-1}$）	有机质/%	全磷/（$g \cdot kg^{-1}$）	全钾/（$g \cdot kg^{-1}$）
5.47	7.84	1.51	1.57	1.41	13.42
硝态氮/（$mg \cdot kg^{-1}$）	铵态氮/（$mg \cdot kg^{-1}$）	有效磷/（$mg \cdot kg^{-1}$）	速效钾/（$mg \cdot kg^{-1}$）	多环芳烃/（$\mu g \cdot kg^{-1}$）	
317.71	2.54	20.52	204.51	49.48	

1.2　培养试验

称取 100 g 新鲜潮土土样，分别加入 0 $g \cdot kg^{-1}$、20.0 $g \cdot kg^{-1}$、40.0 $g \cdot kg^{-1}$、80.0 $g \cdot kg^{-1}$、160.0 $g \cdot kg^{-1}$的 4 种生物炭（NBC、CBC、ABC、BBC）于平底玻璃筒中，每个处理 3 次重复。调节水分至田间持水量的 45%，用保鲜膜封口，并在保鲜膜中间留一个小孔，将其置于 25 ℃恒温培养箱中培养 45 d，保持土壤水分含量，用称重法定期校正。培养结束后，用新鲜样品测定微生物磷脂脂肪酸（PLFA）。

1.3　不同原料类型生物炭对土壤微生物组成的影响

施入生物炭改变了土壤微生物群落的组成（图 4-1）。施加 NBC，与对照（生物炭添加量为 0）相比，施加 20.0 $g \cdot kg^{-1}$的生物炭，细菌占土壤微生物的比例增加了 5 个百分点；施加 80.0 $g \cdot kg^{-1}$的生物炭，细菌占土壤微生物的比例降低了 17 个百分点，其他处理没有显著的变化。施加 NBC，土壤中革兰氏阳性细菌所占的比例与 CK（7.77%）相比，增加了 4~10 个百分点，革兰氏阴性细菌所占的比例没有显著的变化；80.0 $g \cdot kg^{-1}$的施加量增加了土壤中放线菌和真菌所占的比例，分别由 4.84%升高至 6.26%，由 12.64%升高至 22.54%；160.0 $g \cdot kg^{-1}$的施加量使土壤中放线菌所占的比例降低了 3 个百分点，使真菌所占的比例升高了 3 个百分点。施加 CBC，20.0 $g \cdot kg^{-1}$、80.0 $g \cdot kg^{-1}$、160.0 $g \cdot kg^{-1}$的施加量降低了细菌所占的比例，分别降低了6%、14%、19%；与对照（7.77%）相比，各处理中革兰氏阳性细菌所占的比例有所增加，分别为22.21%、15.11%、13.06%、13.26%，革兰氏阴性细菌所占的比例除160.0 g·kg^{-1}处理增加外，其他处理均显著降低；20.0 g·kg^{-1}的施加量增加了放线菌所占的比例，增加了4个百分点；与对照相比，各处理均增加了真菌所占的比例。施加ABC，各处理细菌占土壤微生物的比例降低了9~14个百分点，革兰氏阳性细菌增加了3~6个百分点，革兰氏阴性细菌除160.0 g·kg^{-1}处理（29.77%）增加了4个百分点外，其余处理均有不同程度的降低；与对照（12.64%）相比，各处理真菌所占的比例显著增加，分别为27.79%、30.12%、27.38%、29.15%。施加BBC，各处理土壤细菌所占的比例均有所降低，80.0 g·kg^{-1}处理降低了15个百分点，革兰氏阳性细菌和阴性细菌所占的比例均有所升

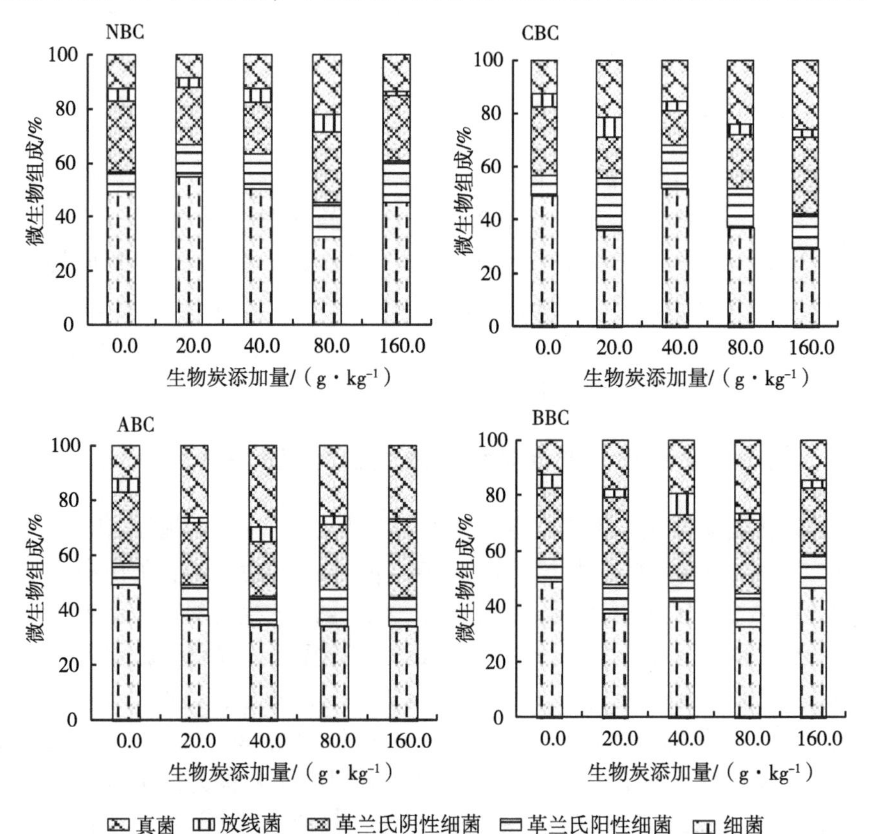

图4-1 不同原料类型生物炭处理下的土壤微生物组成

高，40.0 g · kg^{-1}处理放线菌占土壤微生物的比例增加了 4%，与对照（12.64%）相比，各处理土壤真菌有显著的增加，分别为 17.17%、22.67%、28.01%、15.35%。

1.4　不同原料类型生物炭对土壤微生物群落结构的影响

施用生物炭改变了土壤微生物群落结构，且不同原料类型生物炭之间存在明显的差异。施加 20.0 g · kg^{-1}和 40.0 g · kg^{-1}NBC，显著地影响了细菌和革兰氏阳性细菌的群落，对其他菌落结构影响不显著；施加 80.0 g · kg^{-1} NBC，对真菌和革兰氏阳性细菌的群落结构影响显著，对其他群落结构影响不显著；施加 160.0 g · kg^{-1}NBC，显著地影响了放线菌的群落结构，使其降低了 60.2%，且对真菌/细菌比产生显著的影响；施加 NBC，各处理土壤总磷脂脂肪酸（PLFAs）量达 25.53～41.53 nmol · g^{-1}（表 4-2）。施加 40.0 g · kg^{-1} CBC，与对照（24.05 nmol · g^{-1}）相比，土壤总 PLFAs 量增加了 64.2%，而其他处理对土壤总 PLFAs 量没有产生明显的差异；施加 CBC 没有影响革兰氏阳性细菌和革兰氏阴性细菌的群落结构；而施加 20.0 g · kg^{-1} CBC 使细菌总含量提高了 1.18 nmol · g^{-1}；施加 CBC，真菌群落与对照（3.10 nmol · g^{-1}）相比，分别提高到 4.01 nmol · g^{-1}、5.66 nmol · g^{-1}、4.48 nmol · g^{-1}、5.04 nmol · g^{-1}；施加 20.0 g · kg^{-1} 的 CBC，与对照（1.18 nmol · g^{-1}）相比，放线菌显著提高了 174.1%，施加 40.0 g · kg^{-1} CBC，显著影响了土壤总 PLFAs 量，与对照（24.05 nmol · g^{-1}）相比提高了 15.44 nmol · g^{-1}。施加 ABC，各处理均显著增加了土壤中细菌和革兰氏阳性细菌的数量，对细菌、放线菌、革兰氏阴性细菌影响不显著，与对照（24.05 nmol · g^{-1}）相比，添加 20.0 g · kg^{-1}、40.0 g · kg^{-1}生物炭，土壤总 PLFAs 量分别增加了 9.54 nmol · g^{-1}、4.18 nmol · g^{-1}，添加 80.0 g · kg^{-1}、160.0 g · kg^{-1}对土壤中总微生物群落影响不显著。施加 BBC，土壤总 PLFAs 量降低了 10.60～12.38 nmol · g^{-1}，细菌降低了 5.53～9.22 nmol · g^{-1}；施加 80.0 g · kg^{-1}BBC，与对照（0.16）相比，真菌/细菌比均增加到 0.40；各处理对土壤中革兰氏阳性细菌和革兰氏阴性细菌没有显著的差异。

1.5　生物炭种类与添加量对土壤微生物群落结构的影响

由表 4-3 可知，生物炭种类和添加量极显著地影响了细菌、真菌的群落结构组成，且对细菌的交互作用显著（$P<0.05$），而对真菌的交互作用极

表 4-2　不同原料类型生物炭处理下土壤微生物群落结构的变化

生物炭	添加量/($g \cdot kg^{-1}$)	细菌/($nmol \cdot g^{-1}$)	真菌/($nmol \cdot g^{-1}$)	放线菌/($nmol \cdot g^{-1}$)	革兰氏阳性细菌/($nmol \cdot g^{-1}$)	革兰氏阴性细菌/($nmol \cdot g^{-1}$)	真菌/细菌比	总磷脂脂肪酸/($nmol \cdot g^{-1}$)
NBC	0. 0	12. 10±0. 33c	3. 10±0. 19b	1. 18±0. 08a	1. 86±0. 07c	6. 20±0. 33a	0. 16±0. 02bc	24. 05±0. 42c
	20. 0	24. 30±1. 38a	3. 72±0. 07b	1. 22±0. 04a	5. 20±0. 18a	7. 35±0. 16a	0. 10±0. 00c	41. 53±1. 21a
	40. 0	16. 02±0. 87b	4. 18±0. 56b	1. 54±0. 09a	4. 24±0. 12ab	6. 32±0. 18a	0. 16±0. 02bc	32. 30±1. 50b
	80. 0	9. 30±0. 25c	6. 71±0. 17a	1. 85±0. 01a	4. 19±0. 17ab	7. 61±0. 38a	0. 29±0. 03a	29. 03±1. 31bc
	160. 0	10. 52±1. 09c	3. 81±0. 29b	0. 47±0. 05b	3. 05±0. 07bc	6. 78±0. 52a	0. 25±0. 02ab	25. 53±0. 74c
CBC	0. 0	12. 10±0. 33bc	3. 10±0. 19c	1. 18±0. 08bc	1. 86±0. 07b	6. 20±0. 33a	0. 16±0. 02c	24. 05±0. 42b
	20. 0	13. 28±0. 97a	4. 01±0. 32bc	3. 06±0. 19a	2. 34±0. 17ab	5. 57±0. 19a	0. 26±0. 05b	20. 34±0. 36b
	40. 0	10. 22±0. 27b	5. 66±0. 17a	1. 56±0. 05b	2. 81±0. 09a	5. 69±0. 21a	0. 19±0. 02bc	39. 49±1. 46a
	80. 0	5. 84±0. 20c	4. 48±0. 02b	0. 66±0. 09c	2. 54±0. 17ab	4. 34±0. 13ab	0. 39±0. 00a	21. 48±0. 59b
	160. 0	5. 62±0. 13c	5. 04±0. 52ab	0. 62±0. 02c	2. 54±0. 11ab	3. 12±0. 40a	0. 37±0. 01a	16. 04±0. 47b
ABC	0. 0	12. 10±0. 33a	3. 10±0. 19c	1. 18±0. 08a	1. 86±0. 07d	6. 20±0. 33ab	0. 16±0. 02c	24. 05±0. 42c
	20. 0	13. 12±1. 24a	9. 35±0. 47a	1. 70±0. 11a	3. 93±0. 07a	8. 13±0. 33a	0. 40±0. 01b	33. 59±1. 89a
	40. 0	12. 10±0. 33a	8. 55±0. 32a	1. 19±0. 07a	2. 96±0. 03b	8. 39±0. 28a	0. 46±0. 02a	28. 23±1. 48b
	80. 0	13. 29±0. 92a	6. 45±0. 11b	0. 84±0. 09ab	3. 17±0. 07b	5. 50±0. 00b	0. 39±0. 01b	23. 43±1. 09c
	160. 0	8. 33±0. 95b	6. 58±0. 38b	0. 27±0. 00b	2. 52±0. 11c	5. 84±0. 15b	0. 42±0. 02a	22. 73±0. 75c

（续表）

生物炭	添加量/（g·kg^{-1}）	细菌/（nmol·g^{-1}）	真菌/（nmol·g^{-1}）	放线菌/（nmol·g^{-1}）	革兰氏阳性细菌/（nmol·g^{-1}）	革兰氏阴性细菌/（nmol·g^{-1}）	真菌/细菌比	总磷脂脂肪酸/（nmol·g^{-1}）
	0.0	12.10±0.33a	3.10±0.19ab	1.18±0.08ab	1.86±0.07a	6.20±0.33a	0.16±0.02c	24.05±0.42a
	20.0	4.21±0.14b	2.42±0.10ab	0.39±0.03bc	1.13±0.02a	3.65±0.06a	0.22±0.01bc	11.67±0.41b
BBC	40.0	2.88±0.06b	1.52±0.06b	1.32±0.07a	1.03±0.06a	3.62±0.16a	0.32±0.07ab	12.31±0.27b
	80.0	5.10±0.21b	4.03±0.05a	0.33±0.01c	2.01±0.08a	3.36±0.04a	0.40±0.03a	14.72±0.35b
	160.0	6.57±0.18b	1.68±0.02b	0.43±0.01bc	1.54±0.07a	3.38±0.03a	0.14±0.05c	13.45±0.10b

注：同列不同小写字母表示差异显著（$P<0.05$）。

表 4-3 生物炭种类与添加量对土壤微生物群落结构影响的双因素方差分析

因素	自由度	细菌		真菌		放线菌		革兰氏阳性细菌		革兰氏阴性细菌		真菌/细菌比		总磷脂脂肪酸	
		F	Sig.	*F*	Sig.	*F*	Sig.	*F*	Sig.	*F*	Sig.	*F*	Sig.	*F*	Sig.
B	3	11.58	0.000	28.6	0.000	1.39	0.268	11.88	0.000	7.02	0.001	9.43	0.000	6.86	0.001
M	4	4.92	0.002	9.13	0.000	2.04	0.118	4.04	0.010	0.88	0.483	8.95	0.000	5.39	0.001
B×M	12	2.58	0.012	4.21	0.000	0.57	0.845	2	0.050	0.92	0.537	2.54	0.014	1.26	0.281
模型	19	4.5		9.1		1.02		4		1.88		4.98		3.01	

注：差异显著，$P<0.05$；差异极显著，$P<0.01$；B 表示生物炭种类，M 表示添加量。

显著（$P<0.01$）；生物炭种类和添加量对放线菌的群落结构组成影响不显著，且交互作用也不显著；生物炭种类极显著地影响了革兰氏阳性细菌和革兰氏阴性细菌的群落结构组成，添加量对革兰氏阳性细菌产生了极显著的影响，但没有影响革兰氏阴性细菌的群落结构组成，且交互作用对两种细菌影响都不显著；生物炭种类和添加量极显著地影响了真菌/细菌比，且交互作用显著；生物炭种类和添加量对土壤总微生物群落结构产生极显著的影响，且交互作用显著。

1.6 微生物群落组分与土壤理化指标和生物炭物理指标相关关系

土壤各菌群 PLFAs 与土壤理化性质和生物炭物理性质相关性分析表明（表 4-4），施加 NBC，土壤总细菌量与生物炭的比表面积、孔隙度以及土壤中 NH_4^+-N 含量呈显著负相关关系，且真菌/细菌比与孔隙度呈现负相关关系，土壤总 PLFAs 量与孔隙度呈极显著负相关关系。施加 CBC，土壤总细菌量与土壤 pH 值和电导率呈显著负相关关系，总真菌量与土壤 pH 值呈显著正相关关系，与土壤电导率呈极显著负相关关系，土壤革兰氏阳性细菌与生物炭孔隙度呈显著负相关关系，真菌/细菌比与土壤 NO_3^--N 和 NH_4^+-N 含量呈显著负相关关系，与土壤 pH 值和电导率呈极显著正相关关系，与生物炭比表面积呈极显著负相关关系，CBC 孔隙度和灰分与土壤总 PLFAs 量呈显著负相关关系。施加 ABC，土壤总细菌量与生物炭比表面积、孔隙度以及 NO_3^--N 呈显著相关，与 pH 值呈极显著负相关，革兰氏阳性细菌、革兰氏阴性细菌分别和生物炭孔隙度、灰分呈负相关关系。施加 BBC，没有影响土壤中细菌、革兰氏阴性细菌、真菌和放线菌的总量，但土壤 NH_4^+-N 含量与革兰氏阳性细菌呈极显著负相关关系，土壤中总 PLFAs 量与土壤 pH 值、生物炭孔隙度呈极显著负相关关系，与土壤 NO_3^--N 含量呈显著正相关关系，与生物炭比表面积呈极显著正相关关系。

表 4-4 微生物群落组分与土壤理化指标和生物炭物理指标相关关系

生物炭	微生物群落组分	土壤				生物炭		
		pH 值	电导率	铵态氮	硝态氮	比表面积	孔隙度	灰分
NBC	细菌	−0.398	−0.273	−0.589*	0.354	0.198*	−0.251*	−0.259
	真菌	0.162	0.397	0.078	−0.285	0.285	−0.256	0.187
	放线菌	0.147	0.014	0.155	−0.208	0.174	−0.162	0.135
	革兰氏阳性细菌	0.199	−0.129	−0.42	0.031	0.014	−0.058	−0.226

（续表）

生物炭	微生物群落组分	土壤				生物炭		
		pH 值	电导率	铵态氮	硝态氮	比表面积	孔隙度	灰分
NBC	革兰氏阴性细菌	-0.123	0.107	-0.194	0.043	0.084	-0.176	-0.472
	真菌/细菌比	0.271	0.262	0.422	-0.322	0.149	-0.101*	0.263
	总磷脂脂肪酸	-0.266	-0.077	-0.567	0.206	0.288	-0.353**	-0.309
CBC	细菌	-0.555*	-0.488*	0.369	0.435	-0.064	-0.528	-0.423
	真菌	0.525*	0.595**	-0.293	-0.333	0.072	-0.386	-0.388
	放线菌	-0.109	0.002	0.23	-0.114	-0.36	-0.425	-0.207
	革兰氏阳性细菌	0.044	0.011	0.02	0.063	0.06	-0.435*	-0.424
	革兰氏阴性细菌	-0.223	0.017	-0.193	-0.266	-0.008	-0.253	-0.218
	真菌/细菌比	0.752**	0.73**	-0.517*	-0.49*	-0.022**	0.143	0.14
	总磷脂脂肪酸	-0.348	-0.25	0.206	0.224	-0.019	-0.604*	-0.519*
ABC	细菌	-0.609**	0.078	0.072	0.574*	0.263*	-0.062*	0.263
	真菌	-0.059	0.276	-0.085	0.185	-0.109	-0.058	-0.109
	放线菌	0.268	-0.447	0.137	-0.315	0.448	0.231	0.448
	革兰氏阳性细菌	-0.014	0.136	-0.365	-0.014	-0.102	-0.209	-0.102*
	革兰氏阴性细菌	-0.012	0.207	-0.302	-0.116	-0.203	-0.516*	-0.203
	真菌/细菌比	0.161	0.202	0.018	0.027	-0.141	0.134	-0.141
	总磷脂脂肪酸	-0.363	0.324	-0.129	0.354	-0.031	-0.307	-0.031
BBC	细菌	-0.415	-0.31	-0.757	0.015	-0.229	0.101	-0.206
	真菌	-0.196	0.068	-0.196	0.338	-0.048	-0.288	-0.222
	放线菌	-0.475	-0.772	-0.532	0.365	-0.18	0.08	-0.18
	革兰氏阳性细菌	-0.006	0.057	-0.214	-0.027	0.047	-0.242	-0.086
	革兰氏阴性细菌	-0.486*	-0.385	-0.608**	0.193	-0.423	0.156	-0.398
	真菌/细菌比	0.032	0.12	0.312	0.388	0.16	-0.171	0.086
	总磷脂脂肪酸	-0.652**	-0.332	-0.292	0.576*	-0.037	0.046**	-0.016**

注：* 表示显著相关（$P<0.05$），** 表示极显著相关（$P<0.01$）。

1.7　生物炭种类与土壤微生物互作机制的探讨

土壤 pH 值是土壤质量的重要指标，合适的土壤 pH 值是作物高产的前提。生物炭由于含有矿物元素形成的碳酸盐，其表面含有丰富的酸性基团

(Yuan & Xu，2011)，且含有灰分成分如 K^+、Ca^{2+}、Mg^{2+}，可增加土壤的盐基饱和度，从而可以降低土壤氢离子及交换性铝的水平（van Zwieten et al.，2010)，因此，一般呈碱性。在本研究中，4 种生物炭均可以显著地提高潮土的 pH 值，且土壤 pH 值随着施加量的升高而升高，这与以往的研究相一致。Zhang 等（2010）研究发现，无论是否添加尿素，大麦秸秆生物炭的添加都可以显著提高稻田土壤的 pH 值，并且这种效果会随着秸秆生物炭添加量的增加而增强。生物炭对土壤 pH 值的影响受其自身理化特性、添加量及其土壤 pH 值的综合影响。土壤的浸提液中含有大量的可溶性盐，其含量在一定范围内与溶液的电导率呈正相关，因此，可以通过测定土壤浸提液的电导率来衡量土壤中可溶性盐含量。不同生物炭对土壤电导率的影响在很大程度上依赖于生物炭本身的性质（Wu et al.，2012)，因为生物炭本身含有较多的可溶性盐或在有机质分解的时候释放矿质盐分（Zhang et al.，2016)，也有可能是因为不同生物炭有不同的吸附力，因此盐分的累积不同，从而导致对土壤电导率产生不同的结果。

生物炭是一种相对稳定的物质，按常规思考微生物对生物炭的利用应该不容易，但是在土壤中添加生物炭明显地改变了土壤中微生物的群落结构。韩光明等（2012）发现，当菠菜田中加入生物炭，菠菜根际土壤细菌、真菌、放线菌的数量显著增加。然而，Dempster 等（2012）研究表明，土壤中施用生物炭，氨氧化细菌群落结构会发生改变，生物炭能够降低土壤有机质分解以及氮的矿化作用，进而降低微生物群落活性。梁韵等（2017）研究发现，氨氧化细菌对添加生物炭的土壤比较敏感，其数量的变化与由生物炭导致的土壤 pH 值、养分变化趋势显著相关。本研究显示微生物的群落结构与添加的生物炭种类和添加量有极显著的相关性，也有其他研究显示相似的结果（李明等，2015；张又弛和李会丹，2015)。Lehmann 等（2011）总结指出，生物炭通过对土壤中营养元素（有机质、腐殖质和矿物质等）的保持和提高，对土壤酸度的改变，以及对有毒物质的吸附，从而对微生物进行保护，提高土壤微生物量。

NBC、CBC 和 BBC 对土壤微生物群落结构的影响整体表现趋势均是先促进后抑制，而 BBC 对微生物群落结构的影响是添加 20.0 $g \cdot kg^{-1}$时都会表现出抑制。NBC 和 ABC 的最优添加量为 20.0 $g \cdot kg^{-1}$，土壤总 PLFAs 量分别提高了 72.68%和 39.67%，CBC 的最适添加量为 40.0 $g \cdot kg^{-1}$，土壤总 PLFAs 量提高了 64.20%。生物炭种类和添加量极显著地影响了细菌、真菌的群落结构组成，且交互作用显著；对放线菌群落结构的影响不显著，交互作用也不显著；对土壤总微生物群落结构产生极显著的影响，且交互作用显著。施加 NBC，土壤微生物组成受生物炭的比表面积、孔隙度以及土壤 NH_4^+-N 含量的影响；施加 CBC，土壤总细菌量受土壤 pH 值和电导率的影响，孔隙度和灰分影响土壤总 PLFAs 量；施加 ABC，土壤总细菌量与生物炭比表面积、孔隙度以及土壤 NO_3^--N 含量有关；施加 BBC，没有影响土壤细菌、革兰氏阴性细菌、真菌和放线菌的总量，但土壤 pH 值和 NO_3^--N 含量、生物炭孔隙度影响了土壤中总 PLFAs 量。

第二节　固定微生物生物炭对微生物群落的影响

硝化及反硝化过程是氮素转化的重要生物地球化学过程（Dai et al.，2021）。在硝化过程中，氨氧化是第一步，也是限速步骤。大量研究表明，氨氧化古菌（AOA）和氨氧化细菌（AOB）是控制氨氧化过程的主要微生物，影响着植物对氮的利用以及氮向土壤环境输入后的去向（Wang et al.，2021）。AOA 和 AOB 表现出不同的代谢多样性、生态位和环境适应性。不同的环境条件可导致 AOA 和 AOB 对氨氧化行为的变化。反硝化过程也是由微生物参与的氮转化过程。反硝化细菌通过产生 NO 和 N_2O，将可溶性硝酸盐（NO_3^-）或亚硝酸盐（NO_2^-）还原为氮气（N_2）。其中，将 NO_2^- 还原为 NO 的过程是由两种结构不同、但功能相同的亚硝酸盐还原酶催化，即细胞色素 cd1 还原酶（*Nir*S）和含铜还原酶（*Nir*K）。这一步骤使溶解的氮在反硝化过程中首次变为气态氮（Azziz et al.，2017）。因此，通常将 *nirS* 和 *nirK* 基因用作分子标记，以研究环境中反硝化微生物的生态行为。

本节将 AOA 和 AOB 以及携带 *nirS* 和 *nirK* 基因的反硝化细菌作为研究对象，利用 q-PCR 和高通量测序技术，探索固定微生物生物炭对土壤氨氧化、亚硝酸盐还原酶等关键微生物群落的影响，以期揭示其驱动氮转化的生态学机制。

2.1　试验材料

2.1.1　生物炭选择

参照第一章第三节 3.1 制备的固定微生物生物炭。

2.1.2　供试土壤

试验所用土壤取自天津市武清区天民蔬果专业合作社（117°05′E，

39°54′N)设施菜地，采集耕层（0~20 cm）土壤，一部分过 2 mm 筛用于培养试验，另一部分风干研磨后过 0. 25 mm、1 mm 筛用于土壤基本理化性质测定。供试土壤的基本理化性质如表 4-5 所示。

表 4-5 供试土壤基本理化性质

pH 值	电导率/（mS·cm^{-1}）	有机质/（g·kg^{-1}）	全氮/（g·kg^{-1}）	铵态氮/（mg·kg^{-1}）	硝态氮/（mg·kg^{-1}）
7. 18	0. 97	11. 60	1. 03	2. 85	72. 46

2.2 土壤培养

本试验采取室内恒温培养，试验布置见第三章第二节 2. 2。

2.3 固定微生物生物炭对 *AOA/AOB* – *amoA* 基因丰度影响

添加固定微生物生物炭在培养初期和末期仅个别处理（$BCJ_{0.5}$、BCJ_1、$BCT_{0.5}$）引起土壤 *AOA-amoA* 基因拷贝数的变化（图 4-2、图 4-3、表 4-6）；在培养中期（第 7~21 d）不同处理土壤 *AOA-amoA* 基因拷贝数均没有显著性差异，添加固定微生物生物炭对土壤 *AOA-amoA* 基因丰度没有显著影响。

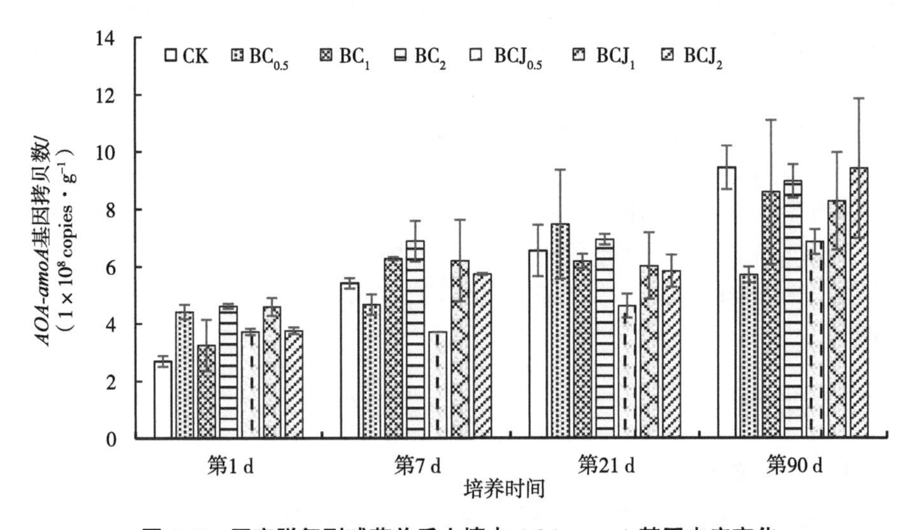

图 4-2 固定脱氮副球菌前后土壤中 *AOA-amoA* 基因丰度变化

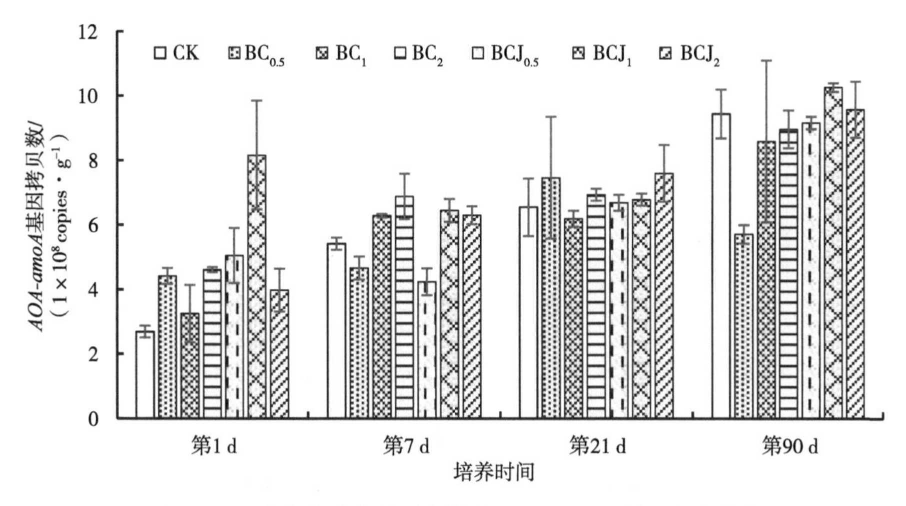

图 4-3 固定假单胞菌前后土壤中 *AOA-amoA* 基因丰度变化

表 4-6 固定微生物前后土壤中 *AOA-amoA* 基因丰度变化

单位：1×10^8 copies · g^{-1}

处理	第 1 d	第 7 d	第 21 d	第 90 d
CK	2. 70±0. 19b	5. 41±0. 19a	6. 54±0. 90a	9. 44±0. 76a
$BC_{0.5}$	4. 41±0. 37ab	4. 67±0. 35a	7. 46±0. 19a	5. 71±0. 28ab
BC_1	3. 25±0. 89b	6. 28±0. 01a	6. 18±0. 25a	8. 59±2. 52a
BC_2	4. 61±0. 08ab	6. 88±0. 71a	6. 94±0. 19a	8. 97±0. 84a
$BCT_{0.5}$	3. 72±0. 11ab	3. 71±0. 00a	4. 61±0. 42a	6. 86±0. 43b
BCT_1	4. 59±0. 31ab	6. 20±1. 42a	6. 01±0. 17a	8. 27±1. 70ab
BCT_2	3. 76±0. 12b	5. 73±0. 04a	5. 83±0. 57a	9. 41±2. 44a
$BCJ_{0.5}$	5. 05±0. 85a	4. 23±0. 42a	6. 68±0. 25a	9. 16±0. 19a
BCJ_1	6. 48±1. 69a	6. 44±0. 36a	6. 79±0. 19a	10. 26±0. 13a
BCJ_2	3. 98±0. 67ab	6. 29±0. 67a	7. 60±0. 88a	9. 57±0. 86a

注：同列不同小写字母表示不同处理间差异显著（$P<0.05$）。

不同处理土壤 *AOB-amoA* 基因拷贝数随培养时间的延长逐渐增加（图 4-4、图 4-5、表 4-7）。添加生物炭和固定微生物生物炭均显著增加 *AOB-amoA* 基因拷贝数，前期（第 1～7 d）增加得快，后期（第 21～90 d）增加得缓慢，增幅相对较小。与单施生物炭处理相比，第 1～7 d 添加固定微生

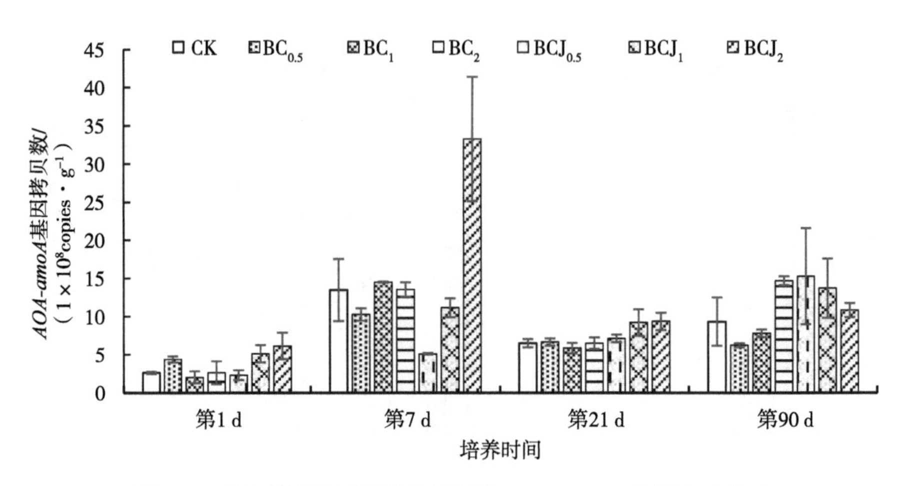

图 4-4　固定脱氮副球菌前后土壤中 *AOB-amoA* 基因丰度变化

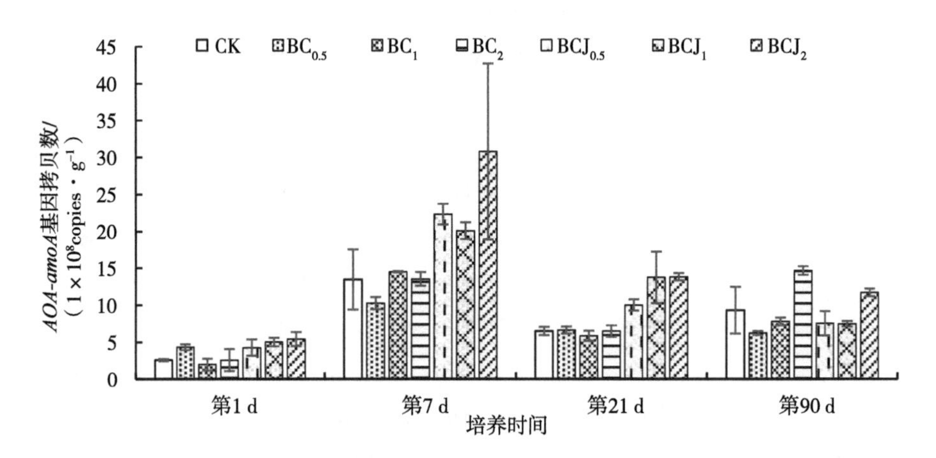

图 4-5　固定假单胞菌前后土壤中 *AOB-amoA* 基因丰度变化

物生物炭处理 *AOB-amoA* 基因拷贝数上升的幅度较大，尤其是添加量为 2.0%的生物炭处理最为明显。第 7 d 时，2.0%生物炭吸附脱氮副球菌和 2.0%生物炭吸附假单胞菌处理（BCT_2、BCJ_2）较 CK 分别增加 59.5%、56.3%，较 BC_2 分别高 56.4%、56.0%。培养后期（第 90 d），固定脱氮副球菌生物炭（$BCT_{0.5}$、BCT_1、BCT_2）处理土壤 *AOB-amoA* 基因拷贝数仍明显高于 CK，固定假单胞菌生物炭（$BCJ_{0.5}$、BCJ_1、BCJ_2）只有 2.0%梯度生物炭处理中 *AOB-amoA* 基因拷贝数明显高于 CK，中低量添加变化不明显。

表 4-7　固定微生物前后土壤中 *AOB-amoA* 基因丰度变化

单位：1×10^{8} copies · g^{-1}

处理	第 1 d	第 7 d	第 21 d	第 90 d
CK	2. 61±0. 15a	13. 47±4. 06cd	6. 52±0. 55a	9. 33±3. 16abc
$BC_{0.5}$	4. 36±0. 40a	10. 29±0. 81cd	6. 67±0. 48a	6. 25±0. 27bc
BC_1	2. 02±0. 79a	14. 50±0. 09bcd	5. 88±0. 69a	7. 82±0. 51abc
BC_2	2. 61±1. 50a	13. 54±0. 93abcd	6. 52±0. 77a	14. 69±0. 58abc
$BCT_{0.5}$	2. 30±0. 64a	5. 10±0. 11b	7. 14±0. 50a	15. 27±6. 29a
BCT_1	5. 13±1. 15a	11. 16±1. 24abcd	9. 23±1. 73a	13. 71±3. 87ab
BCT_2	6. 14±1. 75a	33. 27±8. 16a	9. 39±1. 13a	10. 85±0. 92abc
$BCJ_{0.5}$	4. 29±1. 10a	22. 34±1. 39abc	10. 03±0. 76a	7. 57±1. 65abc
BCJ_1	5. 05±0. 56a	20. 10±1. 16abcd	13. 75±3. 48a	7. 48±0. 38c
BCJ_2	5. 44±0. 94a	30. 80±11. 92ab	13. 83±0. 50a	11. 72±0. 52abc

注：同列不同小写字母表示不同处理间差异显著（P<0. 05）。

2. 4　固定微生物生物炭对土壤亚硝酸盐还原酶基因（*nirS*、*nirK*）丰度的影响

由图 4-6、图 4-7、表 4-8 可知，添加固定脱氮副球菌生物炭显著增加土壤 *nirS* 拷贝数，但随培养时间的推进，不同的添加量表现出不同的增加效果，总体表现为培养初期（第 1 d）和中期（第 21 d）中低量添加增加的

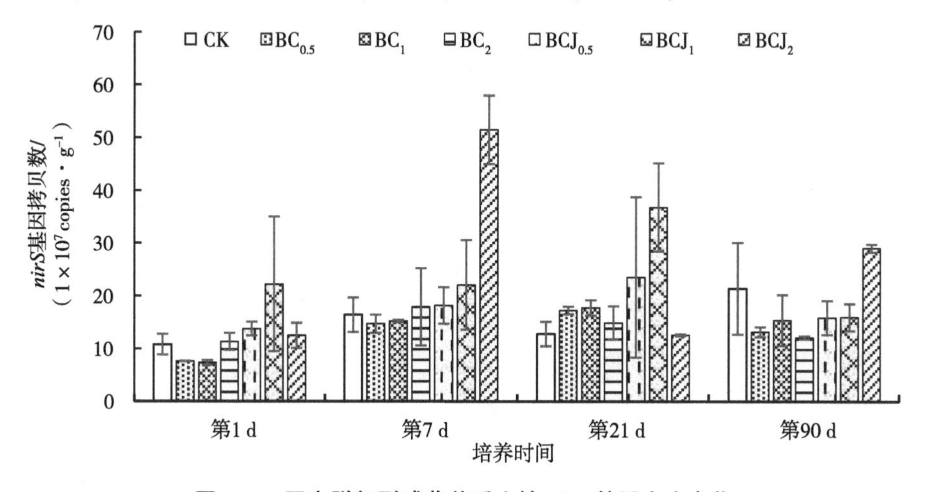

图 4-6　固定脱氮副球菌前后土壤 *nirS* 基因丰度变化

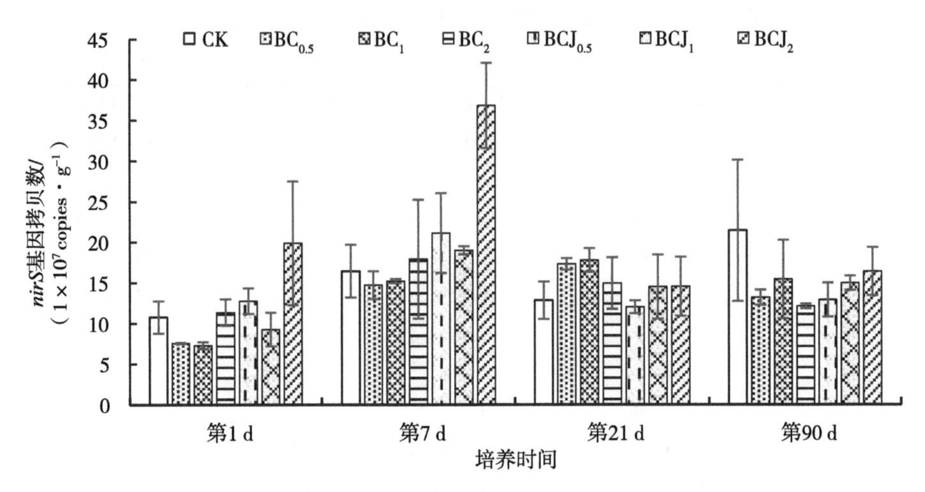

图 4-7　固定假单胞菌前后土壤中 *nirS* 基因丰度变化

幅度大，前期（第 7 d）和末期（第 90 d）高量添加增幅大。高量添加固定假单胞菌生物炭（BCJ_2）处理培养前期（第 1～7 d）显著增加土壤 *nirS* 拷贝数，与 CK 相比，BCJ_2 土壤 *nirS* 拷贝数在第 1 d、第 7 d 分别增加 0. 84、1. 24 倍。后期（第 21～90 d）没有显著作用。可见亚硝酸盐还原酶对固定脱氮副球菌生物炭和固定假单胞菌生物炭输入的响应不同。

表 4-8　固定微生物前后土壤中 *nirS* 基因丰度变化

单位：1×10^7 copies・g^{-1}

处理	第 1 d	第 7 d	第 21 d	第 90 d
CK	10. 78±1. 99b	16. 43±3. 25b	12. 82±2. 31a	21. 40±8. 68b
$BC_{0.5}$	7. 58±0. 07b	14. 71±1. 71b	17. 29±0. 72a	13. 19±0. 93bc
BC_1	7. 29±0. 45b	15. 22±0. 24b	17. 76±1. 46a	15. 42±4. 80bc
BC_2	11. 37±1. 64ab	17. 92±7. 32b	14. 92±3. 16a	12. 13±0. 27c
$BCT_{0.5}$	13. 78±1. 30ab	18. 19±3. 46b	23. 53±15. 25a	15. 89±3. 23bc
BCT_1	22. 20±12. 77ab	22. 09±8. 46ab	36. 80±8. 37a	15. 97±2. 55bc
BCT_2	12. 51±2. 37ab	51. 48±6. 46a	12. 62±0. 19a	29. 03±0. 75a
$BCJ_{0.5}$	12. 76±1. 56ab	21. 11±4. 91b	12. 02±0. 79a	12. 89±2. 09c
BCJ_1	9. 26±2. 10b	18. 98±0. 50ab	14. 50±3. 94a	14. 94±0. 88bc
BCJ_2	19. 88±7. 63a	36. 79±5. 24ab	14. 53±3. 60a	16. 37±2. 95bc

注：同列不同小写字母表示不同处理间差异显著（$P<0.05$）。

添加固定微生物生物炭显著增加土壤 *nirK* 基因拷贝数（图 4-8、图 4-9、表 4-9），且随生物炭添加量的增加而增加。与 CK 相比，$BCT_{0.5}$、BCT_1、BCT_2 整个培养期间平均增加了 0.42 倍、0.51 倍、0.67 倍，$BCJ_{0.5}$、BCJ_1、BCJ_2 平均增加 0.38 倍、0.51 倍、0.75 倍。固定脱氮副球菌生物炭在添加初期，土壤中 *nirK* 基因拷贝数增加幅度较大，固定假单胞菌生物炭在第 1~7 d 增加的幅度较大。

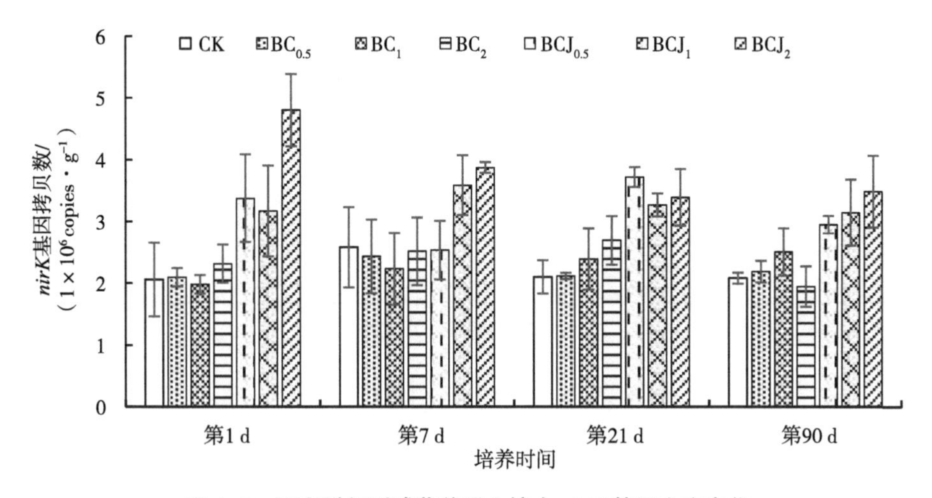

图 4-8 固定脱氮副球菌前后土壤中 *nirK* 基因丰度变化

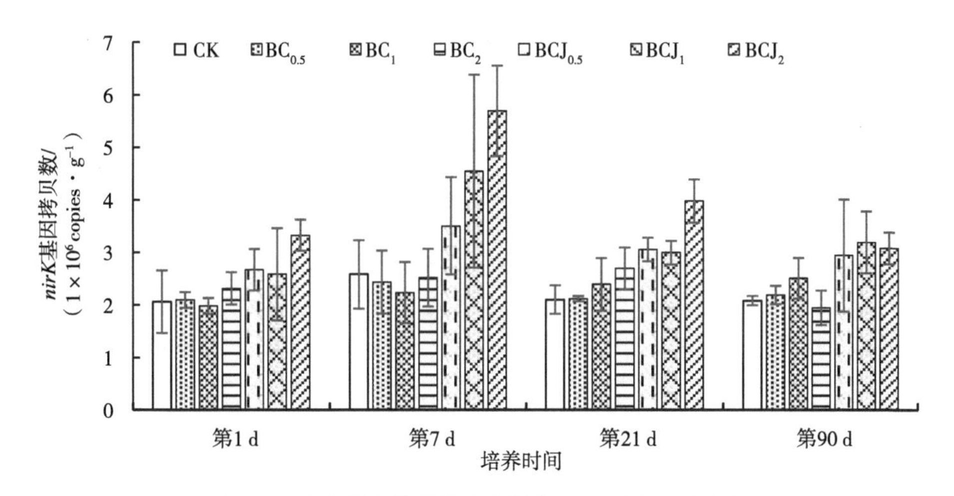

图 4-9 固定假单胞菌前后土壤中 *nirK* 基因丰度变化

表 4-9　固定微生物前后土壤中 *nirK* 基因丰度变化

单位：1×10^6 copies · g^{-1}

处理	第 1 d	第 7 d	第 21 d	第 90 d
CK	2.06±0.59d	2.58±0.65b	2.10±0.27f	2.08±0.09de
$BC_{0.5}$	2.10±0.15d	2.43±0.60b	2.12±0.05f	2.19±0.17cde
BC_1	1.98±0.15d	2.23±0.58b	2.39±0.50ef	2.51±0.38bcde
BC_2	2.32±0.31cd	2.52±0.55b	2.69±0.39de	1.95±0.33e
$BCT_{0.5}$	3.38±0.71b	2.54±0.48b	3.72±0.16ab	2.95±0.14abcd
BCT_1	3.17±0.74bc	3.59±0.48ab	3.27±0.19bcd	3.15±0.64ab
BCT_2	4.80±0.59a	4.87±0.09ab	3.39±0.46bc	3.49±0.58a
$BCJ_{0.5}$	2.67±0.39bcd	3.51±0.93ab	3.05±0.23cd	2.94±1.07abcd
BCJ_1	2.58±0.88bcd	4.55±1.84a	3.00±0.23cd	3.20±0.59ab
BCJ_2	3.33±0.30b	5.69±0.86a	3.98±0.41a	3.08±0.30abc

注：同列不同小写字母表示不同处理间差异显著（$P<0.05$）。

中低量添加固定微生物生物炭处理（$BCT_{0.5}$、BCT_1、$BCJ_{0.5}$、BCJ_1）对 *AOA-amoA*、*AOB-amoA* 基因丰度及 *nirS*、*nirK* 基因丰度的影响效果均低于高量处理（BCT_2、BCJ_2），即高量添加固定微生物生物炭对氮转化关键基因丰度的影响更为显著。同时综合不同培养时间段土壤 NH_4^+-N、NO_3^--N 及关键理化性质的变化显示，处理间变化明显的是前期。综合以上研究及可行性，采取高量添加处理，重点在第 1 d、第 7 d、第 90 d 监测土壤氮转化关键微生物对固定微生物生物炭输入的响应特征。

2.5　固定微生物生物炭对土壤氨氧化细菌多样性的影响

不同处理 AOB 的 Shannon 指数、Ace 指数和 Chao1 指数随培养时间的推进逐渐下降。培养初期（第 1 d），添加固定微生物生物炭降低 Shannon 指数，与 CK 相比，BCT_2、BCJ_2 Shannon 指数分别下降 1.03%、2.41%，其中 BCJ_2 显著下降。培养前 7 d 添加固定微生物生物炭较单施生物炭显著提高 Shannon 指数，而到培养末期（第 90 d），添加固定微生物生物炭处理土壤 AOB 的 Shannon 指数较 CK 显著降低，但与 BC_2 差异不显著。添加固定微生物生物炭对土壤 AOB 的 Ace 指数和 Chao1 指数没有显著影响（表 4-10）。

表 4-10　不同处理氨氧化细菌（AOB）多样性指数

处理	培养时间	Shannon 指数	Ace 指数	Chao1 指数
CK	第 1 d	2. 91±0. 02a	64. 83±0. 81a	68. 20±4. 52a
BC_2	第 1 d	2. 87±0. 21ab	68. 47±3. 01a	69. 42±2. 95a
BCT_2	第 1 d	2. 88±0. 16ab	65. 23±2. 36a	66. 50±2. 75a
BCJ_2	第 1 d	2. 84±0. 02b	64. 36±1. 45a	64. 33±2. 03a
CK	第 7 d	2. 76±0. 02ab	67. 56±1. 06a	66. 73±0. 64a
BC_2	第 7 d	2. 73±0. 02b	65. 24±3. 44a	65. 69±4. 37a
BCT_2	第 7 d	2. 8±0. 02a	66. 60±0. 01a	65. 96±0. 50a
BCJ_2	第 7 d	2. 82±0. 01a	76. 03±0. 14a	66. 25±0. 25a
CK	第 90 d	2. 80±0. 00a	62. 93±3. 20a	63. 08±2. 59a
BC_2	第 90 d	2. 62±0. 012b	65. 00±3. 87a	65. 07±4. 10a
BCT_2	第 90 d	2. 78±0. 01ab	65. 33±1. 18a	64. 24±0. 95a
BCJ_2	第 90 d	2. 65±0. 01ab	60. 46±2. 47a	61. 57±3. 27a

注：同列不同小写字母表示不同处理间差异显著（$P<0.05$）。

2.6　固定微生物生物炭对 AOB 群落组成的影响

由图 4-10 可知，不同处理属水平下氨氧化细菌（AOB）群落中亚硝化螺菌属（*Nitrosospira*）比例在 56%以上，是在氨氧化过程起主要作用的菌群。其次是 *unclassified_f_Nitrosomonadaceae*，比例在 13%以上。添加生物炭或固定微生物生物炭显著引起 AOB 群落组成变化，其中亚硝化单胞菌属（*Nitrosomonas*）比例下降，*unclassified_f_Nitrosomonadaceae* 菌属比例增加。与 CK 相比，添加初期（第 1 d）BC_2、BCT_2 和 BCJ_2 亚硝化单胞菌群（*Nitrosomonas*）的比例分别下降 1. 8 个、4. 3 个和 5. 9 个百分点，*unclassified_f_Nitrosomonadaceae* 比例分别增加 5. 5 个、2. 6 个和 5. 3 个百分点。第 7 d，亚硝化单胞菌属（*Nitrosomonas*）比例分别下降 6. 0 个、5. 9 个和 8. 5 个百分点，BCT_2 和 BCJ_2 中 *unclassified_o_Nitrosomonadales* 比例相对于 CK 分别提高 1. 3 个和 3. 4 个百分点。培养后期（第 90 d），亚硝化单胞菌属（*Nitrosomonas*）比例分别下降 4. 0 个和 5. 3 个百分点，*unclassified_f_Nitrosomonadaceae* 比例分别提高 4. 4 个、2. 1 个和 7. 2 个百分点。固定微生物生物炭处理引起亚硝化单胞菌属（*Nitrosomonas*）和 *unclassified_f_Nitrosomonadaceae* 菌群变化作用显著大于单添加生物炭处理，BCJ_2引起的这一变化显著大于 BCT_2。

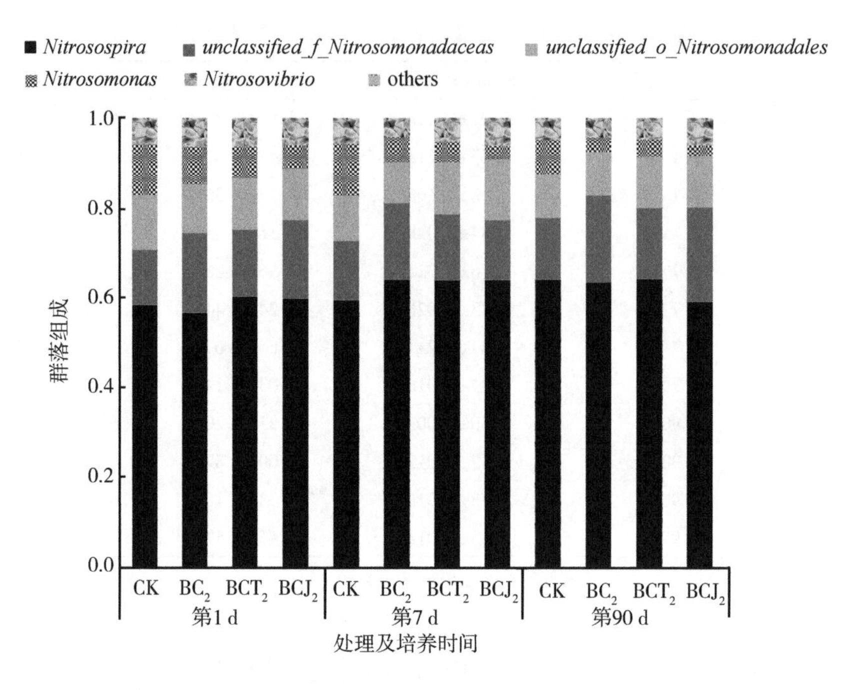

图 4-10　不同处理属水平下 AOB 群落组成

2.7　固定微生物生物炭对土壤亚硝酸盐还原微生物多样性的影响

添加固定微生物生物炭在第 1 d 增加 *nirS* 型反硝化菌 Shannon 指数（表 4-11），与 CK 相比，BCT_2、BCJ_2 Shannon 指数分别增加 1.9%、3.2%，显著高于 CK，但 BCT_2、BCJ_2 之间不存在显著性差异。相比 CK，BCT_2 Ace 指数和 Chao1 指数均增加，分别增加 2.4%和 6.2%。到第 7 d，固定微生物生物炭处理显著提高 *nirS* 型反硝化菌 Shannon 指数，与 CK 相比，BCT_2、BCJ_2 Shannon 指数分别增加 1.6%、0.6%，BCT_2、BCJ_2 之间无显著性差异。不同处理对 *nirS* 型反硝化菌 Ace 指数、Chao1 指数没有显著影响。

表 4-11　不同处理 *nirS* 型反硝化细菌多样性指数

处理	培养时间	Shannon 指数	Ace 指数	Chao1 指数
CK	第 1 d	4.73±0.2c	963.31±35.04ab	939.16±23.88ab
BC_2	第 1 d	5.10±0.01a	822.04±14.37b	826.25±10.67d

（续表）

处理	培养时间	Shannon 指数	Ace 指数	Chao1 指数
BCT_2	第 1 d	4.82±0.01b	986.26±12.03a	997.33±9.18a
BCJ_2	第 1 d	4.88±0.01ab	939.71±25.45ab	946.25±15.50ab
CK	第 7 d	4.98±0.06ab	914.80±47.22a	899.70±48.32a
BC_2	第 7 d	4.82±0.11b	997.42±52.33a	915.96±73.74a
BCT_2	第 7 d	5.06±0.03a	838.75±82.72a	823.91±78.76a
BCJ_2	第 7 d	5.01±0.01ab	843.89±11.79a	855.78±4.09a
CK	第 90 d	4.68±0.01a	860.42±98.87a	808.08±50.86a
BC_2	第 90 d	4.81±0.01a	808.70±83.60a	810.48±84.26a
BCT_2	第 90 d	4.76±0.03a	862.86±2.02a	831.74±5.13a
BCJ_2	第 90 d	4.85±0.07a	923.62±45.12a	907.95±42.60a

注：同列不同小写字母表示不同处理间差异显著（$P<0.05$）。

由表 4-12 可知，添加固定微生物生物炭显著改变 *nirK* 型反硝化菌多样性指数。第 1 d 时 BCT_2、BCJ_2 Shannon 指数较 CK 分别下降 8.3%、7.3%，Ace 指数分别下降 14.9%、17.2%。到第 7 d，BCT_2、BCJ_2 Shannon 指数较 CK 分别增加 7.6%、8.1%，Ace 指数分别增加 14.9%、24.0%，Chao1 指数分别增加 21.8%、38.5%。BCT_2、BCJ_2 之间多样性指数（Shannon 指数、Ace 指数、Chao1 指数）均没有显著性差异。培养后期（第 90 d），BCT_2 显著增加 Ace 指数和 Chao1 指数，与 CK 相比，分别增加 25.3%和 76.3%。

表 4-12　不同处理 *nirK* 型反硝化细菌多样性指数

处理	培养时间	Shannon 指数	Ace 指数	Chao1 指数
CK	第 1 d	3.97±0.03a	343.96±14.94a	329.51±14.94a
BC_2	第 1 d	3.83±0.00ab	311.70±12.46b	317.78±12.46a
BCT_2	第 1 d	3.64±0.10b	292.55±2.64b	294.69±2.63a
BCJ_2	第 1 d	3.68±0.01b	284.80±8.50b	293.64±8.5a
CK	第 7 d	3.82±0.01b	285.05±6.87bc	265.07±1.05b
BC_2	第 7 d	3.63±0.34c	254.96±4.40c	254.36±2.32b
BCT_2	第 7 d	4.11±0.01a	327.44±21.33ab	322.67±21.27a
BCJ_2	第 7 d	4.13±0.34a	353.40±15.41a	367.09±1.07a

（续表）

处理	培养时间	Shannon 指数	Ace 指数	Chao1 指数
CK	第 90 d	3. 83±0. 09a	274. 18±1. 75bc	183. 42±0. 11b
BC_2	第 90 d	3. 79±0. 45a	284. 63±0. 93b	180. 56±8. 10b
BCT_2	第 90 d	3. 96±0. 01a	343. 57±2. 52a	323. 46±9. 60a
BCJ_2	第 90 d	3. 82±0. 07a	261. 97±6. 61c	255. 01±7. 06b

注：同列不同小写字母表示不同处理间差异显著（$P<0.05$）。

2. 8　固定微生物生物炭对土壤亚硝酸盐还原微生物群落组成的影响

由图 4-11 可以发现，*nirS* 型反硝化微生物群落主要以 *unclassified_p_Proteobacteria*、*unclassified_c_Betaproteobacteria* 和 *unclassified_c_Alphaproteobacteria* 为主，三者占比为 66. 1%～93. 4%。其中，*unclassified_p_Proteobacteria* 的比例最大，在 66. 9%以上。其次是固氮弧菌属（*Azoarcus*）、罗思河小杆菌属（*Rhodanobacter*）、芳香菌属（*Aromatoleum*）、*unclassified_f_Rhodocyclaceae*、*unclassified_f_Rhodospirillaceae*。培养初期（第 1 d），添加固定微生物

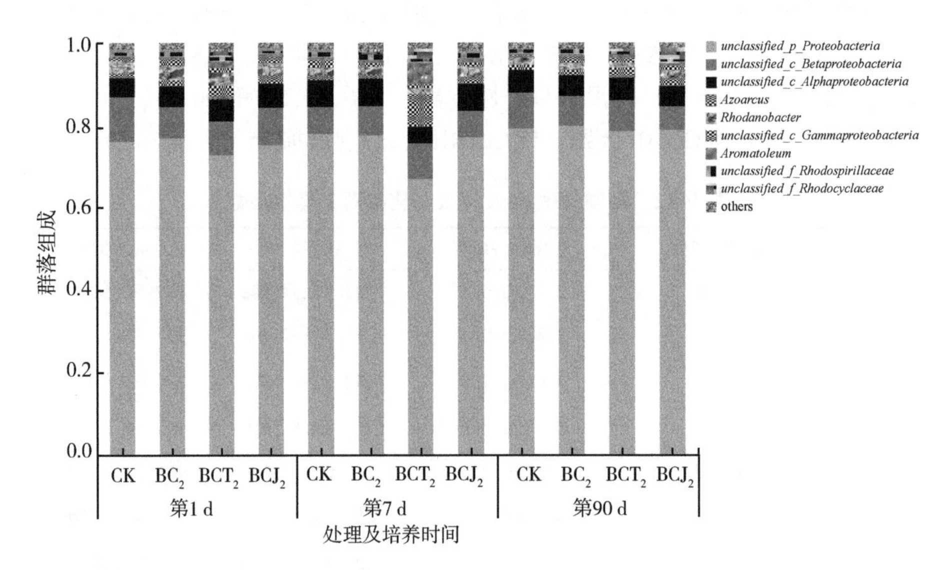

图 4-11　不同处理属水平下 *nirS* 型反硝化微生物群落组成

生物炭处理显著增加固氮弧菌属（*Azoarcus*）比例，降低 *unclassified_c_Betaproteobacteria* 比例，与 *CK* 相比，BCT_2 和 BCJ_2 *Azoarcus* 比例分别增加 3.3 个和 2.1 个百分点，*unclassified_c_Betaproteobacteria* 比例分别下降 2.6 个、1.7 个百分点。到第 7 d，BCT_2 引起的菌群结构变化剧烈，与 CK 相比，固氮弧菌属（*Azoarcus*）和芳香菌属（*Aromatoleum*）比例分别增加 6.2 倍和 7.7 倍，*unclassified_p_Proteobacteria* 下降 14.1 个百分点。培养后期（第 90 d），BCT_2、BCJ_2 *unclassified_c_Betaproteobacteria* 比例较 CK 分别下降 13.8 个、40.2 个百分点。

对图 4-12 分析可知，*nirK* 型反硝化微生物群落组成中根瘤菌属（*Rhizobium*）较为丰富，比例最高，为 29.1%~47.5%，其次为 *unclassified_o_Rhizobiales* 和 *unclassified_f_Bradyhizobiaceae*，两者共占 17.8%~28.2%。初期（第 1 d）添加固定微生物生物炭增加根瘤菌属（*Rhizobium*）和剑菌属（*Ensifer*）比例，降低 *unclassified_o_Rhizobiales* 和波西菌属（*Bosea*）比例，与 CK 相比，BCT_2、BCJ_2 根瘤菌属（*Rhizobium*）比例分别增加 7.0 个、15.0 个百分点，剑菌属（*Ensifer*）比例分别增加 1.9 个、3.7 个百分点，*unclassified_o_Rhizobiales* 比例分别降低 6.2 个、6.1 个百分点，波西菌属（*Bosea*）比例分别下降 9.2 个、6.7 个百分点。经过 7 d 以后，固定微生物生物炭处理显著降低瘤菌属（*Rhizobium*）和 *unclassified_f_Phyllobacteruaceae*

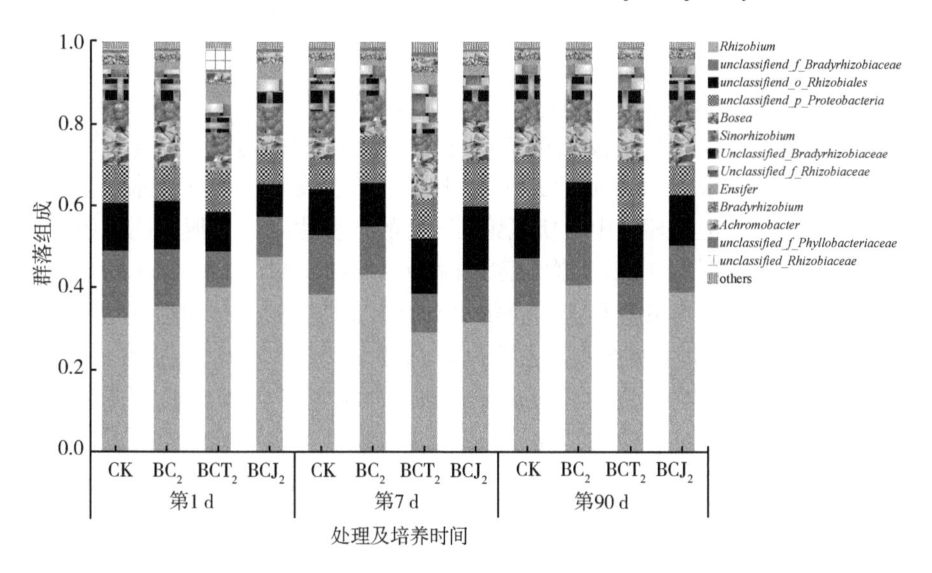

图 4-12　不同处理属水平下 *nirK* 型反硝化微生物群落组成

在群落中的比例。与 CK 相比，BCJ_2 瘤菌属（*Rhizobium*）和 *unclassified_f_Bradyhizobiaceae* 比例分别下降 5.1 个和 1.7 个百分点，*unclassified_o_Rhizobiales* 和波西菌属（*Bosea*）比例分别增加 2.4 个和 3.2 个百分点。培养末期（第 90 d），BCT_2 *unclassified_f_ Bradyhizobiaceae* 和中华根瘤菌属（*Sinorhizobium*）比例分别较 CK 降低 1.1 个和 1.8 个百分点，*unclassified_p_Proteobacteria* 和 *unclassified_f_Rhizobiaceae* 比例分别增加 3.0 个和 2.9 个百分点。BCJ_2 *unclassified_p_Proteobacteria* 比例较 CK 下降 5.4 个百分点，波西菌属（*Bosea*）比例增加 3.5 个百分点。

2.9 固定微生物生物炭土壤氮循环关键微生物互作机制的探讨

2.9.1 固定微生物前后生物炭对氨氧化菌丰度及多样性的影响

不同处理会影响硝化细菌的种群规模，本试验中每克干土中 *AOA-amoA* 基因拷贝数范围是 $3.12\times10^8 \sim 9.57\times10^8$，*AOB-amoA* 基因拷贝数范围是 $2.30\times10^8 \sim 2.63\times10^9$，两者拷贝数范围没有显著性差异，可以认为在本试验中氨氧化古菌（AOA）和氨氧化细菌（AOB）具有同样重要的功能（Yin et al.，2017）。生物炭的添加对土壤 *AOA-amoA* 拷贝数没有显著影响，这和 Tao 等（2017）的研究结果一致。说明本试验中影响氨氧化古菌变化的可能因素是尿素的施加和培养时间。*AOB-amoA* 拷贝数在第 1 d、第 7 d、第 21 d、第 90 d 4 个时间点均存在显著性差异，说明氨氧化细菌对不同处理更敏感。和 Reeve 等（2016）的结果一致，氮肥的施加能增加 *AOB-amoA* 基因的丰度，在本试验中发现第 7 d 时的丰度达到最大值，这是因为 AOB 更喜欢高氮的土壤（Di et al.，2010），尿素施入土壤后 1~7 d 会水解生成大量无机氮存在于土壤环境中，所以第 7 d 时的丰度达到最大值。固定脱氮副球菌生物炭，特别是 0.5%生物炭固定时 *AOA-amoA* 和 *AOB-amoA* 拷贝数均有明显减小，结合拷贝数与土壤理化性质的相关性分析，认为造成这一现象的原因可能是 0.5%生物炭吸附脱氮副球菌相对 1%和 2%的生物炭添加量，存在更多游离的细菌。结合第三章土壤理化性质的变化以及表 4-2 分析可知，这一部分细菌可能造成了 pH 值以及含盐量等诸多环境因子的变化，从而影响了土壤中 *AOA-amoA* 的丰度（阳雯娜等，2018）。通过对基因拷贝数变化与土壤理化性质的分析可知，*AOB-amoA* 拷贝数与土壤 EC 值呈正相关关系，与 NH_4^+-N、NO_3^--N 呈显著负相关关系。虽然 *AOB-amoA* 未受到 pH 值的显著影响，但 pH 值对 NH_4^+-N、NO_3^--N 影响显著，说明 *AOB-amoA* 拷贝数的降低可能是由于脱氮副球菌引起pH值降低进而抑制 NH_4^+-N 的硝化过程，间接影响 *AOB-amoA* 的丰度（Shi et al.，2019）。BCT_2 和 BCJ_2 中 *AOB-amoA* 拷贝数在第 7 d 均达到最大值，说明固定微生物生物炭的量越大越能促进 AOB 的生长，进而促进氨氧化过程。和生物炭相比，固定微生物生物炭可以提高 AOB 多样性，主要表现在第 7 d 时。长期来看，生物炭和固定微生物生物炭的添加均会降低 AOB 多样性，但是对其丰度没有显著影响。

2.9.2　固定微生物前后生物炭对反硝化细菌丰度及多样性的影响

每克干土中 *nirS* 基因拷贝数范围是 $7.29\times10^7 \sim 4.19\times10^8$，*nirK* 基因拷贝数范围是 $1.95\times10^6 \sim 5.06\times10^6$，可以看出所有处理中 *nirS* 基因的丰度显著高于 *nirK* 基因，这与森林土壤（Wallenstein & Vilgalys，2005）、大豆-玉米轮作土壤（Yin et al.，2015）的结果一致。说明本试验中是由携带 *nirS* 硝酸盐还原酶基因的细菌在反硝化过程中起主要作用。不同梯度生物炭的添加对 *nirS* 和 *nirK* 基因拷贝数的影响不显著，这可能是因为生物炭的添加量较少，刘杏认等（2018）研究发现，生物炭的施加量大于5%时才有可能对 *nirS* 和 *nirK* 基因拷贝数造成影响。固定微生物生物炭相对于生物炭可以增加 *nirS* 和 *nirK* 基因拷贝数，这和 Sun 等（2021）的研究结果类似，说明固定细菌生物炭的添加可能会为硝化细菌的繁殖创造有利条件，增加硝化细菌的数量和 N_2O 的排放（Ji et al.，2020），并且随着生物炭量的增加效果越明显。

从 *nirS* 反硝化细菌的 Shannon 指数、Ace 指数、Chao1 指数可以看出，整个培养过程中 CK 物种多样性及丰富度均降低，这可能是长期施用无机肥料导致的（Yin et al.，2014）。而添加固定微生物生物炭后，土壤中物种丰富度和多样性增加。第 7 d 时，固定微生物生物炭处理下细菌 Shannon 指数明显高于 CK，但是 Ace 指数和 Chao1 指数明显降低，这说明在氮转化快速期细菌的数目减少，但是参与氮转化过程的细菌种类可能增加，造成均匀度的增加。同一时间下不同处理中 *nirK* 基因拷贝数有显著性差异，且整个培养过程其丰度表现为2%生物炭吸附细菌>2%生物炭，但是多样性对于这一规律的表现主要集中在第 7 d，这说明固定微生物生物炭的添加可以提高物种丰富度，但对 *nirK* 基因物种多样性的影响主要取决于土壤氮素的形态与含量，所以携带 *nirK* 基因的反硝化细菌可能是造成不同处理间氮素含量差异的主要原因。

2.9.3　固定微生物前后生物炭对氮转化关键微生物群落的影响

所有处理中对氨氧化过程起主要作用的是氨氧化细菌中的亚硝化螺菌属（*Nitrosospira*），这和 Zhang 等（2019）的研究结果一致。相对于单独施加生物炭处理，第 7 d 时固定微生物生物炭增加了亚硝化螺菌属（*Nitrosospira*）的丰度，虽然固定微生物生物炭降低了亚硝化单胞菌属（*Nitrosomonas*）的丰度，但亚硝化螺菌属（*Nitrosospira*）是亚硝化过程中起主要作用的菌属（Daebeler et al.，2014），这意味着 2%添加量的生物炭均会促进亚硝化作用，与是否固定微生物无关。第 90 d 时 BCJ_2 中亚硝化螺菌属（*Nitrosospira*）减少，说明从整个培养过程来看，固定假单胞菌生物炭可以减缓硝化过程的进行。

本试验中，所有的 *nirS* 反硝化细菌均属于变形菌门，这和 Hou 等（2018）的研究结果一致。对同一培养时间下不同处理中的各菌属进行差异性分析得出，第 1 d 时不同处理中的菌属不存在显著性差异，第 7 d 时各处理中的芳香菌属（*Aromatoleum*）存在显著性差异，并且 BCT_2 中的该菌属显著多于其他处理，说明脱氮副球菌的添加可以刺激土壤中芳香菌属（*Aromatoleum*）的生长。虽然芳香菌属（*Aromatoleum*）在本试验中可能对氮素转化有着特殊意义，但是至今对该菌属的研究仅停留在对芳香化合物的去除上（Rabus et al.，2014），并没有研究说明其在氮转化上的作用。固氮弧菌属（*Azoarcus*）和芳香菌属（*Aromatoleum*）均属于红环菌科（Rhodocyclaceae），红环菌科（Rhodocyclaceae）细菌耐高盐，能在此环境下降低硝酸盐。本试验中第 7 d 时 BCT_2 处理中土壤 EC 值显然高于其他处理，这可能是红环菌科（Rhodocyclaceae）细菌占比较高的原因。同时，Osaka 等（2006）认为碳源的不同会对细菌的生长产生影响，添加的脱氮副球菌可能会代谢产生某些适合红环菌科（Rhodocyclaceae）生长的化合物，从而促进其丰度的升高。试验发现，细菌的添加会在氮素转化快速期抑制或减少了根瘤菌属（*Rhizobium*）的生长，但增加了属于慢生根瘤菌科的波西菌属（*Bosea*）的相对丰度。

第三节　载氮生物炭输入对土壤微生物的影响

土壤微生物在土壤有机质分解、养分转化和生态系统功能等方面起到重要作用，其多样性可以用来表征生物炭对土壤环境质量所产生的影响。本节采用 DGGE-cloning 技术，研究从土壤中获取的微生物 DNA，观测添加载氮生物炭处理与未添加生物炭处理中土壤细菌群落多样性的变化，以期揭示土壤微生物对其输入的响应特征，为载氮生物炭能否作为氮肥施用到田间提供理论依据。

3.1　试验材料

3.1.1　生物炭选择

参照第三章第一节 1.1 制备的载氮生物炭。

3.1.2　供试土壤

选择第三章第一节 2.2 淋溶试验土壤。

3.2　载氮生物炭对 DGGE 指纹图谱的影响

本试验提取不同处理的土壤样品总 DNA 进行 PCR 扩增，对其 16S rDNA 产物进行 DGGE 分析，指纹图谱（图 4-13）分析表明，施加载氮生物炭和对照施加氮肥处理的 DGGE 指纹图谱相似性比较高，大多为共有条带，说明代表这些条带的土壤微生物群落比较稳定，不会因为生物炭的添加而发生变化。施加 1%生物炭的 C1 泳道出现了差异条带 2，0.7%生物炭的 C2 泳道出现差异

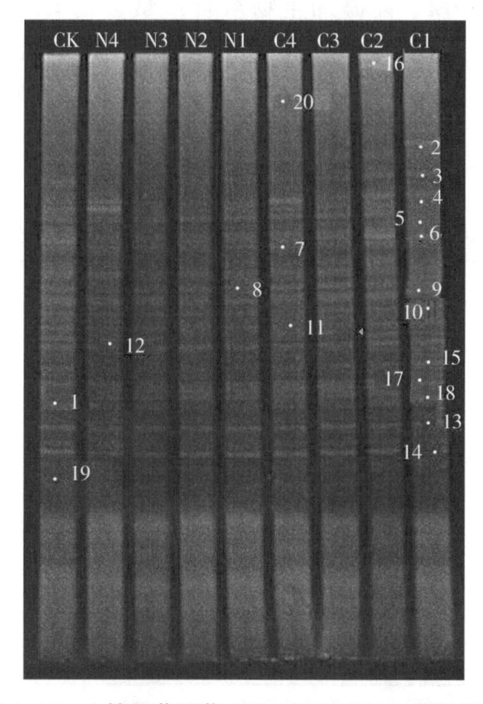

图 4-13　土壤细菌群落 16S rDNA DGGE 指纹图谱

条带 16，0.2%生物炭的 C4 泳道出现差异条带 20，条带 4 在处理 N1、N2、N3 泳道上缺失，这些个别条带的差异使土壤微生物群落结构发生变化。

3.3 载氮生物炭对土壤细菌遗传多样性的影响

土壤细菌群落的 DGGE 指纹图谱可以客观、直接地反映各泳道的条带数和迁移情况，利用 Quantity One 对施生物炭和不施生物炭处理的图谱中条带的位置和亮度进行数字化分析，得到土壤细菌基因的条带数，香农-维纳指数（H）和均匀度指数（E）（Gafan et al.，2005；张镱锂，1998）（表 4-13）。DGGE 分子技术可以区分 DNA 片段大小相同、碱基序列不同的片段，其图谱中所含条带的数量可以反映微生物种群的数量，条带数越多表明微生物种群结构越复杂，条带数越少表明微生物种群结构越单一；条带的明暗程度可以对土壤微生物的丰度进行半定性分析，条带越亮说明细菌数目越多，但条带的明亮程度也与细菌 PCR 产物的浓度有关。施用生物炭的处理 C2、C3、C4，较不施用生物炭的处理 N2、N3、N4，其土壤细菌多样性指数分别降低了 23.0%、19.6%、18.0%，而添加生物炭含量最多的 C1 比 N1 处理增加了 26%，并且施用 1%（C1）和 0.2%（C4）的生物炭比施用 0.4%（C3）和 0.7%（C2）的处理，细菌多样性指数更高；土壤细菌群落的均匀度指数与多样性指数趋势一致，即均匀度指数除了 C1>N1 外，其余均呈下降趋势，说明施用少量生物炭可能降低土壤细菌群落的多样性和均匀度。

表 4-13 土壤细菌 DGGE 指纹图谱多样性指数分析

处理	条带数	香农-维纳指数（H）	均匀度指数（E）
C1	35	3.53±0.32a	0.96±0.02a
C2	23	2.49±0.19b	0.88±0.03c
C3	22	2.70±0.23b	0.95±0.01a
C4	24	3.12±0.16ab	0.93±0.02ab
N1	27	2.61±0.22b	0.93±0.02ab
N2	33	3.24±0.15ab	0.95±0.03a
N3	33	3.36±0.33a	0.96±0.01a
N4	34	3.51±0.27a	0.97±0.02a
CK	32	3.22±0.22ab	0.92±0.01b

注：同列不同小写字母表示不同处理间差异显著（$P<0.05$）。

3.4 载氮生物炭对土壤细菌群落系统发育的影响

根据土壤细菌 DGGE 指纹图谱数字化结果，选择 DGGE 凝胶上的 20 条主要条带进行割胶回收、纯化，连接转化后测序，条带位置如图 4-13 所示。将 20 条条带的测序结果在 NCBI 数据库中进行 Blast 相似性比对分析，选择匹配度高的序列，利用邻接法（Mega）构建系统发育树（图 4-14）。

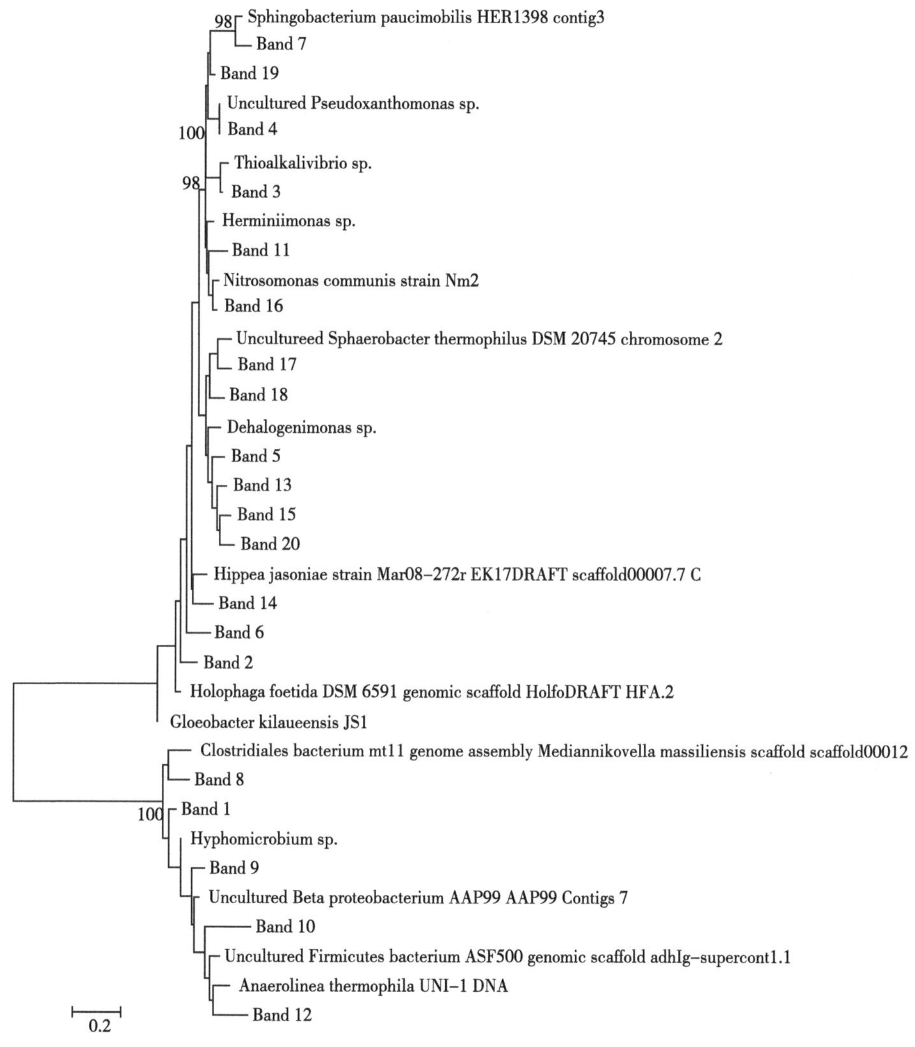

图 4-14 土壤细菌群落系统发育树

条带 1 属于朊细菌门（Protobacteria），条带 7 属于拟杆菌门（Bacteroidetes），条带 19 属于薄壁菌门（Gracilicutes），条带 3、9、11、14、16 属于变形菌门（Proterbacteria），条带 17、18 属于热微菌门（Thermomicrobia），条带 5、13、12、15 属于绿弯菌门（Chloroflexi），条带 8、10 属于厚壁菌门（Firmicutes）。差异性条带 2（*holophaga foetida* DSM 6591）属于酸杆菌门（Acidobacteria）全噬菌属（*Holophaga*），嗜酸菌，在土壤中具有重要的作用，但是目前相关研究较少；条带 4（*Pseudoxanthomonas*）属于薄壁菌门（Gracilicutes）假黄单胞菌属（*Pseudoxanthomonas*），革兰氏阴性细菌，营养型为化能或者光能；条带 16（*Nitrosomonas*）属于酸杆菌门（Acidobacteria）亚硝化单胞菌属（*Nitrosomonas*）；条带 20（*Dehalogenimonas*）属于绿弯菌门（Chloroflexi），具有进行光合作用的能力，但不产生 O_2，类似革兰氏阳性细菌（表 4-14）。优势菌群为绿弯菌门和变形菌门。

表 4-14　DGGE 条带的确认及根据测序结果推测的 DGGE 条带代表的细菌

序号	GenBank 中最匹配菌株	菌类	同一性/%	登录号菌类
2	*Holophaga* foetida DSM 6591	*Acidobacteria*	93	KI912269. 1
4	*UnculturedPseudoxanthomonas* sp.	*Gracilicutes*	100	FJ444726. 1
16	*Nitrosomonas* communis strain Nm2	*Proteobacteria*	99	CP011451. 1
20	*Dehalogenimonas* sp.	*Chloroflexi*	99	CP011392. 1

当前，对生物炭在农业上的应用研究大多集中于其对土壤理化性质的影响，对施加生物炭后土壤微生物的种类、数量和多样性的变化关注较少。土壤微生物依附于土壤而存在，对其所在土壤生态环境的变化比较敏感，其群落组成和结构的改变可以为土壤性质的变化提供科学依据。添加生物炭可以改变土壤有效养分的可利用性，微生物群落结构也会随之发生改变。目前生物炭作为新兴的土壤改良剂广泛应用于农业，它可以改善土壤微环境，改变土壤中微生物的数量和种类，促进有些种类微生物的生长（Khodadad et al.，2011；Rondon et al.，2007）。谢国雄等（2014）认为施用生物炭可以提升设施蔬菜地土壤 B/F（细菌/真菌）的比值；Kolton 等（2011）研究表明，生物炭的添加可以使植物促生菌增多，进而提高植物生物量，增强植物对病、虫害的抵抗性。Ameloot 等（2013）研究发现，添加生物炭可以提高土壤微生物量碳，伴随着微生物群落结构发生变化，革兰氏阳性细菌和阴性细菌的数量均得到提高。

利用PCR-DGGE技术，将土壤微生物16S rDNA V3片段的PCR产物进行分离，得到在凝胶中位置不同的电泳条带。本试验中，9种不同处理所获得的电泳条带数均大于22，说明土壤中细菌的群落比较复杂。从DGGE图谱可以看出，各泳道中，大部分的条带为共有条带，说明这些条带所代表的土壤微生物比较稳定，土壤环境的改变产生的影响较小，但也有部分条带存在缺失或增加，特异性条带说明有特征菌群出现。从条带数和多样性来看，C处理组施用生物炭含量为1%（C1）时，条带数最多为35，含量小于1%时，条带数减少为22~24，且香农-维纳指数降低，C1与C2、C3、C4处理差异显著（$P<0.05$），说明高生物炭含量可以提高某类细菌的生长（Killham & Firestone，1984），Hamer等（2004）研究中也有类似的发现；同时，C1的对照N1处理条带数仅为27，香农-维纳指数降低，有显著性差异（$P<0.05$），说明氮肥含量较高的土壤会降低土壤微生物的多样性，减少微生物群落结构的复杂性，而1%生物炭可以改善因大量施氮肥对土壤微生物所造成的不利影响。生物炭稳定性好，分解速率低，从长远发展来看，生物炭基缓释肥更易于提升土壤肥力和土壤微生物群落的多样性。大量研究发现，不管是人们发现的亚马逊富饶的黑色土壤，或者是经过添加生物炭改良过的普通土壤，各种微生物种群即真菌、古细菌和细菌的多样性都发生了明显变化（Khodadad et al.，2011；O'neill et al.，2009；Taketani & Tsai，2010）。也有研究证明，施加生物炭后，土壤细菌的多样性可以提高1/4（Otsuka et al.，2008），并且这种提高在土壤细菌的科、属、种水平可以体现出来，这与本研究结果相似。Navarret等（2010）持相反观点，他通过对生物炭改良的温带土壤和亚马逊黑土进行研究，发现添加生物炭的土壤中微生物群落多样性降低，该结论在本研究中也得到了体现。

从DGGE指纹图谱可以看出，施加生物炭与不施加生物炭的土壤细菌群落有一定的相似性，仅存在个别条带有亮度差异及4条特异性条带。由差异性条带测序结果可知，这些条带分别属于全噬菌属、假黄单胞菌属、亚硝化单胞菌属、绿弯菌门。说明施加生物炭可以使土壤中全噬菌属（C1泳道）、假黄单胞菌属（C1、C2、C3、C4、N4泳道）、亚硝化单胞菌属（C2）、绿弯菌门（C4泳道）的丰富度增加。全噬菌属（*Holophaga*）和亚硝化单胞菌属（*Nitrosomonas*）属于酸杆菌门（Acidobacteria），是分子生态学最新划分的门类，共分为8个不同的分支，大部分是嗜酸菌，广泛存在于自然界的生态系统中，在土壤中占总细菌类群的5%~45%（Yamada & Sekiguchi，2009），在土壤中具有重要的作用，但是目前相关研究较少；假黄单胞菌属（*Pseudoxanthomonas*）属于薄壁菌门（Gracilicutes），革兰氏阴性细菌，营养型为化能或者光能，包括大多数植物病原细菌，可以造成十字花科植物黑腐病；*Dehalogenimonas* 属于绿弯菌门（Chloroflexi），其在自然界中广泛存在，在有机质富集的地下水生物圈含量丰富，在生态系统中发挥重要的作用（孙大荃等，2011）。这可能与添加生物炭后，土壤微环境得到改变，养分有效性得到提升，以及生物炭自身携带大量碳源有关（Dey et al.，2012；Leinweber et al.，2007）。

生态系统中的很多因素都会对土壤细菌群落的多样性产生影响，例如农作物种类、肥料种类、土壤类型、生产管理方式、气候条件等（Quilliam et al.，2012），这些因素相互作用，共同影响土壤中细菌群落结构的多样性。Quilliam 等（2012）在温带土壤中施加高量、低量的生物炭，3 年后发现，土壤的理化性质和微生物群落的多样性与未施加生物炭的对照未产生显著性差异，但是对 3 年后施用生物炭的土壤重新添加生物炭后，土壤中的有效养分得到显著提高，微生物的数量也产生了显著变化。这表明生物炭对土壤并不会产生长久性的影响，因此，生物炭对土壤微生物多样性的影响还需要长期的田间试验进行验证。

本节采用 DGGE-cloning 技术对施加生物炭后土壤细菌多样性的变化进行了研究，发现施加高量生物炭（1%）可以促进酸杆菌门和薄壁菌门等细菌的增加，土壤细菌的香农-维纳指数和均匀度指数升高 26%，且差异显著；随着生物炭施加量的减少，土壤细菌的香农-维纳指数和均匀度指数降低，土壤细菌的多样性受生物炭施加量的影响。但长期施用生物炭是否会对设施菜地土壤微生物产生潜在的影响，还需要进行长期的研究探索。

第四节　不同原料类型生物炭对模式线虫的影响

近年来，由于生物炭被广泛应用于田间试验，研究方向慢慢由生物炭与土壤之间的相互作用向生物炭与土壤生物之间的相互作用方向发展。虽然现有的研究仍然相对缺乏，但生物炭安全已经得到了许多科学家们的重视，因为土壤动物不仅参与土壤有机质分解、养分矿化，而且在促进植物的生长发育、维持生态系统的食物链平衡方面也占据着极其重要的地位。其中，线虫是土壤中最普通也是很重要的一类土壤生物，是捕食者也是分解者，在土壤中有着不同的生态位，而且对土壤生态功能与微生物一样起到了至关重要的作用。线虫对土壤理化性质的变化也相对其他生物更加敏感，研究生物炭添加对土壤线虫的影响，是现阶段生物炭安全性方面比较重要的研究（李琪等，2007）。但是由于线虫个体微小，从土壤中研究起来比较困难，一般以土壤中的线虫群落为研究对象，运用多种生物多样性指数如线虫多度、丰度、均匀度、优势度、香农-维纳指数等来评定土壤中线虫群落特性与生物量，用结构指数、富集指数、线虫通路比值等观察土壤中线虫群落结构，结合聚类分析、主成分分析等生态学分析方法评估土壤养分状况与安全情况。本节通过暴露试验观察、测定生活在4种不同生物炭中的线虫的生理生化特性，结合线虫的转录组数据，分析线虫对不同原料类型生物炭的响应，并探讨其相应的反应机理。

4.1　试验材料

4.1.1　生物炭选择

选择第一章第一节1.1制备的不同原料类型生物炭。

4.1.2　供试线虫

供试模式线虫是来自南开大学的野生型秀丽隐杆线虫（N2 Bristol），20~25 ℃保存在线虫培养基（NGM）上，供试线虫的食物是大肠杆菌OP50株系。

4.2　线虫培养及表型指标

本试验培养线虫所用到的线虫培养基（NGM）、M9缓冲液、裂解液，作为食物的OP50的LB培养基、LB培养液的配方，线虫同龄化、测定线虫超氧化物歧化酶（SOD）活性、线虫趋向性试验借鉴He（2011a）、He（2011b）、He（2011c）等改进的配方与方法（表4-15、图4-15、图4-16）。

表4-15　趋向性试验设计

处理	时间/h	说明	重复/数量
生物炭 vs 对照； 生物炭+OP50 vs 对照+OP50； 灭菌生物炭 vs 对照； 灭菌生物炭+OP50 vs 对照+OP50	48	食物对线虫趋向性影响	5/~150
生物炭 vs 灭菌生物炭	48	生物炭中微生物对线虫趋向性影响	5/~150
生物炭 vs 石墨	48	性状相似的黑色粉末对线虫趋向性影响	5/~150
生物炭 vs 罩住的生物炭	1	生物炭中挥发性气体对线虫趋向性影响	10/~150

（续表）

处理	时间/h	说明	重复/数量
生物炭 vs 罩住的生物炭	56	体长	10/～10
	56	SOD 活性	15/>1000
	72	后代数量	25/1

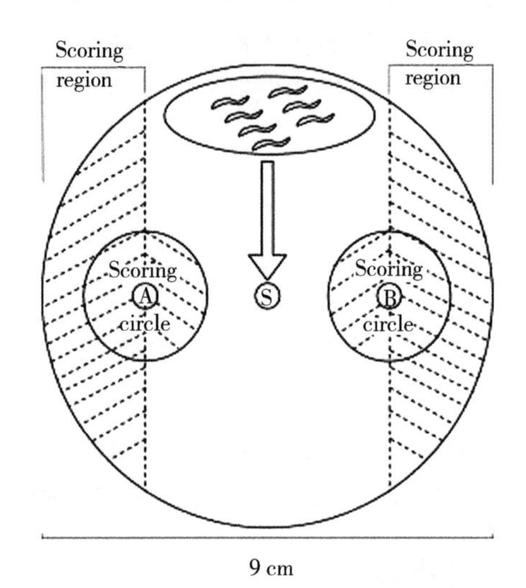

图 4-15 趋向性试验示意图

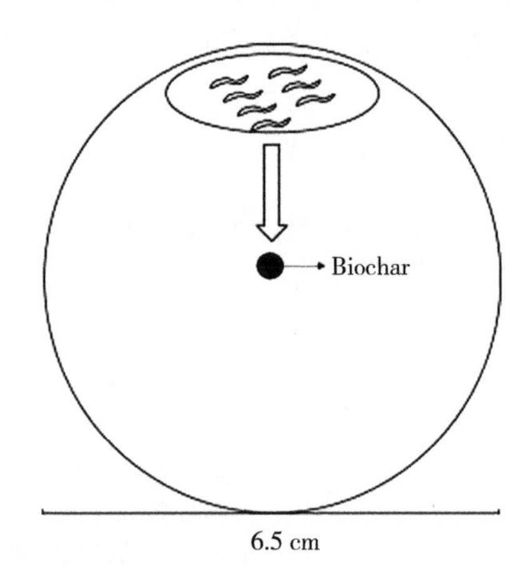

图 4-16 将线虫置于生物炭中培养

趋向性试验、培养线虫和后代数量的测定分别用直径为 100 mm、65 mm、35 mm 的培养皿进行试验。将 4 种生物炭置于 NGM 中央，把做好同龄处理的线虫卵放入生物炭中，培养至幼虫 L4 时期，将线虫从培养皿中洗出，待测。体长则养到成虫第 1 d 待测。体长测定使用温水法杀死线虫后用体视显微镜观察，用 cellSens Dimension 软件测量。

后代数量的测定：将培养在生物炭中的妊娠期线虫挑出 1 条单独培养 72 h，统计除卵外的所有虫态个体数量，即为后代数量。

4.3　不同原料类型生物炭对线虫生长发育的影响

4.3.1　线虫个体水平的响应

通过图 4-17 可以发现，生物炭对线虫体长和后代数量有着明显的负面作用。相对于对照组的平均体长（1 052.00 μm），NBC、CBC、ABC 和 BBC 处理的平均体长分别下降了 8.7%、23.1%、28.0%和 24.4%；而后代数量

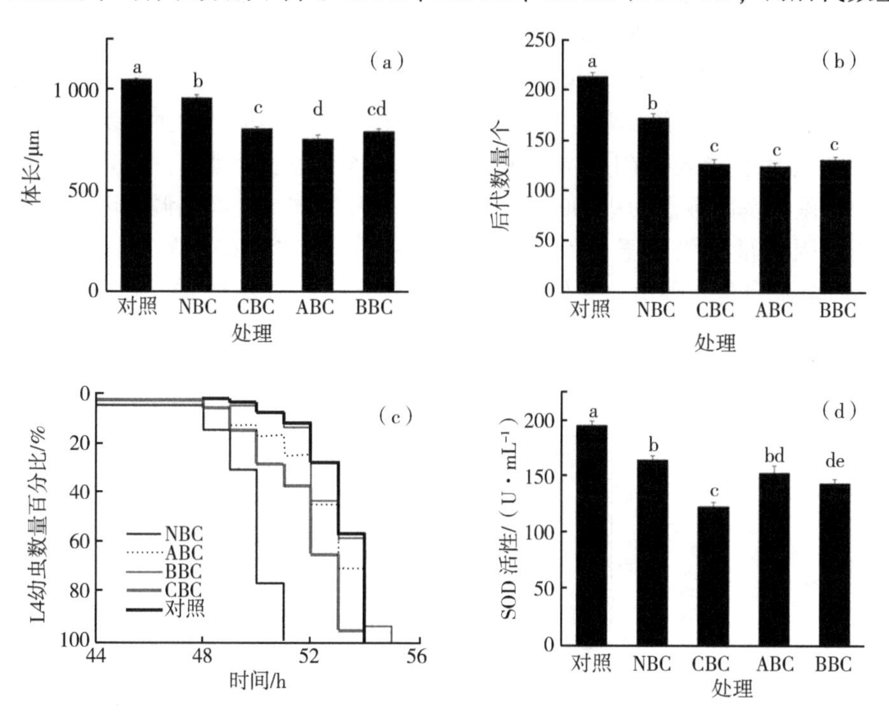

图 4-17　线虫表型指标

注：柱上不同小写字母表示不同处理间差异显著（$P<0.05$）。

受到的抑制作用更大，相比于平均后代为214的对照组，NBC处理的线虫后代数量下降了19.1%，NBC后代数量受到的影响显著小于其他3种生物炭。这种抑制作用表明生物炭并不是线虫的最适宜生存环境。从图4-17c可以发现，生物炭能够加快或减慢线虫的生活史，其中NBC处理中的线虫普遍比对照线虫提前3 h成熟，而其他3种生物炭轻微地延缓了线虫的成熟。

生活在生物炭中线虫的SOD活性可以反映生物炭对线虫的氧化应激毒性，图4-17d结果显示，NBC、CBC、ABC和BBC的SOD活性分别为165.81 U·mL^{-1}、123.93 U·mL^{-1}、154.16 U·mL^{-1}和144.96 U·mL^{-1}，均显著低于对照组（196.5 U·mL^{-1}）。这说明生物炭对线虫的氧化毒性不强，或线虫抗氧化毒性的途径没有用到SOD。

4.3.2 线虫转录组水平的响应

为了研究线虫对生物炭的响应，对生活在4种生物炭和对照组中的线虫进行了转录组学分析，选取的是L4时期的线虫。为了观察其差异基因表达情况，把差异显著（$P<0.05$）、表达倍数绝对值大于1.0的差异基因进行筛选。总体来说，NBC差异基因数量显著小于其他3种生物炭，只有1 649个基因差异表达（1 394个基因上调，255个基因下调），而其他3种生物炭差异基因数量为9 000~10 000，且3种生物炭之间上调基因数量和下调基因数量均没有显著性差异（图4-18a）。在这些差异基因中，有13 657个基因是4种生物炭处理和对照组共有的，NBC有137个差异基因不与其他处理重复，对照组也有277个独立表达的差异基因；ABC、BBC和CBC特有差异基因略多，分别有920个、1 333个和664个（图4-

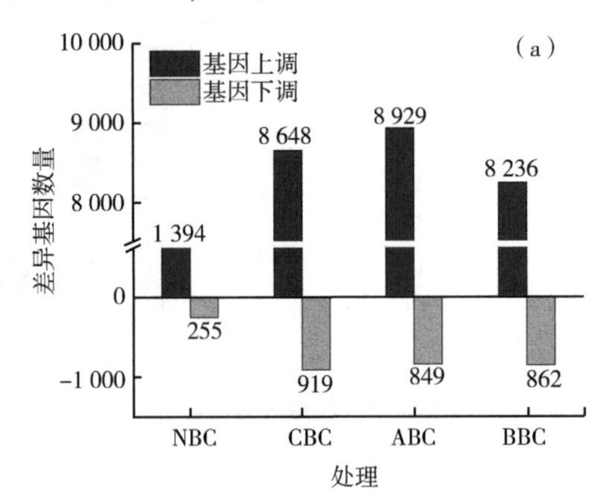

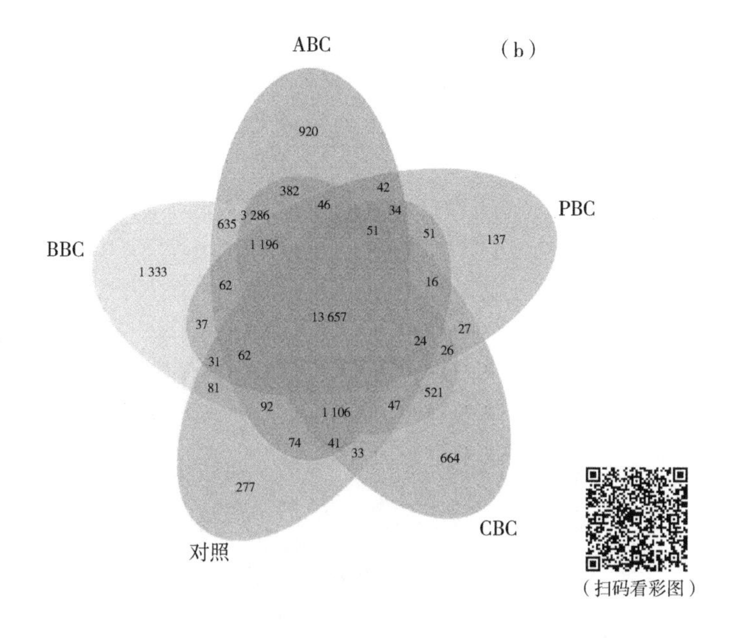

图 4-18　不同原料类型生物炭中线虫差异基因表达情况

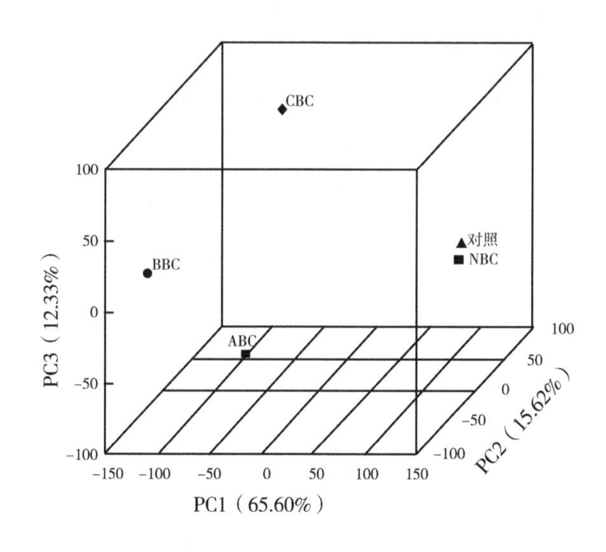

图 4-19　线虫转录组主成分分析

18b)。从主成分分析（图4-19）和聚类分析热图（图4-20）中可以看出，NBC处理线虫的基因表达情况相比较于其他3种生物炭更加接近于对照组；另外3组生物炭处理的线虫与对照组差异较大，其中ABC和BBC基因表达情况更为接近。

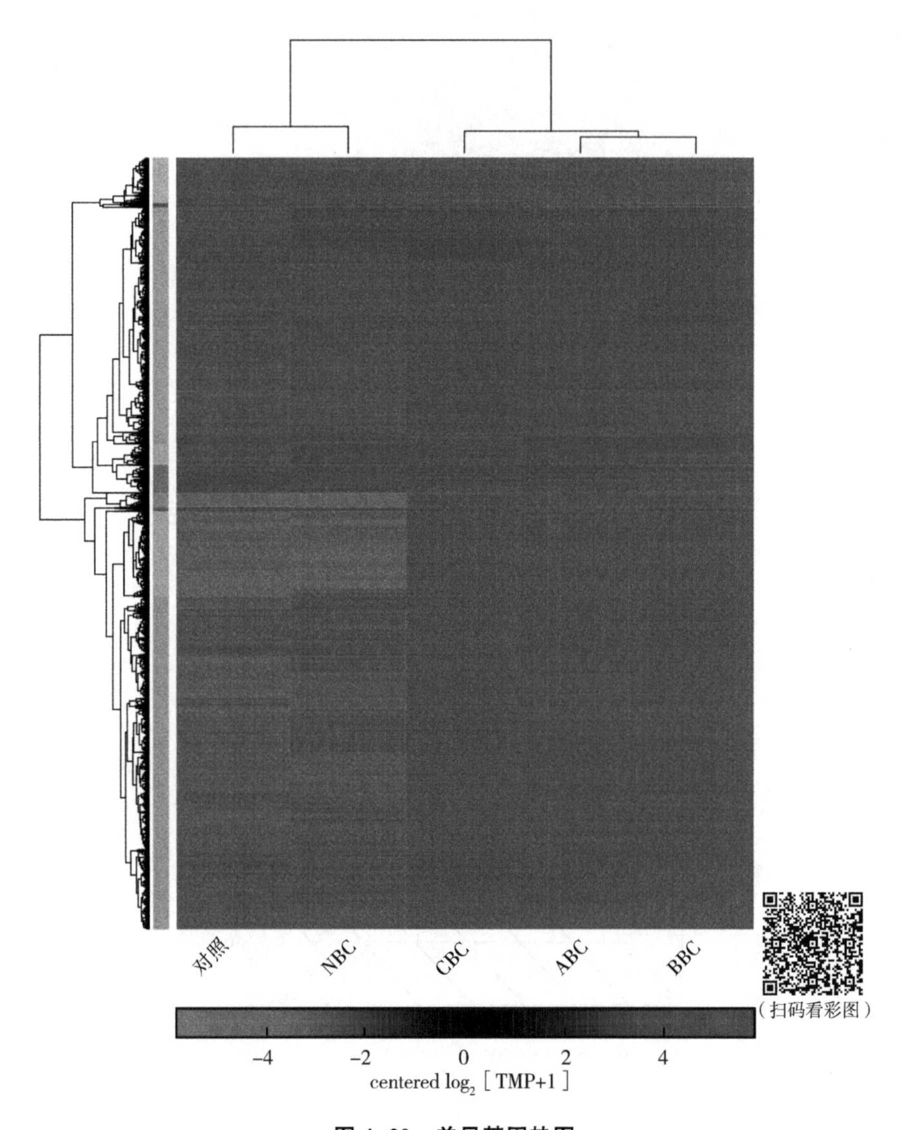

图4-20　差异基因热图

将差异基因进行功能注释，可以得出差异基因影响了很多分子功能、细胞组分和生化过程。ABC、BBC 和 CBC 对线虫的影响基本相同，包括细胞代谢过程、初级代谢、氮素代谢、细胞组分生化合成、有机物的循环代谢等过程；而 NBC 对线虫的影响则倾向于多肽生物合成与代谢、氮素和有机氮化合物的合成与代谢，以及酰胺化合物的合成与代谢（表 4-16、图 4-21）。NBC 对细胞组分的影响主要体现在细胞内的无膜细胞器、原生质、大分子复合体、蛋白复合体等部分，而其他 3 种生物炭对细胞组分的影响主要是细胞内的膜结合细胞器、原生质体等结构。而从分子功能方面入手，生物炭主要影响了线虫生理生化过程多方面的结合位点从而调控各种生理生化过程。例如，ABC 影响了线虫的蛋白、离子、阴离子、RNA、杂环化合物等多个结合位点，对过氧化氢酶、氧化还原酶活性也有一定的影响；BBC 更多地影响了阳离子的结合位点，另外还对脂质的结合有一定的调控，对氧化还原酶活性影响减弱；CBC 除了影响蛋白、酶和有机循环化合物的结合位点外，更多的是直接影响线虫的多种酶活性，如过氧化氢酶、连接酶、氧化还原酶、水解酶和异构酶活性；NBC 则是影响线虫更下游的分子功能，如结构分子的活性、表皮结构组分、核糖体的组成结构与翻译过程（核糖核蛋白复合物、翻译启动因子、核苷激酶等）。

表 4-16　差异基因富集分析

处理			基因本体	富集指数
ABC	BP	GO：0044237	cellular metabolic process	0.462
		GO：0008152	metabolic process	0.568
		GO：0071704	organic substance metabolic process	0.502
		GO：0044238	primary metabolic process	0.480
		GO：0034641	cellular nitrogen compound metabolic process	0.253
		GO：0044763	single-organism cellular process	0.343
		GO：0006807	nitrogen compound metabolic process	0.279
		GO：0071840	cellular component organization or biogenesis	0.201
		GO：1901360	organic cyclic compound metabolic process	0.226
		GO：0046483	heterocycle metabolic process	0.221
	CC	GO：0005622	intracellular	0.650
		GO：0044424	intracellular part	0.631
		GO：0005623	cell	0.719
		GO：0044464	cell part	0.715
		GO：0043229	intracellular organelle	0.517

（续表）

处理			基因本体	富集指数
		GO：0005737	cytoplasm	0. 424
		GO：0043226	organelle	0. 520
		GO：0043227	membrane-bounded organelle	0. 448
		GO：0043231	intracellular membrane-bounded organelle	0. 429
		GO：0044444	cytoplasmic part	0. 287
	MF	GO：0005488	binding	0. 647
		GO：0005515	protein binding	0. 263
		GO：0003824	catalytic activity	0. 478
		GO：0019899	enzyme binding	0. 047
		GO：0043167	ion binding	0. 321
		GO：0003723	RNA binding	0. 070
		GO：0097159	organic cyclic compound binding	0. 350
		GO：0016491	oxidoreductase activity	0. 070
		GO：1901363	heterocyclic compound binding	0. 348
		GO：0043168	anion binding	0. 164
BBC	BP	GO：0008152	metabolic process	0. 630
		GO：0044237	cellular metabolic process	0. 523
		GO：0034641	cellular nitrogen compound metabolic process	0. 303
		GO：0006807	nitrogen compound metabolic process	0. 329
		GO：0044763	single-organism cellular process	0. 395
		GO：0071704	organic substance metabolic process	0. 556
		GO：0071840	cellular component organization or biogenesis	0. 241
		GO：0044238	primary metabolic process	0. 530
		GO：1901360	organic cyclic compound metabolic process	0. 268
		GO：0046483	heterocycle metabolic process	0. 262
	CC	GO：0005622	intracellular	0. 636
		GO：0044424	intracellular part	0. 617
		GO：0005623	cell	0. 712
		GO：0044464	cell part	0. 708
		GO：0043229	intracellular organelle	0. 504

（续表）

处理			基因本体	富集指数
		GO：0005737	cytoplasm	0.411
		GO：0043226	organelle	0.509
		GO：0043227	membrane-bounded organelle	0.440
		GO：0043231	intracellular membrane-bounded organelle	0.421
		GO：0044444	cytoplasmic part	0.281
	MF	GO：0005488	binding	0.646
		GO：0005515	protein binding	0.264
		GO：0019899	enzyme binding	0.048
		GO：0003824	catalytic activity	0.467
		GO：0003723	RNA binding	0.069
		GO：0043167	ion binding	0.319
		GO：0008289	lipid binding	0.022
		GO：0046872	metal ion binding	0.193
		GO：0043169	cation binding	0.194
		GO：0097159	organic cyclic compound binding	0.347
CBC	BP	GO：0008152	metabolic process	0.645
		GO：0044237	cellular metabolic process	0.536
		GO：0071704	organic substance metabolic process	0.569
		GO：0044238	primary metabolic process	0.543
		GO：0006807	nitrogen compound metabolic process	0.334
		GO：0034641	cellular nitrogen compound metabolic process	0.306
		GO：0044763	single-organism cellular process	0.396
		GO：0044710	single-organism metabolic process	0.218
		GO：1901360	organic cyclic compound metabolic process	0.269
		GO：0046483	heterocycle metabolic process	0.263
	CC	GO：0005622	intracellular	0.647
		GO：0044424	intracellular part	0.630
		GO：0005737	cytoplasm	0.423
		GO：0043229	intracellular organelle	0.515
		GO：0005623	cell	0.710

（续表）

处理			基因本体	富集指数
		GO：0044464	cell part	0.707
		GO：0043226	organelle	0.518
		GO：0043227	membrane-bounded organelle	0.447
		GO：0043231	intracellular membrane-bounded organelle	0.428
		GO：0044444	cytoplasmic part	0.288
	MF	GO：0005488	binding	0.648
		GO：0005515	protein binding	0.262
		GO：0003824	catalytic activity	0.481
		GO：0003723	RNA binding	0.073
		GO：0019899	enzyme binding	0.046
		GO：0016874	ligase activity	0.021
		GO：0016491	oxidoreductase activity	0.070
		GO：0016787	hydrolase activity	0.198
		GO：0016853	isomerase activity	0.015
		GO：0097159	organic cyclic compound binding	0.347
NBC	BP	GO：0044237	cellular metabolic process	0.594
		GO：0043043	peptide biosynthetic process	0.096
		GO：0006412	translation	0.095
		GO：0043604	amide biosynthetic process	0.099
		GO：0006518	peptide metabolic process	0.102
		GO：0043603	cellular amide metabolic process	0.108
		GO：1901564	organonitrogen compound metabolic process	0.182
		GO：0034641	cellular nitrogen compound metabolic process	0.356
		GO：0071704	organic substance metabolic process	0.618
		GO：1901566	organonitrogen compound biosynthetic process	0.133
	CC	GO：0032991	macromolecular complex	0.395
		GO：0044424	intracellular part	0.692
		GO：0005737	cytoplasm	0.512
		GO：0005622	intracellular	0.701
		GO：0005581	collagen trimer	0.082
		GO：0043234	protein complex	0.248
		GO：0043228	non-membrane-bounded organelle	0.250

（续表）

处理		基因本体	富集指数
	GO：0043232	intracellular non-membrane-bounded organelle	0.250
	GO：0043229	intracellular organelle	0.568
	GO：0043226	organelle	0.574
MF	GO：0005198	structural molecule activity	0.150
	GO：0042302	structural constituent of cuticle	0.092
	GO：0005515	protein binding	0.297
	GO：0003723	RNA binding	0.100
	GO：0003735	structural constituent of ribosome	0.037
	GO：0008135	translation factor activity，RNA binding	0.021
	GO：0019205	nucleobase-containing compound kinase activity	0.011
	GO：0003743	translation initiation factor activity	0.015
	GO：0005488	binding	0.641
	GO：0043021	ribonucleoprotein complex binding	0.012

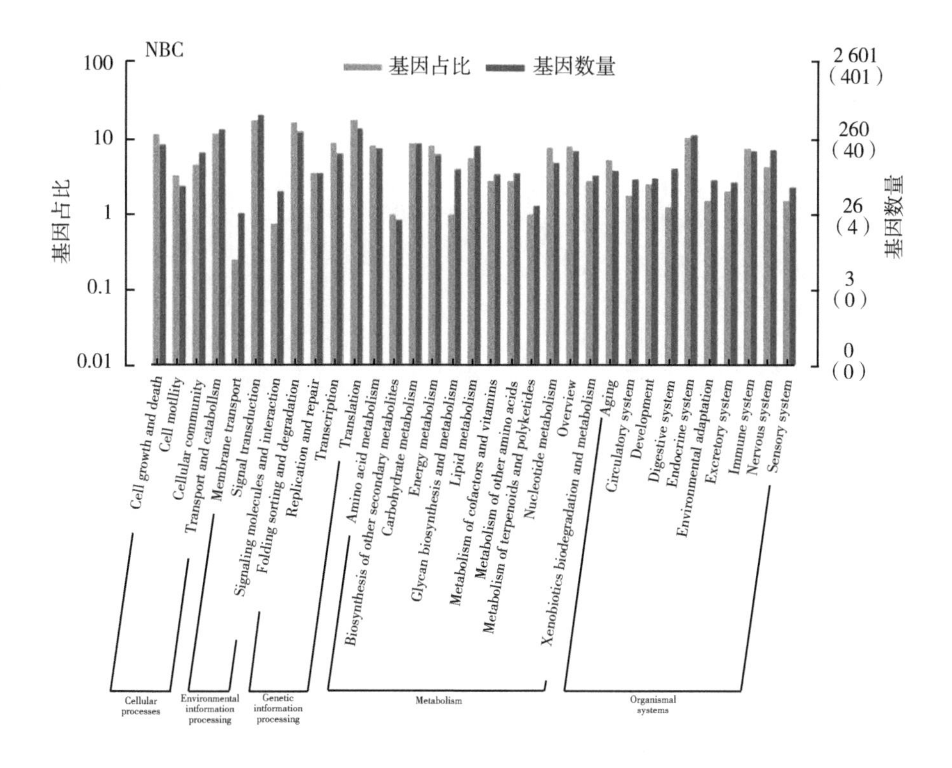

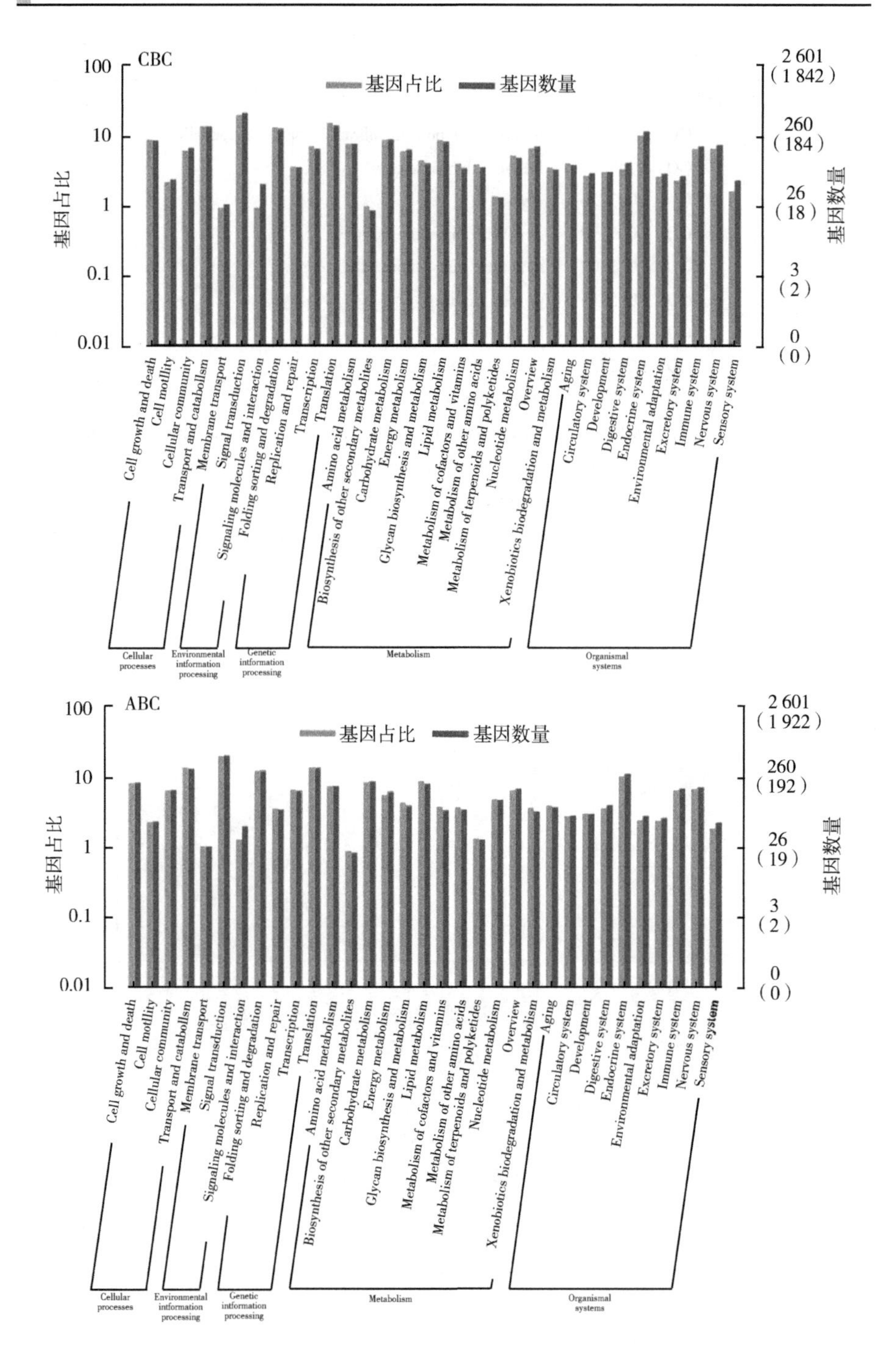
CBC
基因占比
基因数量
100
10
1
0.1
0.01
2 601 (1 842)
260 (184)
26 (18)
3 (2)
0 (0)
Cell growth and death
Cell motility
Cellular community
Transport and catabolism
Membrane transport
Signal transduction
Signaling molecules and interaction
Folding sorting and degradation
Replication and repair
Transcription
Translation
Amino acid metabolism
Biosynthesis of other secondary metabolites
Carbohydrate metabolism
Energy metabolism
Glycan biosynthesis and metabolism
Lipid metabolism
Metabolism of cofactors and vitamins
Metabolism of other amino acids
Metabolism of terpenoids and polyketides
Nucleotide metabolism
Overview
Xenobiotics biodegradation and metabolism
Aging
Circulatory system
Development
Digestive system
Endocrine system
Environmental adaptation
Excretory system
Immune system
Nervous system
Sensory system
Cellular processes
Environmental information processing
Genetic information processing
Metabolism
Organismal systems
ABC
基因占比
基因数量
2 601 (1 922)
260 (192)
26 (19)
3 (2)
0 (0)

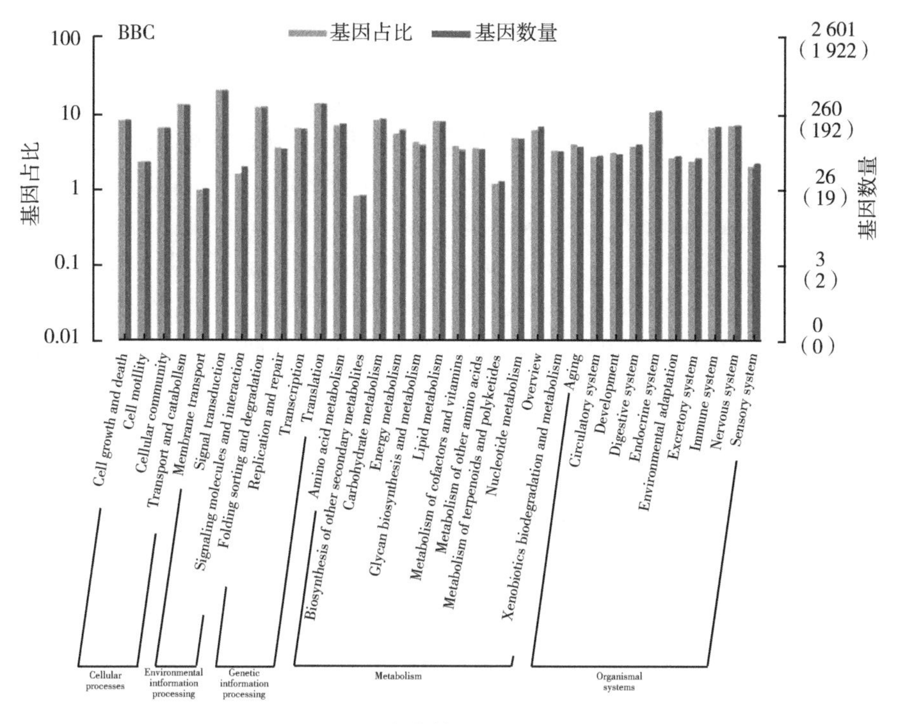

图 4-21　线虫转录组通路分析

注：y 轴为对数刻度，右轴括号内数字为该处理在此通路测到的基因数。

KEGG 通路分析可以发现差异表达的基因影响的特定代谢途径的生理生化反应，不同生物炭调控的基因数量有所差异，但是反应通路都相同。总体来说，差异基因一共参与了 4 个细胞生理过程、3 种环境适应过程、3 种基因表达过程、13 种代谢过程和 10 种器官系统反应的调控作用。生活在生物炭中的线虫确实受到了一定程度的影响，在上游进行调控的途径主要是 DNA 的转录和翻译阶段，通过基因调控线虫物质代谢（氨基酸代谢、碳代谢、脂代谢、核苷酸代谢等）、能量代谢和细胞（细胞程序性死亡）等生理生化反应。有趣的是，通过 KEGG 分析线虫在基因层面的改变，可以发现生物炭影响线虫的寿命、表皮、生长、消化、内分泌、免疫、神经和感觉等多个系统，这和线虫在个体水平的表达结构相符。

虽然从差异基因总体上来看，上调基因数量是下调基因数量的 10 倍左右，然而在差异基因的显著性分析中（对差异基因表达的显著性进行排序，设置差异表达倍数阈值为 2），显著性前 30 的基因主要以下调基因居多，上调基因较少。综合 4 种生物炭对线虫的影响可以发现，4 种生物炭中的线虫与对照相比，*perm*、*col*、*vit*、*rpl*、*rps* 等家族基因受到了显著的调控；4 种生物炭均显著抑制了 *rpl-18*、*perm-4* 的表达，这两个基因的家族基因 *rpl-2*、*rpl-12*、*rpl-17*、*perm-2* 也受到了除 NBC 外其他 3 种生物炭的抑制；NBC 抑制了 *col-37*、*col-40*、*col-43*、*col-93* 等基因，与其他 3 种生物炭抑制的 *col* 家族基因（*col-119*、*col-122*、*col-124*、*col-140* 等）相比有较大差异，*vit* 家族基因（*vit-3*、*vit-4*、*vit-5*）受 NBC 影响显著上调，而其他 3 种生物炭抑制了 *vit* 家族基因（*vit-2*、*vit-6*）。另外，NBC 还显著抑制了 *bli-6*、*his-24* 等关键功能基因，其他 3 种生物炭显著抑制了 *asp-1*、*rnn-3.1* 等功能基因（图 4-22）。

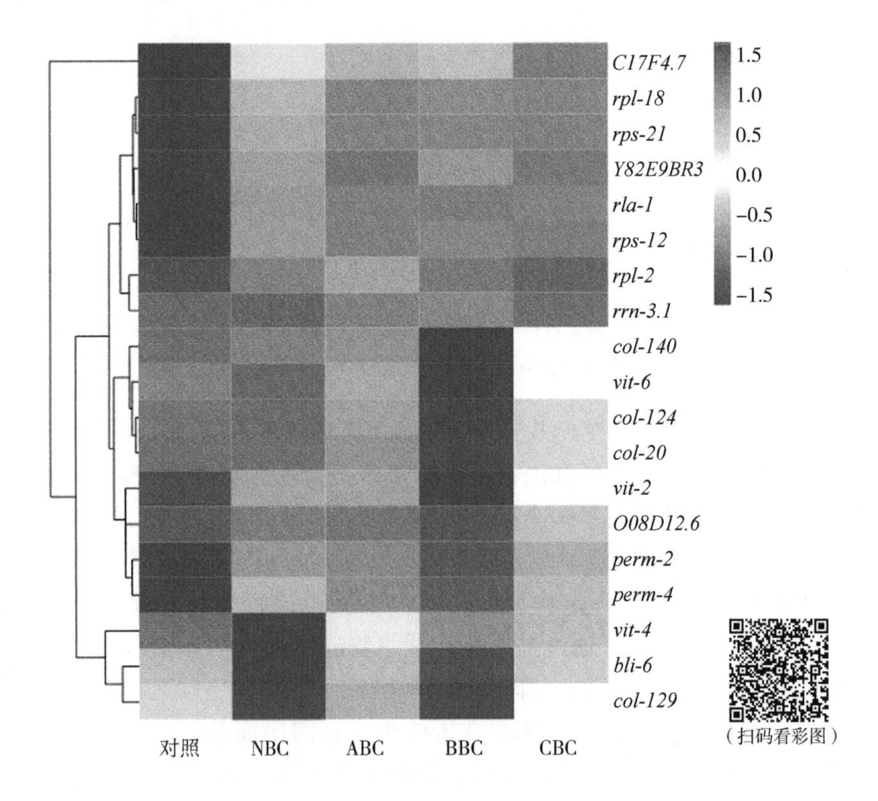

图 4-22　差异最显著基因（前 20）

对 *col-140*、*ilys-5*、*cdk-8*、*col-129*、*lys-7*、*col-184*、*sod-1*、*perm-4* 这 8 个基因进行 qPCR 的反转录验证，*col-140*、*col-129* 和 *col-184* 是与表皮调控相关的基因；*sod-1* 与氧化应激毒性相关，*cdk-8* 与神经系统相关，*lys-7* 和 *ilys-5* 与免疫系统相关；*perm-4* 与生殖系统相关。在研究秀丽隐杆线虫的文献中，找出了常用的 qPCR 内参基因 *his-71*、*act-1*、*cdc-42*、*pmp-3* 等，在本试验中，对这些基因进行了表达量比较，发现只有 *pmp-3* 基因的表达比较稳定，平均表达量相差不超过一个循环数，所以使用 *pmp-3* 作为本试验的内参基因，对其他基因进行 qPCR 验证表达量差异（图 4-23）。

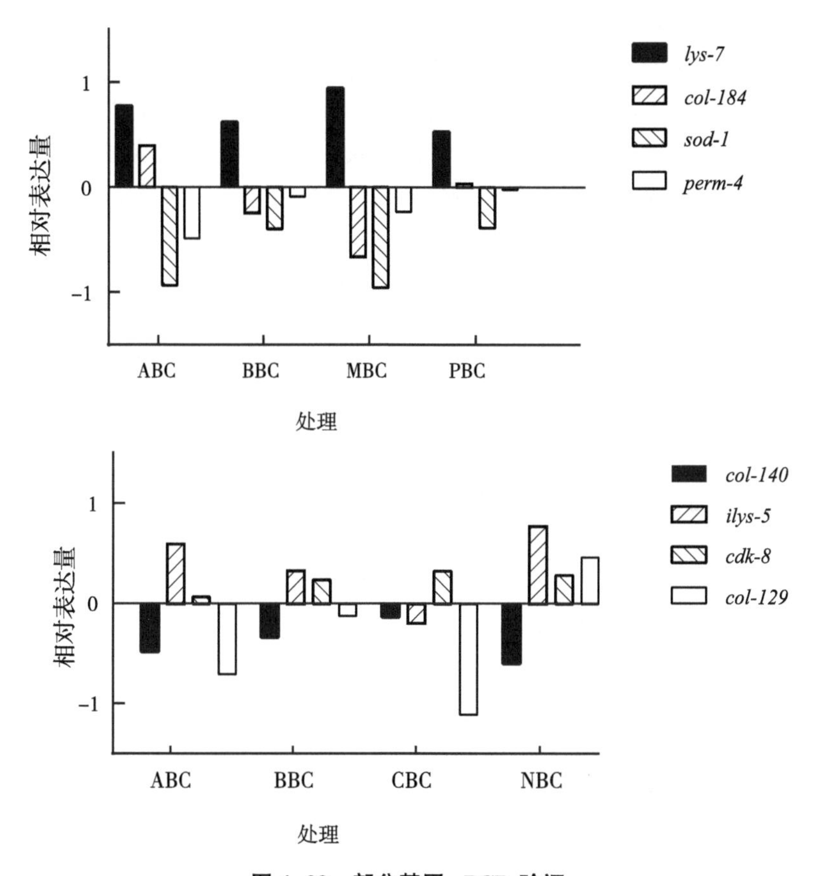

图 4-23　部分基因 qPCR 验证

这 8 个基因的 qPCR 表达趋势和反转录结果相比，只有 BBC 的 *ilys-5* 是不一致的。排除试验方面的因素，可能是其在 BBC 处理的线虫中表达量偏低导致的。从 qPCR 的角度看，*col-140*、*cdk-8*、*col-129*、*lys-7*、*col-184*、*sod-1*、*perm-4* 的表达趋势与转录组分析一致，在一定程度上可以证明转录组分析的可靠性，并且从侧面支持了这些基因的表达差异是引起线虫表型差异的根本原因。

4.4 生物炭对线虫趋向性的影响

趋向性试验结果表明，NBC 有吸引线虫的特性，因此从食物因素、感官因素（外源食物、生物炭内含微生物、生物炭的物理性质和生物炭的挥发性物质）着手（图 4-24）进行了一系列试验。结果显示，线虫在开始的 2 h 内向食物源方向移动，趋向性指数（CI 值）接近-1；然而，随后的 4~12 h，CI 值显著增加到 0 左右，这意味着选择趋向生物炭组与对照组的线虫数量相当，而试验后期 CI 值接近 1，这时线虫大部分趋向生物炭，说明食物是影响线虫选择的主要因素之一，除去食物影响时，线虫会主动选择趋向生物炭；在生物炭（NBC）与灭菌生物炭（SNBC）的趋向性试验中，CI 值

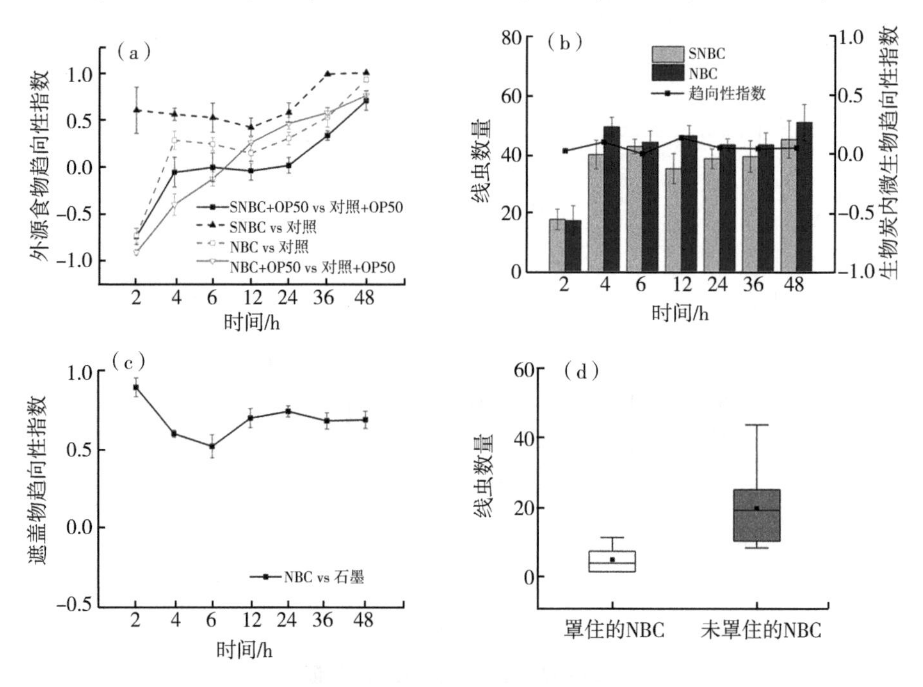

图 4-24 趋向性试验结果

注：SNBC 为灭菌花生壳生物炭；NBC 为花生壳生物炭；OP50 为大肠杆菌 OP50 株系。

在 48 h 内均在 0 左右波动，证明线虫对生物炭（NBC）和灭菌生物炭（SNBC）的选择并无倾向性；在生物炭和石墨的趋向选择中，大部分线虫选择了趋向生物炭，CI 值在 0.5~1.0 范围内波动，平均值为 0.75，这表明比起石墨线虫更喜欢趋向生物炭，说明线虫具有某种感觉器使得他们能够准确地向生物炭方向移动；而后一组趋向性试验中，一边是普通的 NBC，另一边是把 NBC 用透明的塑料小帽全部罩住，使它不透气，此时线虫 CI 值为 0.62，也就是说正常生物炭处理周围的线虫数量显著高于被罩住的生物炭处理，这意味着线虫识别生物炭是可能通过 NBC 中的一些挥发性物质或特殊气味作为靶标进行的。

4.5　不同原料类型生物炭与线虫相互作用机制的探讨

在生物炭培养试验中，通过测量线虫个体发育、繁殖和生活史来研究生物炭对其机体的影响。在本试验中，线虫个体体长和后代数量显著降低，并促进线虫生活史。这一结果与纳米氧化铁结合生物炭对线虫的影响（Wu et al.，2013）和废弃物生物炭对线虫的影响（Wang et al.，2018）结果相似。然而，本试验中生物炭对线虫的影响仅是不同程度地抑制了线虫的生长发育和繁殖，并没有引起死亡，表明生物炭的毒性作用远远低于同等剂量的铅和硒。

GO 富集分析表明，用生物炭培养线虫对线虫的生物过程、细胞组成和分子功能都有很大影响，其中生长、发育、生殖过程相关的生化过程和功能分子也受到了影响。在差异基因功能注释分析中，*col* 基因家族和 *bli-6* 直接参与了表皮结构的发育。组成表皮的胶原蛋白的合成是贯穿线虫整个生命周期的复杂过程，研究表明其基因家族中有 154 个基因可以编码小的胶原蛋白，与野生型相比，这些基因在调控胶原蛋白合成的同时可能会导致外骨骼的变化，最终导致体短或生活史异常等现象（Levy & Kramer，1993）。考虑到线虫生活在生物炭中，整个微环境与对照组线虫生长培养基上的微环境差异较大，且生物炭表面粗糙，线虫的体短和生活史异常可能是为了适应生物炭的微环境通过调控胶原蛋白的合成而引起的外骨骼变化等一系列作用。

vit 家族基因可能对线虫卵黄脂蛋白的积累起到重要作用。卵黄脂蛋白是将脂质/脂肪酸从线虫肠道转移到卵母细胞中的重要运载体（Chen et al.，2016；Kimble & Sharrock，1983），因此，卵黄生成素基因（*vit*）可能影响了卵黄膜的形成，进而影响了脂质的转化、运输，对发育和生殖等

方面造成不良影响。此外，本节还对基因库中体长短的线虫基因型进行筛选，发现与体长相关的 *dpy-13*、*dpy-17* 这两个基因在本试验中的表达量与对照组相比普遍偏低。突变体试验也已经证明，*dpy-13* 能够导致线虫体短、胖的体型，将 *dpy-13* 和 *dpy-17* 与表型做了相关性分析，发现相关系数在 0.9 以上，且相关关系显著，证明存在着生物炭通过影响 *dpy-13*、*dpy-17* 这两个基因抑制线虫体长的可能性。

对后代数量差异表达显著的基因功能进行注释的同时将其与表型进行了相关性分析（表 4-17），发现后代数量与 *perm-2*、*perm-4* 的相关性表现为极显著且相关系数在 0.95 以上，同样极显著相关的还有 *his-24*，相关系数为 0.943。在本试验中 *perm-2*、*perm-4* 和 *his-24* 可能对线虫后代数量的调控作用较大。而 3 个基因任何一个基因异常表达都会引起卵膜和早期胚胎发育的问题。

表 4-17　线虫后代数量表型与基因型的相关性

指标	后代数量	PAHs	MEAN TMP (*perm-4*)	MEAN TMP (*perm-2*)	MEAN TMP (*his-24*)	pH 值	孔隙度
后代数量		-0.719	0.964**	0.989**	0.943*	-0.675	-0.495
PAHs	-0.719		-0.861	-0.792	-0.886*	0.976**	0.142
MEAN TMP (*perm-4*)	0.964**	-0.861		0.989**	0.987**	-0.805	-0.748
MEAN TMP (*perm-2*)	0.989**	-0.792	0.989**		0.963**	-0.732	-0.691
MEAN TMP (*his-24*)	0.943*	-0.886*	0.987**	0.963**		-0.862	-0.333
pH 值	-0.675	0.976**	-0.805	-0.732	-0.862		-0.373
孔隙度	-0.495	0.142	-0.748	-0.691	-0.333	-0.373	

注：* 表示显著相关（$P<0.05$）；** 表示极显著相关（$P<0.01$）。

perm-2、*perm-4* 能够编码蛋白 PERM-2、PERM-4，而 PERM-2 和 PERM-4 是线虫卵膜形成所需要的蛋白。*perm-2*、*perm-4* 的缺失能够引起后代数量和卵膜通透性的变化，使用 RNAi 的方法沉默 *perm-2*、*perm-4*，后代数量显著减少且卵膜的通透性增加。PERM-2、PERM-4 可同时与一种名为 CBD-1 的蛋白结合成为复合体，为卵膜提供正常的结构基础。CBD-1 结构层次的顶部起着吸引、结合并固定卵黄蛋白层上的 PERM-2 和 PERM-4 的作用，而 PERM-2 和 PERM-4 通过两者间的蛋白复合体的物理结合来维持彼此与 CBD-1 的联系。也就是说，*perm-2*、*perm-4* 是胚胎发育不可缺失的保护屏障，缺失其中任何一种都会使卵膜表面没有黏性

成分并丧失选择透过性，这样不仅无法阻止有害物质的进入还会导致胚胎死亡。基因 *his-24* 的下调还可能通过扰乱线虫胚胎后生长时的异染色质来减少后代数量，*his-24* 突变体试验显示，*his-24* 基因会使线虫雄虫发育异常，进而影响生殖系统。

对生物炭活性氧（ROS）毒性进行监测，发现生物炭处理中的线虫 SOD 活性不但没有上升，与对照相比反而均有下降趋势，这说明线虫对生物炭 ROS 毒性作用的解毒没有反应在 SOD 上，而是启用了 CAT 或其他途径。在差异基因中对 ROS 相关基因（*sod-1*、*sod-2*、*ctl-1*、*ctl-2* 等）的表达量进行比较，发现 *ctl-1*、*ctl-12* 等 ROS 相关基因有上调的趋势，*ctl-1*、*ctl-2* 是调控过氧化物酶合成的基因，侧面证明生物炭对线虫有氧化毒性，线虫是用体内过氧化物酶来应对的，而非 SOD。并且在 KEGG 通路分析中，结合差异基因表达能分析出在细胞中的过氧化物酶体生理生化反应的表达趋势，图 4-25 是 KEGG 通路分析出的组成线虫过氧化物酶体各部分蛋白的表达情况，这些蛋白仅发生了轻微的上调，而 SOD 有上调也有下调的基因，CAT 有部分上调的基因。从图 4-26 可以看出，过氧化物酶体上的大部分蛋白质都出现了轻微过量表达的情况，其中大部分是由于脂质的氧化作用。从这里可以看出，在生物炭中，线虫从基因层面改变了对脂质的合成、转运和吸收，从而影响了线虫的生长、发育及繁殖过程。

从差异基因中还能看到与线虫免疫系统相关的基因也发生了较为显著的变化，线虫次生代谢产物溶菌酶相关的基因有上调的趋势，如 *lys-1*、*lys-7*，在 NBC 中则是 *ilys-5* 大幅上调，可能是由于生物炭内的微生物在一定程度上影响了线虫的正常生活，致使线虫需要合成溶菌酶等代谢产物预防。从图 4-27，可以发现，生物炭处理中，线虫的溶酶体膜蛋白和溶酶体酸性水解酶的基因有上调的趋势，证明线虫生活的环境可能存在某些物质或者微生物影响了线虫的正常生长发育，需要线虫额外消耗能量和物质支持溶酶体去消化和吸收异物。

在生物炭培养试验中（图 4-28），线虫不仅仅将生物炭作为环境去适应，还有线虫能够取食生物炭，在线虫透明的身体内观察到了连续的生物炭颗粒出现在线虫的咽部和肠道内，虽然取食生物炭的线虫个体较少，但是明确显示线虫是能够取食生物炭的，这就为以后生物炭安全性问题提出了又一项考验。

综上所述，生物炭可以增加农业碳汇、改善土壤理化性质、改变土壤动

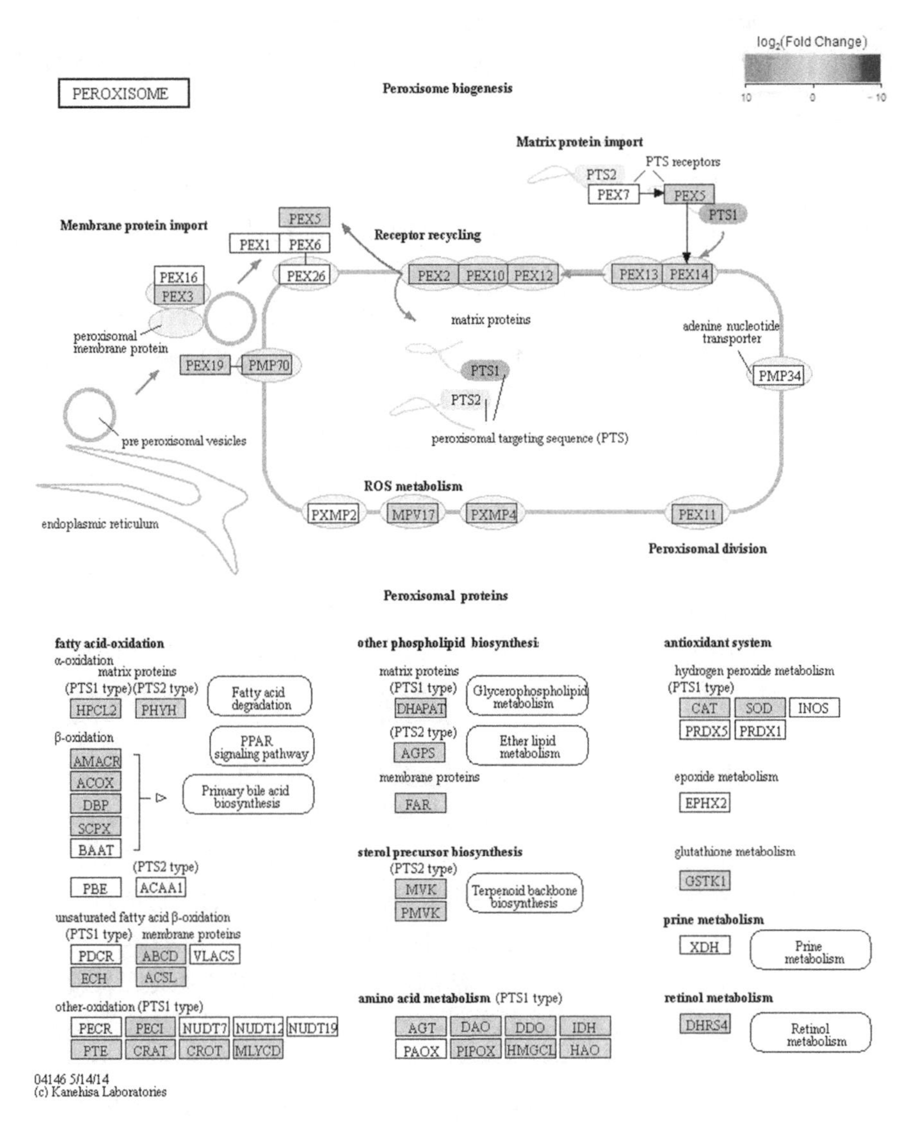

图 4–25　线虫过氧化物酶体通路（陈义轩，2019）

物的生存环境。尽管其对土壤线虫的生物多样性有着公认的影响，但在选择性行为和适应性机制方面仍缺乏认识。本试验研究了线虫在 4 种生物炭中表型的变化和相关机制，以及对优势生物炭的选择行为，从而更好地了解生物炭应用的重要性和生物炭的质量标准。

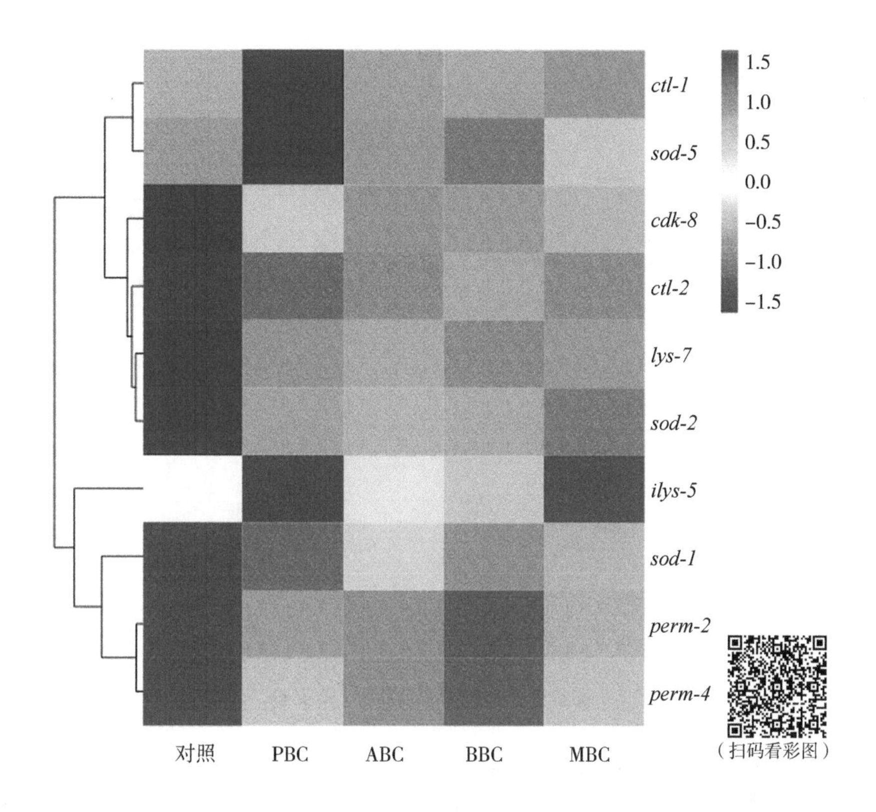

图 4-26　相关基因的热图

本节研究结果表明，4 种生物炭均会抑制线虫的体长和后代数量，以 NBC 的影响最小，其中影响线虫体长的原因可能是生物炭影响了 *col* 家族基因，调控了表皮结构从而导致线虫的外骨骼变化，可能与 *dpy-13*、*dpy-17* 基因有一定关系；对后代数量的抑制作用可能与生物炭抑制了 *perm-2*、*perm-4*、*his-24*基因的表达有关；而 SOD 活性和其相关基因说明，生物炭中的活性氧物质可能影响的是线虫过氧化物酶途径；此外，生物炭还影响了线虫的免疫系统，使其相关基因有过表达的现象。线虫对 NBC 的选择行为，则说明 NBC 能够吸引线虫，并发现线虫是被 NBC 中某种挥发性物质所吸引。因此，进一步研究生物炭对线虫的影响机理、安全施用量和生物炭释放的挥发性物质是有必要的。

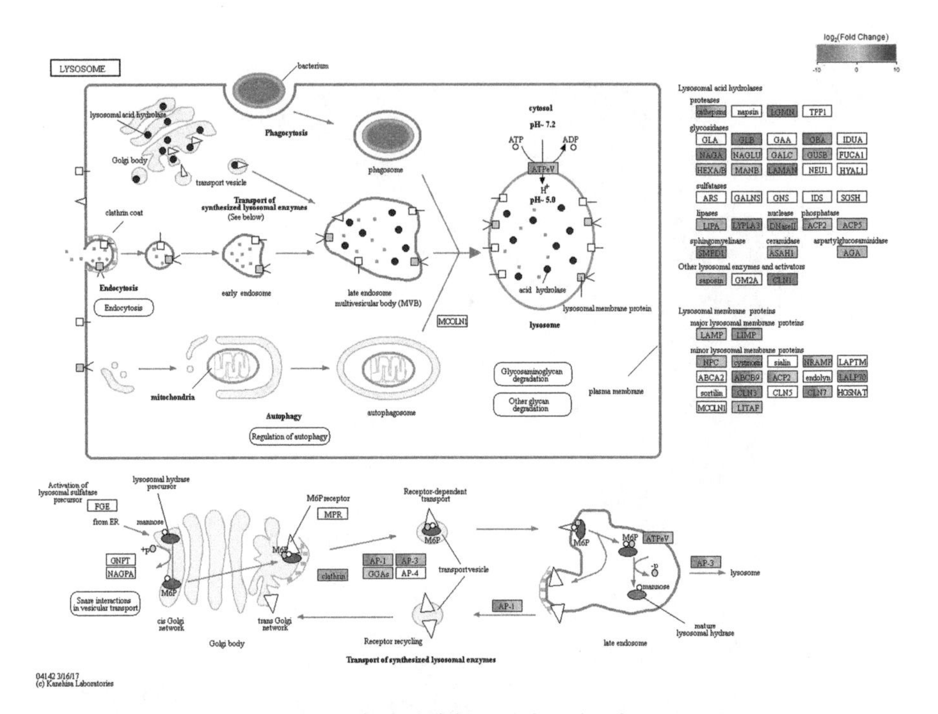

图 4-27　线虫免疫系统部分通路（陈义轩，2019）

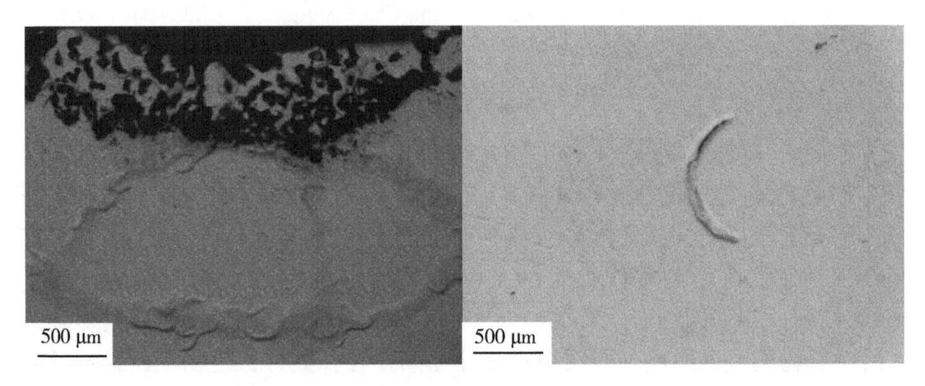

图 4-28　生活在生物炭中的线虫（左图）及食用了生物炭的线虫（右图）

第五章 生物炭对种子萌发及作物生长的影响

生物炭在农业生产上的作用得到了越来越多的重视。目前的研究中，生物炭对作物生长的影响多表现为促进作用。通过田间试验发现，当生物炭施用量为 135.2 t·hm^{-2}时，与对照处理相比，作物生物量提高了 2 倍。利用砂壤土进行的盆栽试验表明，生物炭施用量的不同，对作物产生的影响不同，当生物炭施用量为 30 t·hm^{-2}和 60 t·hm^{-2}时，生物炭促进了黑麦草的生长，使其生物量显著增加，但当生物炭施用量为 100 t·hm^{-2}和 200 t·hm^{-2}时，黑麦草的生物量反而呈现下降趋势。生物炭促进作物生长，一方面可能是因为生物炭固有的性质，例如生物炭的吸附性能减少土壤中氮、磷等养分的流失，此外，生物炭本身携带有大量的氮元素和其他微量元素，为作物生长提供了充足的养分，从而促进作物的生长。另一方面，生物炭具有较高的 pH 值和阳离子交换量，能够改良土壤的性质，如提高酸化土壤的 pH 值、增加孔隙度和保水能力，为作物提供良好的生长环境。但是，生物炭也可能产生副作用，如在土壤中产生了不利于作物生长的土壤 pH 值，造成作物减产。

近年来，很多研究都显示生物炭可以作为新型肥料改善土壤环境，以及用其吸附特性来修复水体污染（Sparrevik et al.，2014）。尽管与传统改良剂相比，生物炭具有诸多优势，但同时也有大量研究显示，由于制备原料、方法和投入剂量的不同，不仅生物炭本身的理化性状（Galinato et al.，2011）、吸附特征等存在显著性差异，多环芳烃（PAHs）等有害物质释放量也会有显著性差异（Uzoma et al.，2011）。不同原料制成的生物炭对同一作物的影响可能存在差异，麦秸炭可促进青椒根系生长，而且表现出良好的增产效果；而稻壳炭基肥和花生壳炭基肥可显著提升青椒品质，但对产量影响不显著（乔治刚，2013）。

土壤中添加生物炭对植物的生长是否促进，主要受生物炭的添加量和理化特性、作物种类和土壤本身肥力等因素的影响。本章比较了添加不同原料类型生物炭对作物生长的影响，对生物炭的农田安全使用具有重要意义。

第一节　生物炭添加对作物种子萌发和幼苗的影响

多环芳烃（PAHs）是一种重要的环境污染物，能抑制土壤微生物的活性（Shanmugam & Abbott，2015）和种子萌发（Zimmerman et al.，2011），对土壤生物区系、根系养分可利用性和作物生长可能会产生不利影响（Liesch et al.，2010），因此，其农田施用的安全性仍存在争议（Kuśmierz & Oleszczuk，2014）。Rogovska 等（2014）的试验显示，不同原料制得的生物炭 PAHs 浓度有显著的差异，制备的 6 种生物炭中总 PAHs 浓度范围为 0.8~255.3 $\mu g \cdot g^{-1}$，分别为二苯并呋喃、萘、蒽等 PAHs 化合物。尽管研究已经证明生物炭中有 PAHs，并且含量因生物炭的不同而存在差异，但是在常规的施用量条件下生物炭是否会对生物（植物、微生物以及地下动物等）产生毒害作用还没有得到共识。因此，探讨各原料生物炭在不同用量下对土壤环境和作物生长的影响，对生物炭的农田安全使用具有重要意义（李阳等，2016）。

1.1　试验材料

1.1.1　生物炭选择

参照第一章第一节 1.1 制备的不同原料类型生物炭。

1.1.2　供试土壤

供试土壤采自天津市西青区的一个生态农场（116°9.89′E，39°14.2′N），种植模式为黄瓜等蔬菜和玉米-小麦轮作种植。采集深度为地表耕层（0~20 cm），将采集的新鲜土壤样品挑去肉眼可见的石块和细根，然后将土壤混合均匀，风干过 0.85 mm 筛后待用。

1.1.3　生物炭 PAHs 的测定

称取 2 g 过 0.15 mm 筛的土样于 25 mL 玻璃离心管中，加入 10 mL 二氯甲烷（分析纯），盖紧盖子，于超声水浴中连续提取 1 h，每个处理 3 次重复（注：在提取过程中可以通过换水或者加冰的方式使温度在 35 ℃以下；防止离心管碎裂，盖子不能盖得过紧）。超声水浴后，放置于离心机中，4 000 $r \cdot min^{-1}$ 离心 5 min。移取上清液于干净的新离心管中。向剩余土样加入 8 mL 二氯甲烷，进行二次超声、离心，上清液继续移至对应的离心管中，方法与前两步骤相同。最后用高纯氮气（N_2）吹扫提取液至干，用 2 mL 正己烷定容，用 0.22 μm 滤膜过滤，然后将其转至进样瓶中。将样品保存在-20 ℃冰箱中，用高效液相色谱仪进行分析。参照《土壤农化分析》测定土壤指标（鲍士旦，2000）。土壤硝态氮、铵态氮浓度采用全自动连续流动分析仪（AA3，Bran+Luebbe Corp）测定。基本理化性质如表 5-1 所示。

表 5-1 供试土壤基本理化性质

含水量/%	pH 值	全氮/（$g \cdot kg^{-1}$）	有机质/%	全磷/（$g \cdot kg^{-1}$）	全钾/（$g \cdot kg^{-1}$）
5.47	7.84	1.51	1.57	1.41	13.42
硝态氮/（$mg \cdot kg^{-1}$）	铵态氮/（$mg \cdot kg^{-1}$）	有效磷/（$mg \cdot kg^{-1}$）	速效钾/（$mg \cdot kg^{-1}$）	多环芳烃/（$\mu g \cdot kg^{-1}$）	
317.71	2.54	20.52	204.51	49.48	

1.2 发芽试验

将 4 种生物炭 B（BC、ABC、NBC、CBC）分别按 0 $g \cdot kg^{-1}$、20.0 $g \cdot kg^{-1}$、40.0 $g \cdot kg^{-1}$、80.0 $g \cdot kg^{-1}$、160.0 $g \cdot kg^{-1}$的施用比例与 100 g 土壤混合均匀后装于培养皿中。底部平铺滤纸，选取直根系作物黄瓜、须根系作物小麦各 25 粒。种子用 10% H_2O_2 浸泡 10 min，随即用自来水和去离子水各冲洗 3 次。将种子于去离子水中浸泡 2 h 后，滤纸拭干表面水分待用。将 25 粒处理过的种子均匀铺于培养皿中，调节水分至田间持水量的 40%～50%，置于培养箱中（25±0.5）℃避光培养，每个处理 5 次重复，记录种子的发芽情况。测量指标及方法如下。

当对照组种子发芽率超过 65%，并且对照根长超过 3 cm 时结束发芽试验，并以初生根长>5 mm 作为发芽标准统计发芽数，用直尺测定各处理已萌发种子根长、茎长。生物炭施用对作物的生态安全性可用种子发芽试验来评价，主要指标有发芽率、根长抑制率、茎长抑制率等，按以下公式计算（Liao et al.，2014）。

$$发芽率（\%）=（实际发芽数/种子总数）\times 100 \tag{5-1}$$

根长抑制率（%）=（对照组平均根长-处理组平均根长）/

对照组平均根长×100　　(5-2)

茎长抑制率（%）=（对照组平均茎长-处理组平均芽长）/

对照组平均茎长×100　　(5-3)

1.3　不同原料类型生物炭的多环芳烃含量

本研究测定了4种生物炭浸出物中16种优控PAHs含量，结果显示，生物炭浸提物中含有不同浓度的多环芳烃类化合物，16种优控PAHs总量均值变化范围为62.48~95.83 μg·kg^{-1}。其中，NBC含量最高，而ABC含量最低，4种生物炭PAHs总量差异并不显著。4种生物炭浸出物中芘（Pyr）含量最高，分别为46.95 μg·kg^{-1}、43.96 μg·kg^{-1}、37.28 μg·kg^{-1}和48.58 μg·kg^{-1}，分别占16种PAHs总量的51.01%、49.60%、40.33%和48.09%。4种生物炭中均检测出不同浓度的萘（Nap）、芴（Fl）、菲（Phe）、荧蒽（Flt）和芘（Pyr）6种优控PAHs，但差异并没有达到显著水平，其他10种优控PAHs在生物炭中并没有检测到（表5-2）。

表5-2　不同原料类型生物炭的PAHs含量　　单位：μg·kg^{-1}

化合物	NBC	CBC	ABC	BBC
萘（Nap）	3.80±0.72a	3.43±0.40a	2.82±0.41a	3.39±0.43a
苊烯（Acpy）	nd	nd	nd	nd
苊（Acp）	nd	nd	nd	nd
芴（Fl）	5.77±1.12a	4.65±0.30a	4.20±0.77a	5.14±0.73a
菲（Phe）	26.21±5.68a	22.46±2.49a	17.24±2.04a	22.25±3.59a
蒽（Ant）	nd	nd	nd	nd
荧蒽（Flt）	13.12±3.88a	12.68±2.08a	7.64±1.49a	15.79±1.91a
芘（Pyr）	46.95±6.99a	43.96±6.39a	37.28±6.59a	48.58±4.38a
苯并[a]蒽（BaA）	nd	nd	nd	nd
䓛（Chr）	nd	nd	nd	nd
苯并[b]荧蒽（BbF）	nd	nd	nd	nd
苯并[k]荧蒽（BkF）	nd	nd	nd	nd
苯并[a]芘（BaP）	nd	nd	nd	nd
茚并[1，2，3-cd]芘（Ind）	nd	nd	nd	nd
二苯并[a，h]蒽（Dba）	nd	nd	nd	nd

（续表）

化合物	NBC	CBC	ABC	BBC
苯并［g，h，i］苝（BghiP）	nd	nd	nd	nd
总计	95.83±14.07a	87.20±11.17a	62.48±12.31a	93.58±8.18a

注：nd 表未检出；同列不同小写字母表示不同处理间差异显著（$P<0.05$）。

1.4 不同原料类型生物炭对种子发芽率的影响

试验结果显示，各处理种子发芽率均在 85%以上，不同施用量下，4 种生物炭对两种根系类型种子（小麦、黄瓜）发芽率的影响均不显著。虽然总体上与无生物炭添加处理相比，随生物炭施用量的增加，种子发芽率有提高趋势，但促进作用不显著（表 5-3）。

表 5-3 不同原料类型生物炭对种子发芽率的影响

作物类型	生物炭添加量/（$g \cdot kg^{-1}$）	发芽率/%			
		NBC	CBC	ABC	BBC
小麦	0.0	88.0±2.83a	88.0±2.82a	88.0±2.82a	88.0±2.83a
	20.0	92.0±1.26a	89.6±2.99a	85.6±4.12a	85.6±2.04a
	40.0	88.8±1.49a	89.6±2.71a	83.2±1.50a	87.2±2.33a
	80.0	84.0±2.19a	91.2±2.33a	92.0±2.83a	89.6±2.71a
	160.0	89.6±3.71a	92.8±1.96a	92.0±1.79a	92.8±2.33a
黄瓜	0.0	89.6±2.04a	89.6±2.04a	89.6±2.04a	89.6±2.04a
	20.0	92.8±2.33a	95.2±2.33ab	90.4±3.71a	90.4±2.99a
	40.0	94.4±2.04a	96.8±1.50ab	92.0±3.58a	92.8±1.96a
	80.0	92.0±3.79a	96.0±0.00ab	96.8±1.50a	91.2±1.50a
	160.0	92.8±2.65a	94.4±2.99ab	92.8±2.33a	94.4±2.40a

注：同列不同小写字母表示不同处理间差异显著（$P<0.05$）。

1.5 不同原料类型生物炭对作物根长和根长抑制率的影响

由表 5-4 可以看出，生物炭对小麦根长呈低添加量促进生长、高添加量抑制生长的特点。与其他 3 种生物炭相比，NBC 添加量为 80.0 $g \cdot kg^{-1}$ 时，根长达最大值 6.79 cm，较对照高出 107.65%；CBC、ABC 与 BBC 均在施用量 40.0 g·kg^{-1} 时对小麦根长的促进效果最好，其最大值分别为 6.00 cm、4.90 cm 和 4.75 cm，分别较对照高出 83.49%、49.85% 和 45.26%，之后随着生物炭添加量的增加，对根长的促进作用逐渐减小。而当生物炭添加量为 160.0 g·kg^{-1}时，各处理小麦根长均出现不同程度的下降。CBC 添加量为 160.0 g·kg^{-1}时，小麦根长仅为 1.30 cm，显著低于其他生物炭施用处理，抑制作用明显。

表 5-4 不同原料类型生物炭对小麦和黄瓜根长的影响

作物类型	生物炭添加量/(g·kg^{-1})	根长/cm			
		NBC	CBC	ABC	BBC
小麦	0.0	3.27±0.16c	3.27±0.16d	3.27±0.16d	3.27±0.16c
	20.0	5.30±0.11b	5.08±0.10b	4.50±0.15cd	4.43±0.08b
	40.0	5.62±0.14b	6.00±0.07a	4.90±0.13a	4.75±0.07a
	80.0	6.79±0.08a	4.03±0.06c	4.84±0.09ab	4.18±0.08b
	160.0	5.64±0.09b	1.30±0.10e	4.30±0.12c	3.43±0.06c
黄瓜	0.0	3.42±0.20b	3.42±0.20c	3.42±0.20b	3.42±0.20b
	20.0	3.73±0.12b	4.04±0.09b	3.43±0.06b	3.20±0.07b
	40.0	4.40±0.10a	4.48±0.09a	4.77±0.10a	3.55±0.05b
	80.0	4.50±0.07a	2.22±0.12d	4.78±0.15a	4.24±0.14a
	160.0	2.65±0.12c	1.74±0.11e	1.88±0.10c	3.38±0.06b

注：同列不同小写字母表示不同处理间差异显著（$P<0.05$）。

总体上，不同生物炭对黄瓜根长的影响也表现出随添加量的增加先促进、后抑制的趋势。通过表 5-4 可以看出，NBC、ABC 和 BBC 在添加量为 80.0 g·kg^{-1}时对黄瓜根长的促进效果最好，而 CBC 在添加量为 40.0 g·kg^{-1}时对黄瓜根长的促进效果最好。4 种生物炭处理下，黄瓜种子最大根长分别为 4.50 cm、4.48 cm、4.78 cm 和 4.24 cm，较对照分别增加了 31.58%、30.99%、39.77%和 23.98 %，随后则对黄瓜根系生长抑制明显。

添加生物炭对黄瓜根长的促进作用比小麦弱，而高添加量对黄瓜种子根长的抑制作用则更明显。当添加量为 160.0 g·kg^{-1}时，各处理黄瓜根长分别为 2.65 cm、1.74 cm、1.88 cm 和 3.38 cm，较对照分别减少了 22.51%、57.02%、45.03%和 1.17%，黄瓜根生长均表现为抑制，抑制率分别为 22.51%、49.12%、45.03%和 4.17%（图 5-1）。4 种生物炭处理下，黄瓜种子最大根长分别为 4.50 cm、4.48 cm、4.78 cm 和 4.24 cm，较对照增幅为23. 98%~39. 77%%，显著低于小麦种子的107. 65%~45. 26%，也说明黄瓜根系较小麦根系对高添加量生物炭更为敏感。

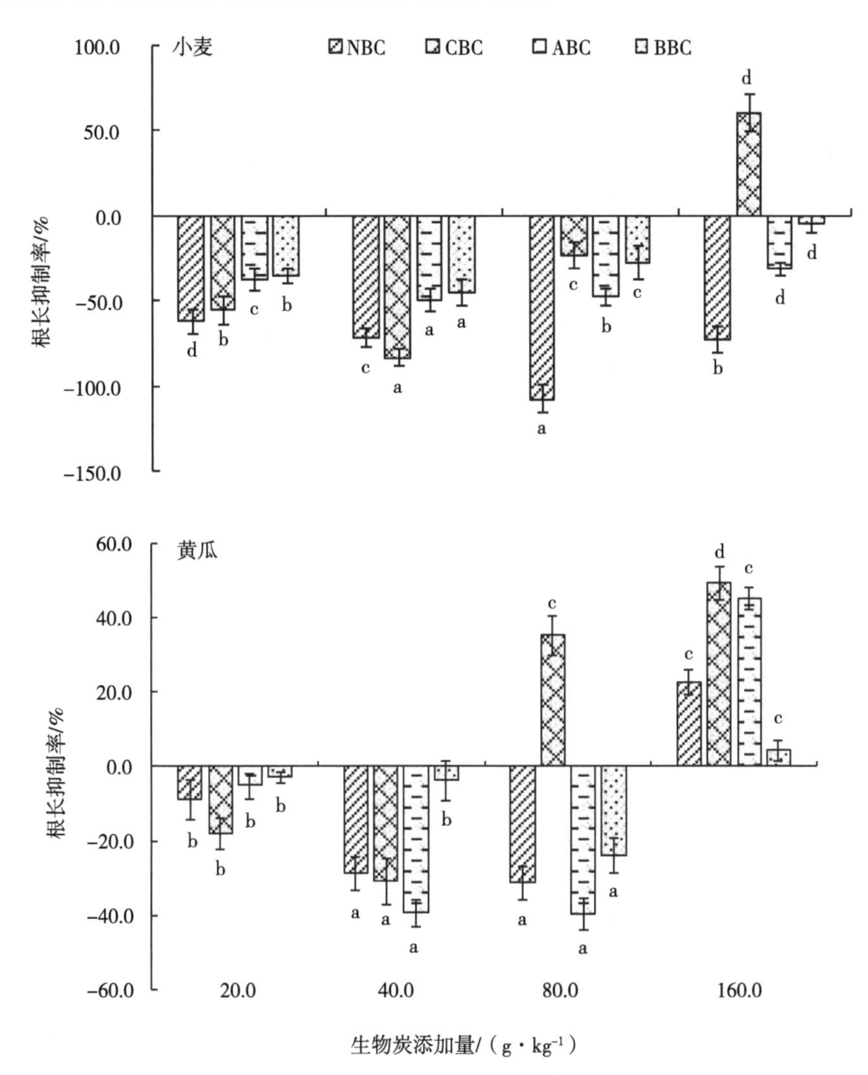

图 5-1　不同原料类型生物炭添加量对根长抑制率的影响

注：柱上不同小写字母表示不同处理间差异显著（P<0. 05）。

1.6　不同原料类型生物炭对作物茎长和茎长抑制率的影响

随生物炭添加量的增加，小麦和黄瓜茎长呈先促进、后抑制的变化趋势

（表 5-5）。NBC 对小麦和黄瓜茎长的促进效果最好，当添加量达到 80.0 g·kg^{-1}时，小麦和黄瓜茎长分别为 10.98 cm 和 6.48 cm，较对照增加 173.82 %和 85.14%；当 CBC 添加量在 40.0 g·kg^{-1}时，小麦和黄瓜茎长达到最大值，分别为 9.35 cm 和 5.71 cm；而当 CBC 添加量增加至 160.0 g·kg^{-1}时，小麦和黄瓜茎长分别为 1.96 cm 和 2.58 cm，仅为对照的 48.88%和 73.71%，抑制作用明显。ABC 和 BBC 均在添加量为 40.0 g·kg^{-1}时对小麦茎长的促进达到最大值，茎长分别为 7.43 cm 和 7.19 cm，之后随生物炭添加量的增加，对根长的促进逐渐减小。ABC 和 BBC 在施用量 80.0 g·kg^{-1}时对黄瓜茎长的促进最明显，茎长分别为 6.44 cm 和 6.04 cm。

表 5-5　不同原料类型生物炭对小麦和黄瓜茎长的影响

作物类型	生物炭添加量/（g·kg^{-1}）	茎长/cm			
		NBC	CBC	ABC	BBC
小麦	0.0	4.01±0.22d	4.01±0.22d	4.01±0.22d	4.01±0.22e
	20.0	8.26±0.23c	8.02±0.17b	5.08±0.29b	5.36±0.10c
	40.0	9.65±0.15b	9.35±0.10a	7.43±0.29a	7.19±0.15a
	80.0	10.98±0.12a	5.08±0.12c	6.21±0.12b	6.24±0.13b
	160.0	8.43±0.17c	1.96±0.16e	4.78±0.14c	4.50±0.14d
黄瓜	0.0	3.50±0.19d	3.50±0.19b	3.50±0.19d	3.50±0.19c
	20.0	5.28±0.20c	5.51±0.09a	4.17±0.12c	3.84±0.10c
	40.0	5.87±0.11b	5.71±0.10a	5.88±0.08b	4.33±0.08b
	80.0	6.48±0.09a	2.53±0.12c	6.44±0.15a	6.04±0.20a
	160.0	3.12±0.12d	2.58±0.11c	2.37±0.13e	4.73±0.14b

注：同列不同小写字母表示不同处理间差异显著（P<0.05）。

不同生物炭对小麦和黄瓜茎长抑制率存在明显的差异（图 5-2）。NBC 在 4 种不同添加量下，对小麦种子的茎长抑制率均为负值，即促进了小麦的茎生长，而对黄瓜，NBC 在高添加量（160 g·kg^{-1}）下，表现出抑制，抑制率为 10.90%，在 80.0 g·kg^{-1}添加量处理下，NBC 对小麦和黄瓜茎长促进最好，抑制率分别为－173.82% 和－85.23%；CBC 在添加量为 40.0 g·kg^{-1}时对两种作物的茎长促进效果最好，抑制率分别为－133.17%和 -63.01%；ABC 和 BBC 对小麦茎长生长最适添加量是 40.0 g·kg^{-1}，抑制率分别为-85.29%和-79.30%，而对黄瓜茎长最适添加量是 80.0 g·kg^{-1}，抑制率分别为-84.02%和-72.66%。在 160.0 g·kg^{-1}添加量下，NBC、ABC、BBC 3 种生物炭在一定程度上对小麦茎长起到促进作用，CBC 表现出明显的抑制；然而对于黄瓜茎长只有 BBC 表现出促进，其他 3 种生物炭都表现出明显的抑制。综上得出，黄瓜种子比小麦种子对添加高剂量生物炭更加敏感。

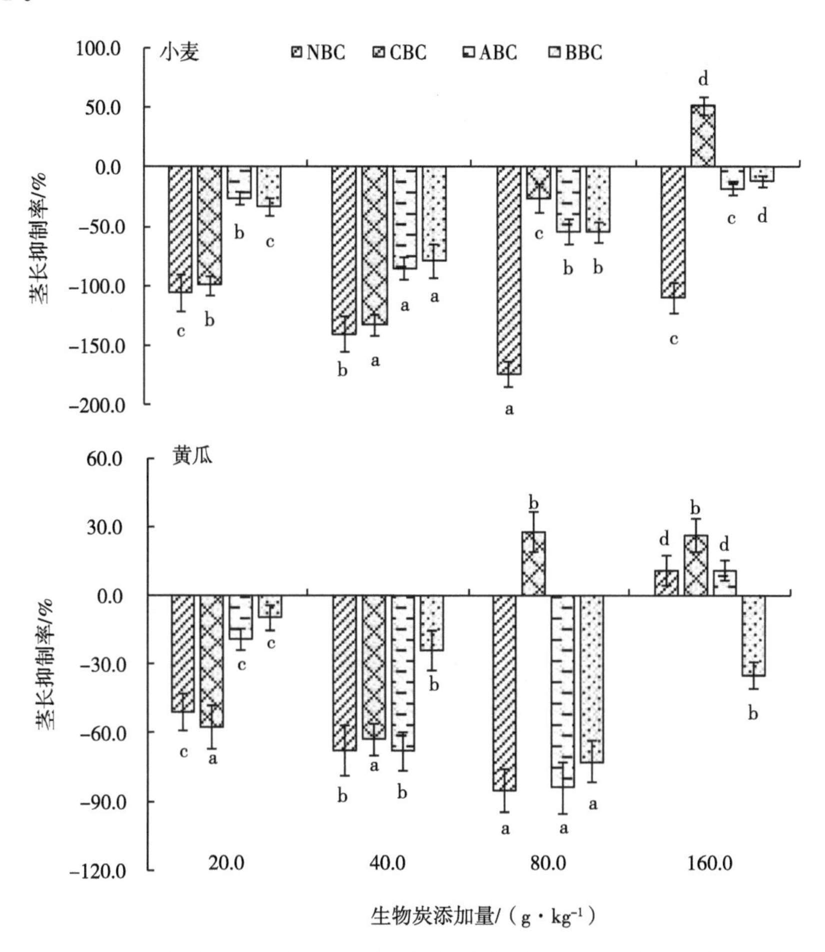

图 5-2　不同原料类型生物炭不同添加量对小麦和黄瓜茎长抑制率的影响

注：柱上不同小写字母表示不同处理间差异显著（$P<0.05$）。

1.7　不同原料类型生物炭对土壤 PAHs 含量的影响

如图 5-3 所示，土壤中 PAHs 整体呈现的趋势是随着生物炭添加量的增加而增加。当 NBC 和 CBC 添加量为 160.0 g · kg^{-1}时，总 PAHs 含量增加到 89.69 μg · kg^{-1}和 204.04 μg · kg^{-1}，较对照分别增加了 44.83%和 75.75%。

NBC 添加主要为芴（Fl）、菲（Phe）、蒽（Ant）含量显著增加，与对照相比，三者最高增幅分别为 88.96%、87.03%和 94.20%（数据未展示）。而随 CBC 添加量的增加，芴（Fl）、菲（Phe）、蒽（Ant）、荧蒽（Flt）、芘（Pyr）、苯并［a］蒽（BaA）、䓛（Chr）含量均显著升高（数据未展示）。添加 ABC 和 BBC 处理，土壤 PAHs 含量变化范围分别为 49.48～74.73 $\mu g \cdot kg^{-1}$和 49.48～82.97 $\mu g \cdot kg^{-1}$。其中随 ABC 添加量的增加，主要为芘（Pyr）含量的增加，与对照相比，ABC 为 160.0 $g \cdot kg^{-1}$时，土壤芘（Pyr）增加 62.06%（数据未展示）。而 BBC 处理主要为菲（Phe）、荧蒽（Flt）和芘（Pyr）含量显著增加，当 BBC 添加量为 160.0 $g \cdot kg^{-1}$时，菲（Phe）、荧蒽（Flt）和芘（Pyr）含量分别增加 16.07 $\mu g \cdot kg^{-1}$、17.65 $\mu g \cdot kg^{-1}$和 17.21 $\mu g \cdot kg^{-1}$，而其余组分与对照相比无显著性差异。

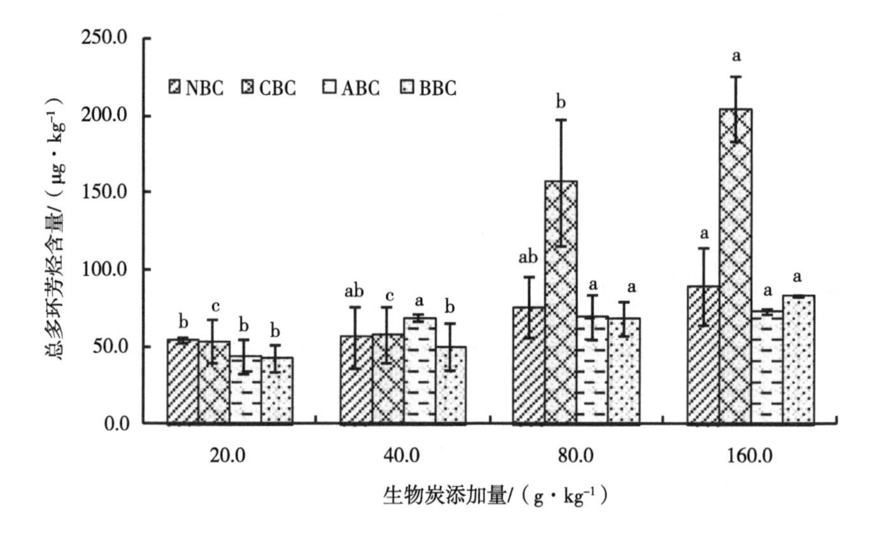

图 5-3　添加生物炭后土壤中 PAHs 含量

注：柱上不同小写字母表示不同处理间差异显著（$P<0.05$）。

1.8　生物炭与种子发芽率、根长和茎长的相关性分析

由表 5-6 可知，由于小麦和黄瓜根长和茎长在一定程度上随添加量的增加而增加，生物炭种类和添加量均极显著影响小麦和黄瓜的根长和茎长，且交互作用显著；而不同种类生物炭和添加量对小麦和黄瓜种子发芽率的影响不显著，交互作用影响亦不显著。

表 5-6 生物炭种类（B）与添加量（M）对小麦和黄瓜发芽率、根长和茎长影响的双因素方差分析

作物类型	因素	自由度	发芽率		根长		茎长	
			F	*P*	*F*	*P*	*F*	*P*
小麦	B	3	0.65	0.586	151.10	<0.001	269.60	<0.001
	M	4	1.91	0.117	234.80	<0.001	378.20	<0.001
	B×M	12	1.10	0.376	63.81	<0.001	66.70	<0.001
	模型	19	1.20		113.60		164.33	
黄瓜	B	3	1.18	0.323	18.54	<0.001	32.31	<0.001
	M	4	2.35	0.061	113.74	<0.001	213.80	<0.001
	B×M	12	0.48	0.920	32.17	<0.001	65.37	<0.001
	模型	19	0.99		47.19		91.40	

注：显著性差异，$P<0.05$；极显著性差异，$P<0.01$。

1.9 不同原料类型生物炭与作物的互作关系

由生物炭的基本理化性质可知，4 种生物炭都呈碱性，主要与生物炭本身矿质灰分以及生物炭表面官能团有关（Yuan & Xu，2011）。本研究结果也显示，4 种生物炭表面孔隙结构明显（图 1-1），含有—O—、—OH、—C═O等含氧官能团。生物炭无机养分组成也显示，4 种生物炭固定碳含量在 90%以上，氮、钾、磷、硫等含量极低或部分缺失。该结果与 Yu 等（2009）和 Macdonald 等（2014）相似，他们认为，与粪便废弃物制备的生物炭相比，秸秆类生物炭含碳量明显较高，且在生物炭高温制备过程中，氮、钾等元素会挥发损失。此外，4 种生物炭本身除含有对植物生长有利的营养元素外，也含有多种 PAHs 有机化合物，且不同材料生物炭 PAHs 含量存在显著性差异。PAHs 是一类具有致癌、致突变的持久性有机污染物，在生物质原料热解制备生物炭的过程中产生，会对环境健康和作物生长发育构成威胁（Hilber et al.，2012）。有研究显示，生物炭浸提液中的 PAHs 含量与制备温度有关，735～850 ℃ 制备的生物炭提取液中 PAHs 含量最高（Wolska et al.，2012）。而本研究中，16 种优控 PAHs 总量变化范围为 62.47～93.55 $\mu g \cdot kg^{-1}$，显著低于欧盟和美国对用于土地处理的生物性固体废弃物所规定的安全限值［3 $mg \cdot kg^{-1}$（Communities，2011）、6 $mg \cdot kg^{-1}$（Khair et al.，2000）］，且测出的 PAHs 主要为萘（Nap）、芴（Fl）、菲

(Phe)、荧蒽（Flt）等，均为毒性较低的非致癌性 PAHs。

生物炭具有疏松多孔的特性，在土壤中直接添加生物炭后会增加土壤的孔隙度，从而使土壤的抗张强度降低，改善持水、透气性，进而促进作物的生长（Lehmann et al.，2011）。本研究种子发芽试验结果显示，不同原料类型生物炭以及不同添加量对小麦和黄瓜种子的发芽没有显著的影响，但生物炭施用显著促进两种不同根系类型种子根部和茎部的生长。该结果与 Solaiman 等（2012）研究结果相似。当 NBC 添加量为 80.0 g · kg^{-1}时，小麦根和茎生长率分别提高了 107.65%和 173.82%，促进作用显著。但当 4 种生物炭添加量超过最佳施用量时，高量施用生物炭对根、茎生长产生明显的抑制作用，该结果与 Kammann 等（2011）的试验结果一致。黄超等（2011）研究发现，在肥力水平较高的土壤中，高量施用生物质炭（200 g · kg^{-1}）可导致土壤微生物生物量下降，对黑麦草的生长产生轻微的抑制作用；而有研究得出，因为生物炭本身呈现碱性，其施入土壤后会导致土壤 pH 值升高，因而影响植物的生长（Butnan et al.，2015）。Cao 等（2009）研究得出，种子发芽率、根长、芽长呈现先增后降的变化趋势，主要是因为供试生物炭除含有植物生长所需的营养物质外，也存在重金属、PAHs 等潜在污染物，因而影响种子的生长。

综上，高剂量生物炭对植物的生长产生抑制作用，4 种生物炭对小麦种子和黄瓜种子的抑制作用不同且最适添加量也不同，主要是因为生物炭对植物生长是否有促进作用除了与生物炭的特性和添加量有关外，还与土壤的肥力和性质以及植物种类有关。因此，当将生物炭大范围应用于农业时，其还田的具体形式以及存在的生态风险，需根据不同土壤的性质、植物种类以及不同生物炭的最佳施用量选择最适合的生物炭，以使其对植物生长的促进效果达到最好。

第二节　生物炭对作物氮素利用的影响

近年来，作为一种优良的土壤改良剂，生物炭被大量应用于改土培肥、协同增产等方面（孟军等，2011），对我国实现废弃物资源化利用和环境保护具有重要意义（Schmidt & Noack，2000）。前期报道显示，生物炭施入对两类土壤养分利用、作物生长等影响不同，在碱性农业土壤中施用生物炭，可能引发养分有效性降低等问题，影响作物生长（刘园等，2015），而由于生物炭表面具有碱性基团，因此更适合作为酸性土壤的改良剂，降低氮素其他损失，提高氮素利用效率，促进作物生长（王典等，2012）。此外，生物炭疏松多孔特性也可提高土壤通气性，有利于一些作物根系的生长（Lehmann & Rondon，2006；勾芒芒和屈忠义，2013）。在农业上，氮素输入包括肥料氮、矿化氮和土壤原始氮，氮素输出包括作物吸收、土壤残留和表观损失（淋溶、气体损失），土壤-作物体系的氮素平衡是评价氮肥管理合理的关键。本节通过观测生物炭施用对作物根系形态和地上部产量的影响，对比研究生物炭对两类土壤氮素残留、种植小白菜氮素吸收和淋失量的影响；解析生物炭对土壤-作物体系氮素平衡的整体影响，以及根系特征指数与氮素利用指标的相关性，探讨生物炭对潮土和红壤小白菜生长和氮素利用的影响，以期丰富生物炭农田管理的理论基础。

2.1 试验材料与试验设计

试验材料与试验设计均参照第三章第四节 4.1。

2.2 生物炭对作物生物量、产量及叶片营养指标的影响

由表 5-7 可知，与单独添加氮肥处理相比（MN、RN），生物炭施用在红壤上小白菜地上部和地下部的生物量分别提高了 35.7%~69.0%和 63.0%~77.1%，潮土中小白菜地上部和地下部的生物量分别降低了 59.1%~77.2%和 70.6%~80.6%，但不同生物炭添加量之间没有显著性差异。生物炭施用没有对小白菜的收获指数产生显著影响。生物炭添加影响了小白菜的产量和养分含量（图 5-4）。与单独添加氮肥处理相比（MN、RN），生物炭施用在潮土上，小白菜的产量显著降低了 65.0%~79.4%，施用在红壤上，小白菜的产量提高了 30.6%~65.8%，但都随着生物炭添加量的升高而降低。潮土上种植作物的根冠比在添加 2%、4%生物炭时分别显著降低 24.6%、25.2%，在红壤上种植作物的根冠比显著降低了 48.6%~58.3%。生物炭未对小白菜叶片的全氮含量产生影响。添加生物炭能够显著降低两种土壤上作物的硝酸盐含量，分别降低了 40.9%~84.6%和 18.8%~75.0%。

表 5-7 生物质炭施用对小白菜生物量和收获指数的影响

处理	地下部干重/g	地上部干重/g	总重/g	收获指数
MCK	0.14±0.04bcde	1.57±0.20cd	1.71±0.16cd	0.92±0.03ab

（续表）

处理	地下部干重/g	地上部干重/g	总重/g	收获指数
MN	0. 22±0. 01abc	5. 04±0. 98a	5. 26±0. 96a	0. 96±0. 01a
MB1N	0. 11±0. 00bcde	1. 48±0. 09cd	1. 59±0. 09cd	0. 93±0. 00ab
MB2N	0. 09±0. 03cde	1. 44±0. 32cd	1. 53±0. 29cd	0. 94±0. 03ab
MB3N	0. 09±0. 05de	1. 24±0. 32d	1. 32±0. 27d	0. 93±0. 05ab
MB4N	0. 05±0. 00e	0. 98±0. 07d	1. 03±0. 07d	0. 95±0. 00a
RCK	0. 13±0. 02bcde	1. 01±0. 23d	1. 14±0. 25d	0. 89±0. 01b
RN	0. 09±0. 03de	0. 84±0. 05d	0. 93±0. 08d	0. 90±0. 02ab
RB1N	0. 24±0. 02ab	3. 67±0. 12b	3. 90±0. 14b	0. 94±0. 00ab
RB2N	0. 20±0. 04abcd	3. 64±0. 60b	3. 84±0. 64b	0. 95±0. 00a
RB3N	0. 29±0. 16a	3. 22±0. 20b	3. 51±0. 35b	0. 92±0. 04ab
RB4N	0. 14±0. 03bcde	2. 27±0. 23c	2. 41±0. 20c	0. 94±0. 02ab

注：同列不同小写字母表示不同处理间差异显著（$P<0.05$）。

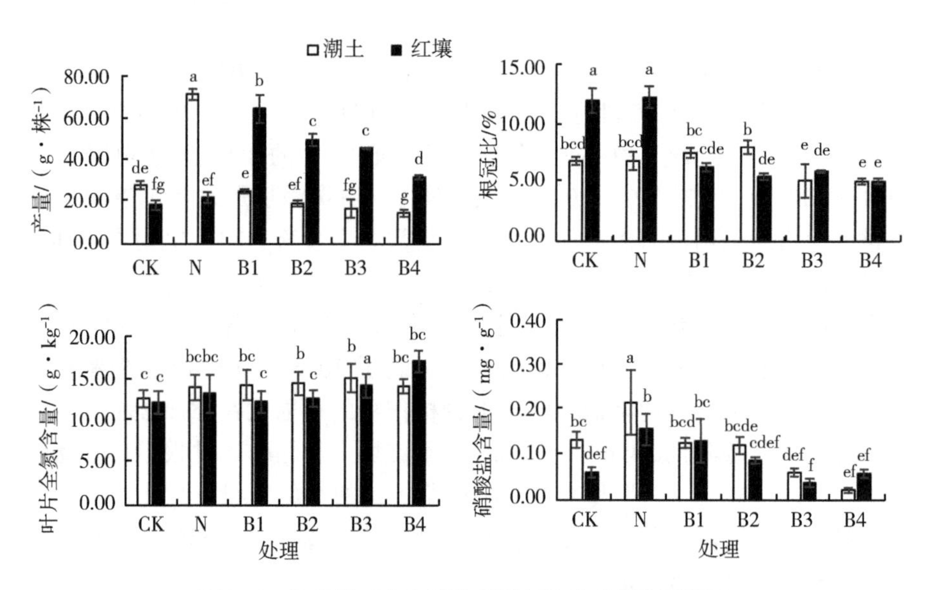

图 5-4　生物炭对小白菜生长指标和养分指标的影响

注：柱上不同小写字母表示不同处理间差异显著（$P<0.05$，$n=3$）。

2.3 生物炭对作物根系的影响

生物炭施用显著影响小白菜的主根长、根表面积、根系直径和根系体积（表5-8）。与空白对照和单施氮肥处理相比，随生物炭用量的增加，潮土施用生物炭处理，小白菜主根长降低了11.5%~30.1%，根表面积降低了45.6%~55.9%；红壤施用生物炭处理，小白菜主根长有增加的趋势，但差异不显著，而其根表面积呈先升高后降低的趋势，仅当生物炭添加量为0.5%、1%时（RB1N、RB2N），小白菜根表面积分别达65.53 cm^2、69.59 cm^2，较RN处理分别增加了47.5%、56.7%，增幅显著，而当生物炭用量超过1%后，小白菜根表面积迅速降低，RB4N处理仅为34.44 cm^2，显著低于对照。说明生物炭施用在红壤，可促进种植小白菜的根系发育；而在潮土施用生物炭却抑制种植小白菜的根系发育。生物炭对不同土壤小白菜的根系直径无显著影响；与单独添加氮肥处理相比，生物炭添加未对红壤小白菜的根系体积产生影响，但在潮土上添加1%生物炭显著提高了小白菜的根系体积34.3%，随生物炭施用量的增加，根系体积呈逐渐下降的趋势。

表5-8　生物炭施用对不同土壤小白菜根系形态指标的影响

处理	主根长/cm	根表面积/cm^2	根系直径/cm	根系体积/cm^3
MCK	9.55±0.21bcd	60.94±4.24c	6.11±1.13ab	57.93±5.63bc
MN	11.10±0.75a	89.65±2.60a	5.96±1.25ab	63.25±5.71b
MB1N	9.82±0.93bcd	41.37±1.61efg	6.16±1.17ab	96.31±4.76a
MB2N	7.76±0.18e	48.45±4.37de	4.98±1.17ab	54.76±9.22bcd
MB3N	7.91±0.31e	47.28±4.57de	6.21±1.27ab	41.00±4.72def
MB4N	8.19±0.74e	39.53±5.46fg	6.68±1.45a	46.98±7.19cdef
RCK	10.55±0.93ab	49.74±1.21d	5.67±0.74ab	36.42±4.04ef
RN	8.74±0.29de	44.42±4.73def	5.71±1.60ab	53.22±9.33bcd
RB1N	8.85±0.34de	65.53±2.95bc	6.17±2.02ab	34.67±6.47f
RB2N	9.79±0.36bcd	69.59±2.26b	5.41±1.25ab	40.81±8.59def
RB3N	10.31±0.07abc	50.64±1.13d	4.23±0.72b	49.28±4.19bcde
RB4N	9.34±0.88bcd	34.44±1.24g	5.05±0.81ab	52.24±1.38bcd

注：同列不同小写字母表示不同处理间差异显著（$P<0.05$，$n=3$）。

2.4 生物炭对作物氮素利用的影响

2.4.1 对小白菜氮素吸收效率的影响

潮土施用生物炭显著降低小白菜的氮素吸收效率，与单独添加氮肥处理相比，降幅达64.7%~73.5%；但红壤施用生物炭则显著增加小白菜氮素吸收效率，与空白对照和单独添加氮肥处理相比，红壤施用生物炭各处理小白菜氮素吸收效率范围增加到38%~52%，增幅达44.7%~59.6%（图5-5）。施用生物炭显著降低潮土各处理氮肥偏生产力；但显著增加红壤各处理氮肥偏生产力（表5-9、表5-10）。随不同添加量生物炭的施用，两种土壤氮素吸收效率、氮肥偏生产力均随生物炭用量的增加呈下降趋势。偏相关分析表明，小白菜根长与氮素表观利用率、氮肥偏生产力和氮素吸收效率具有极显著正相关关系。而根重与氮素吸收效率、氮素表观利用率、氮肥偏生产力具有显著正相关关系。根表面积与氮素吸收利用效率、氮肥表观利用率、氮肥偏生产力具有极显著相关关系。根系直径与根系体积与氮素利用指标没有显著相关关系。

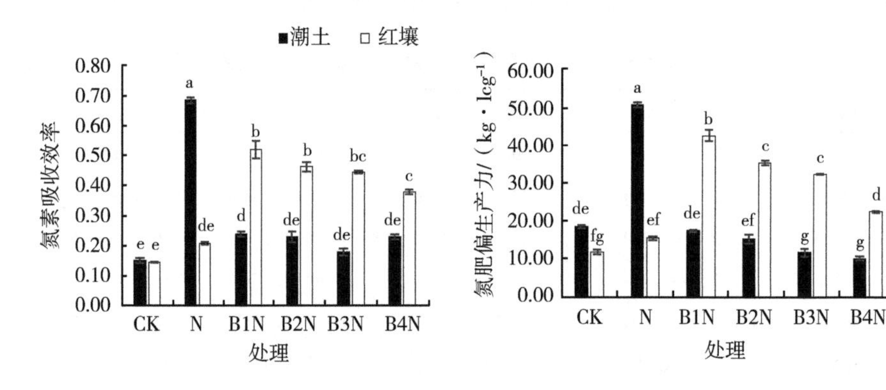

图5-5 生物炭对小白菜氮素利用效率的影响

注：柱上不同小写字母表示不同处理间差异显著（$P<0.05$）。

表5-9 潮土小白菜氮素利用与根系形态指标的相关性

指标	氮素吸收效率	氮肥表观利用率	氮肥偏生产力	氮表观残留率	氮表观损失率
根长	0.778**	0.775**	0.791**	-0.631*	-0.586
根重	0.410	0.940**	0.481	0.479	-0.693*
根表面积	0.940**	0.940**	0.949**	-0.269	-0.958**
根系直径	-0.043	-0.043	-0.112	-0.294	0.132

（续表）

指标	氮素吸收效率	氮肥表观利用率	氮肥偏生产力	氮表观残留率	氮表观损失率
根系体积	0.296	0.299	0.199	-0.548	-0.090

注：* 表示相关性显著，$P<0.05$，** 表示相关性极显著，$P<0.01$。

表 5-10 红壤小白菜氮素利用指标与根系形态指标的相关性

指标	氮素吸收效率	氮肥表观利用率	氮肥偏生产力	氮表观残留率	氮表观损失率
根长	0.341	0.354	0.275	0.671*	-0.615
根重	0.650*	0.661*	0.601	0.684*	-0.723*
根表面积	0.555	0.550	0.744*	-0.168	0.482
根系直径	-0.315	-0.317	-0.129	-0.630	-0.311
根系体积	-0.515	-0.513	-0.646*	0.341	-0.609

注：* 表示相关性显著，$P<0.05$，** 表示相关性极显著，$P<0.01$。

2.4.2 生物炭对土壤-作物系统氮素表观平衡的影响

生物炭对土壤-作物体系氮素平衡的影响主要通过 3 个方面来体现：作物吸收、土壤残留和表观损失。与单独添加氮肥处理（N）相比，生物炭并没有对潮土的无机氮残留产生显著的影响，但是在低生物炭施用量下（0.5%、1%），生物炭显著降低了无机氮在红壤中的残留，分别降低 62.3%、60.1%，在高生物炭施用量（2%、4%）的条件下没有显著影响。与单独添加氮肥处理（N）相比，添加生物炭能够显著增加潮土氮素表观损失，增加了 27.1%～47.7%，添加 0.5%、1%生物炭（MB1N、MB2N）显著增加红壤氮素表观损失，增加了 25.7%、26.9%，但添加 2%和 4%（MB3N、MB4N）生物炭分别降低 39.0%、15.4%（表 5-11）。

生物炭添加显著提高了潮土的氮素表观残留率，提高了 68.0%～74.6%，降低了红壤的氮素表观残留率，降低了 25.0%～41.2%。不同的生物炭添加量之间没有产生显著影响。添加 1%、2% 生物炭（MB2N、MB3N）显著提高潮土的氮素表观损失率，分别提高了 28.6%、34.5%。生物炭施用对红壤的氮素表观损失率没有产生显著影响。

2.5 生物炭对作物氮素利用影响机制的探讨

花生壳生物炭具有较高的 pH 值和阳离子交换能力（CEC）（Liang et al., 2006），同时具有较强的吸附能力，能够减少土壤中养分的淋失（Lehmann et

表 5-11　土壤-作物系统氮素表观平衡

氮素收支	潮土						红壤					
	RCK	MN	MB1N	MB2N	MB3N	MB4N	RCK	RN	RB1N	RB2N	RB3N	RB4N
土壤氮输入												
肥料氮/g	0. 00	3. 07	3. 07	3. 07	3. 07	3. 07	0. 00	3. 07	3. 07	3. 07	3. 07	3. 07
起始矿化氮/g	0. 40	0. 40	0. 40	0. 40	0. 40	0. 40	0. 10	0. 10	0. 10	0. 10	0. 10	0. 10
矿化氮/g	0. 16	0. 16	0. 16	0. 16	0. 16	0. 16	0. 71	0. 71	0. 71	0. 71	0. 71	0. 71
总输入/g	0. 56	3. 63	3. 63	3. 63	3. 63	3. 63	0. 81	3. 86	3. 86	3. 86	3. 86	3. 86
土壤氮输出												
作物吸收/g	0. 21b	1. 05a	0. 33b	0. 33b	0. 24b	0. 31b	0. 23c	0. 32c	0. 72a	0. 65a	0. 65a	0. 52b
残留矿化氮/g	0. 35c	1. 22b	1. 33b	1. 64a	1. 76a	1. 27b	0. 58b	1. 38a	0. 52b	0. 55b	1. 59a	1. 40a
表观损失/g	2. 51a	0. 78d	1. 42b	1. 11c	1. 07c	1. 49b	2. 26a	1. 36c	1. 83b	1. 86b	0. 83d	1. 15c
氮盈余/g	2. 86a	2. 00b	2. 74a	2. 74a	2. 83a	2. 76a	2. 84a	2. 75a	2. 35c	2. 42c	2. 42c	2. 55b
氮素表观利用率/%	—	54a	9b	8bc	3c	7bc	—	6d	36a	31ab	27bc	22c
氮素表观残留率/%	—	16c	59a	50b	51b	63a	—	68a	40b	43b	40b	51b
氮素表观损失率/%	—	30b	32b	42a	46a	30b	—	26a	24a	26a	33a	27a

注：同行不同小写字母表示不同处理间差异显著（$P<0.05$，$n=3$）。

al., 2003)，提高土壤的固碳量和 pH 值，改良红壤的性质（Yuan & Xu，2011)。同时，生物炭携带的大量氮素起到了氮肥的作用，是在红壤中种植的小白菜产量增加的原因。在潮土中施用生物炭，小白菜的生物量显著下降，这与 Gaskin 等（2010）的结论一致，生物炭施用不利于作物生长，可能是因为潮土本身具有较高的 pH 值，施入生物炭后，不利的 pH 值影响了作物的生长（van Zwieten et al.，2010)。生物炭中含有某些有害物质，如烃类和金属类元素（Devonald，1982）等，也会在特定的土壤环境下造成小白菜产量的下降。生物炭和根系之间在微生态环境下的相互作用也可能对作物的生长产生了影响（Lehmann et al.，2011)。

根冠比主要反映地上部和根系之间对光合产物的分配状况（姜琳琳等，2011)，它与土壤中氮素的含量有关，Reich（2002）发现，施肥减少了生物量向根系的分配。在一定氮素含量范围内，根冠比在低氮条件下高于高氮条件（Vamerali et al.，2003)，而生物炭提高了土壤中的无机氮含量，可能是生物炭施用能够降低两种土壤小白菜根冠比的原因（图 5-5)。Spokas 等（2010）发现，生物炭加入土壤中能够导致植物体内乙烯含量的增加，这也可能是促进植物地上部生长的原因之一。但是，生物炭添加是否影响了土壤生物学性质，进而影响了蔬菜的产量性能目前还不清楚。

人体摄入的硝酸盐大多来自蔬菜。小白菜是一类喜硝作物，当添加的尿素转化为 NO_3^--N 后，会促进硝酸盐在小白菜体内的累积。本研究发现施用生物炭可以显著降低两种土壤种植小白菜体内硝酸盐的累积。生物炭对于 NO_3^--N 和 NH_4^+-N 具有一定的吸附能力，研究显示作物根系对阳离子的吸收随 pH 值的升高而加快，阴离子则相反（李春俭，2008)。添加生物炭后，两种土壤的 pH 值升高，减缓了小白菜对阴离子 NO_3^--N 的吸收，从而减少了小白菜体内的硝酸盐含量。有研究表明，植物体内的硝酸盐含量与土壤中的无机氮含量显著正相关，本研究中生物炭的含氮量偏高，向土壤中释放氮素，没有显著的无机氮吸附作用，这可能是与张登晓等（2014）结论不一致的原因。

蒋健等（2015）研究表明，土壤中施入玉米秸秆生物炭能增加玉米根系的总根长、根体积和根干质量。Abiven 等（2015）研究表明，向土壤中添加由玉米芯制备的生物炭后，玉米根系生物量增加了两倍，根系具有更大的比表面积、更多的分支和细根，进而使玉米根系生长的深度和广度均明显增加，这与本试验中红壤的结论一致。有研究表明，作物的根系更偏向于在有生物炭颗粒的区域生长（Prendergast-Miller et al.，2014)，根系的生长与土壤的物理性状密不可分，例如土壤的含水量、土壤紧实度等会影响根系的生长，可能是生物炭抑制了潮土种植小白菜根系生长的原因。

菜地氮素肥料的普遍性大量施用带来了严重的土壤酸化、养分淋失、地下水污染风险加剧等环境问题。大量研究显示，生物炭添加可有效缓解土壤酸化的趋势，改善土壤环境状况，影响土壤氮素的循环和转化过程，阻控氮素养分损失，降低施化肥带来的氮素淋失风险，提高养分利用效率。

在本研究中，红壤施用生物炭显著提高小白菜氮素吸收效率 44.7%～59.6%，提高氮素表观利用率 73.9%～83.8%，增加氮肥偏生产力 30.1%～63.1%。而在潮土中施用生物炭，则降低小白菜氮素吸收效率 64.7%～73.5%，降低氮素表观利用率 83.3%～94.4%，降低氮肥偏生产力 65.1%～79.4%。总体上，红壤施用生物炭促进小白菜对氮素的吸收，但潮土施用生物炭则抑制小白菜对氮素的吸收。该结果与俞映倞等（2015）等的研究结果相似。生物炭有效缓解了红壤酸化，改良红壤的理化性质，提高氮素吸收和利用率。而供试潮土，本身呈碱性，加之旱地土壤硝化作用剧烈（Sánchez-García et al.，2015），施肥后 NH_4^+-N 短期内被转化，在土壤中多以 NO_3^--N 形态残留（Nelissen et al.，2015），因此，本研究中潮土施用生物炭显著提高表层土壤 NO_3^--N 残留量，但其氮素吸收效率均随生物炭施用量的增加显著降低。

此外，本研究显示，向红壤和潮土施用生物炭均可显著降低小白菜可食用部分硝酸盐含量，降幅分别达 40.9%～84.6%和 18.8%～75.0%。这种降低可能与生物炭调节土壤 pH 值、缓解化肥施用引发的酸化过程、减缓作物根系对阴离子 NO_3^- 的吸收有关，也可能是由于添加生物炭促进体内 NO_3^--N 向 NH_4^+-N 的转化，合成氨基酸，使植物体内氮素贮存形态改变（俞映倞等，2015）。说明生物炭不仅影响土壤氮转化过程和作物对土壤氮的吸收，也影响植株氮素贮存形态，生物炭的施用有利于改善供试作物品质。

综上所述，对红壤和潮土施用生物炭，显著影响供试作物小白菜的生长及其氮素利用效率。对红壤施用生物炭，可降低红壤氮素残留，提高氮肥的吸收效率，促进小白菜根系发育，提高产量，具有良好的生产和生态效益；而对潮土施用生物炭，则降低其氮素吸收效率，抑制小白菜根系发育，降低其产量，因此，需进一步探讨生物质炭用量、土壤类型、作物种类对作物生长的影响，为不同土壤生物炭的高效安全施用提供理论基础。

第三节 生物炭对番茄立枯病菌的抑制作用

番茄是一种特殊的蔬菜，它不仅可以作为蔬菜出现在市场中，而且其各种加工制品也越来越受消费者喜爱。在我国的种植面积由于年需求量的逐年上升而呈增长状态。2015 年番茄产量5 594 万 t，占全国蔬菜总量的 7.1%。目前番茄已经发展成为我国最重要的蔬菜品种之一。近年来，因种植户积极性的提高以及温室大棚补贴政策的推行，番茄种植面积小幅增加，但番茄发病率较高。其中，番茄立枯病是番茄苗期的常见病害，为害较大。生物炭虽然有上述优点，但是也有不足之处。有试验表明，生物炭虽然短期内对某些植物的生长发育有促进作用，但由于其自身的高 pH 值等特性，长期施用会对碱性土壤和一些植物造成不良影响。本试验对生物炭做了特定的改性以期达到降低设施蔬菜大棚中立枯丝核菌对蔬菜的为害、促进番茄自身生长、提高产量的目的。

本试验以华北地区菜地潮土为研究对象，采用短期盆栽培养试验，分别按 0 $g \cdot kg^{-1}$、15.0 $g \cdot kg^{-1}$、30.0 $g \cdot kg^{-1}$、45.0 $g \cdot kg^{-1}$、90.0 $g \cdot kg^{-1}$的添加量施用普通花生壳生物炭（NBC）、过氧化氢改性花生壳生物炭（HNBC）、载氮花生壳生物炭（NNBC）3 种不同处理的生物炭。观察不同处理生物炭对病原菌立枯丝核菌侵染番茄幼苗的影响和植株生长情况，旨在在改善土壤理化性质的同时，为作物提供充足的氮素，使植物健康发育以抵御外来病原侵染，为生物炭的农田应用提供多种途径。

3.1 试验材料

3.1.1 生物炭选择

供试生物炭为花生壳生物炭，粉碎花生壳入马弗炉 500 ℃烧制，用 2 $mol \cdot L^{-1}$ H_2O_2 以质量体积比 1∶6 清洗生物炭，后用 5 $g \cdot L^{-1}$ $(NH_4)_2SO_4$ 溶液以质量体积比 1∶20 进行载氮处理。载氮量使用纳氏试剂分光光度法测定溶液中 NH_4^+-N 浓度，由差减法算得。

3.1.2 供试土壤

盆栽土壤取自天津市武清区蔬菜基地（39°38′N，117°03′E）0~20 cm 耕层。土壤类型为潮土，土壤容重 1.1 $g \cdot cm^{-3}$，pH 值 7.8，有机质 7.6 $g \cdot kg^{-1}$，全氮 1.1 $g \cdot kg^{-1}$，全磷 2.7 $g \cdot kg^{-1}$，NO_3^--N 136.4 $mg \cdot kg^{-1}$，

NH_4^+-N 11.0 mg·kg^{-1}，EC 值 0.13 mS·cm^{-1}。

3.1.3 供试病原菌和番茄种子

供试病原菌为立枯丝核菌（*Rhizoctonia solani*），在 PDA 上进行培养。先将菌种进行活化，取培养皿边缘菌丝放入新的 PDA 中，25 ℃培养 3 d；接着发酵立枯丝核菌，将菌丝置入装有 100 mL 马铃薯葡萄糖培养基的 250 mL 锥形瓶中进行摇菌，每瓶加入 25 mg 氯霉素（生工）以抑制细菌生长。供试番茄品种为白果强丰，采购于天津科润农业科技股份有限公司蔬菜研究所。

3.2 培养试验

试验于 2018 年 6—7 月在天津市农业农村部环境保护科研监测所网室内（39°05′49″N，117°08′46″E）进行。土壤经过高温灭菌处理，每盆装土 3 kg，生物炭按质量分别以 0 g·kg^{-1}、15.0 g·kg^{-1}、30.0 g·kg^{-1}、45.0 g·kg^{-1}、90.0 g·kg^{-1}的比例与土进行混合。在室内完成前期的育苗工作，基质土配比为椰砖：草木灰：菜地土=7：5：10，定植时选择长势相近且良好的两叶一心的幼苗，移栽到规格为 15 cm（高）×20 cm（上口径）×15 cm（底径）的塑料盆中。试验包括 3 种生物炭处理：普通花生壳生物炭（NBC）处理、H_2O_2 清洗花生壳生物炭（HNBC）处理和载氮花生壳生物炭处理（NNBC），每个处理有 5 个生物炭浓度梯度，分别为 0 g·kg^{-1}、15.0 g·kg^{-1}、30.0 g·kg^{-1}、45.0 g·kg^{-1}、90.0 g·kg^{-1}。每个浓度有 4 个重复，每盆种 5 棵幼苗。保证试验期间盆栽中的土壤水分与养分维持在适宜水平。

3.3 生物炭对番茄立枯病染病的影响

总体上看，施用生物炭的盆栽与对照相比，没有施生物炭的处理盆栽一般是在第 5 d 开始发病，而施用普通生物炭的是在第 5~6 d 开始染病，施用过氧化氢改性生物炭、载氮生物炭的盆栽则是在第 5~8 d 发病。3 种生物炭处理的盆栽发病时间普遍在施用量较低（施用量为 15.0 g·kg^{-1}、30.0 g·kg^{-1}）时晚，初期染病取决于生物炭的施用量（15.0 g·kg^{-1}施用量的盆栽最晚染病）。在对照组中，病原菌迅速侵染植株，发病率在第 9 d 时就已经达到了 50%，显著高于普通生物炭处理，此时分别有 10%、15%和 25%的植株在普通生物炭（施用量分别为 15.0 g·kg^{-1}、30 g·kg^{-1}、

45 g · kg^{-1}和 90 g · kg^{-1}）处理中染病（$P<0.001$），过氧化氢改性生物炭在 15.0 g · kg^{-1}、30 g · kg^{-1}、45 g · kg^{-1}和 90 g · kg^{-1}施用量下的发病率分别为 5%、15%、10%和 10%（$P<0.001$）；载氮生物炭则是有 5%、10%、20%、15%的植株分别在 15.0 g · kg^{-1}、30 g · kg^{-1}、45 g · kg^{-1}和 90 g · kg^{-1}的施用量下染病（图 5-6）。

对盆栽试验中收集到的发病数据进行处理得出流行病学指数，以生物炭种类为因素做单因素方差分析，得出以下结论。与对照组相比，生物炭的施入显著降低了最终枯萎程度，且最终枯萎程度随着生物炭施用浓度的升高有显著上升的趋势（$P<0.05$），过氧化氢改性生物炭和载氮生物炭在施炭量为 90 g · kg^{-1}时最终枯萎程度有下降的趋势（表 5-12）。3 种处理的生物炭之间并没有显著性差异，对照组平均最终枯萎程度为 58%，普通生物炭和载氮生物炭在施用量为 15 g · kg^{-1}时最终枯萎程度最低，分别为 15%和 5%，30 g · kg^{-1}过氧化氢改性生物炭处理最终枯萎程度最低，为 5%。所有施生物炭处理下的病情指数显著降低（$P<0.0001$），3 种生物炭之间无显著性差异（图 5-7）。在 15 g · kg^{-1}载氮生物炭处理下，病情指数下降 91%，随着施炭浓度的增加，病情指数显著升高。但过氧化氢生物炭和载氮生物炭在 45 g · kg^{-1}施炭量时病情指数达到高峰，90 g · kg^{-1}时，病情指数又有下降趋势，均下降了 32%（表 5-12）。

表 5-12 番茄立枯病的病情指标

生物炭	浓度/（g · kg^{-1}）	最终枯萎程度	病情指数
NBC	0	0.60±0.163Aa	567.0±20.006Aa
	15	0.15±0.100Bb	136.5±13.251Bb
	30	0.15±0.100Bb	157.5±16.289Bc
	45	0.20±0.163Bb	189.0±24.752Bd
	90	0.35±0.191Bc	322.0±31.206Be
HNBC	0	0.50±0.258Aa	406.0±29.561Aa
	15	0.10±0.115Bb	63.0±13.405Cb
	30	0.05±0.100Bb	66.5±15.253Cc
	45	0.15±0.300Bb	185.5±43.575Cd
	90	0.15±0.100Bb	126.0±17.381Ce

（续表）

生物炭	浓度/（g·kg^{-1}）	最终枯萎程度	病情指数
NNBC	0	0.65±0.191Aa	570.5±27.783Aa
	15	0.05±0.100Bb	45.6±12.621Db
	30	0.15±0.100Bb	122.5±16.037Dc
	45	0.20±0.400Bb	245.0±57.085Dd
	90	0.10±0.115Bb	164.5±15.519De

注：同列不同大写字母表示不同处理间差异极显著（$P<0.01$），不同小写字母表示不同处理间差异显著（$P<0.05$）。

番茄生长指数是通过测量幼苗株高和干重来衡量的。试验发现，施加生物炭显著增加了番茄幼苗的株高和干重，但不同生物炭处理与浓度之间没有显著性差异（表5-13）。

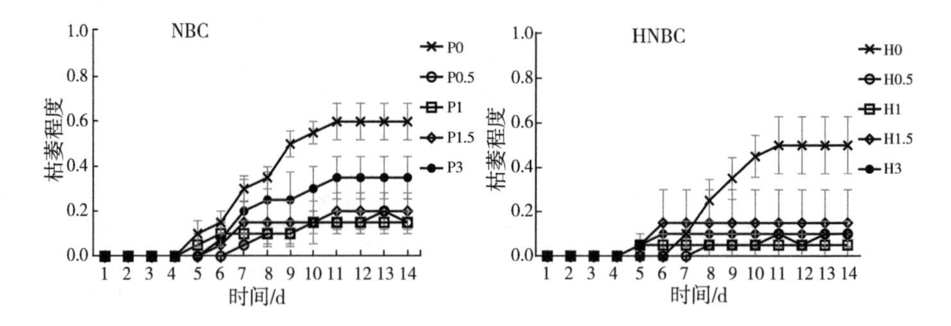

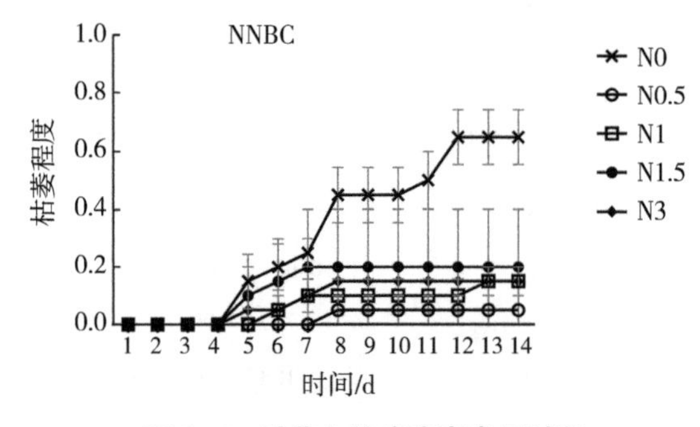

图5-6 番茄立枯病病害发展过程

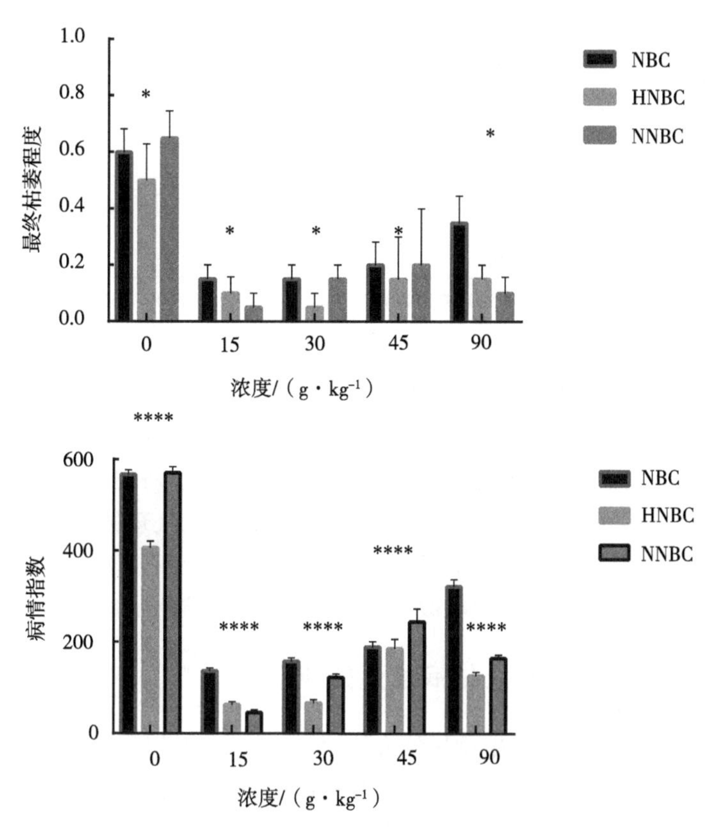

图 5-7　番茄立枯病病情指标

注：* 和 **** 分别表示 $P<0.05$ 和 $P<0.001$。

表 5-13　番茄幼苗生长指标

生物炭	浓度/（g·kg^{-1}）	株高/cm	干重/g
NBC	0	12.37±0.806Aa	0.09±0.012Cb
	15	15.47±0.606Bb	0.28±0.021Aa
	30	16.09±0.843Bb	0.27±0.023Aa
	45	15.14±0.650Bb	0.25±0.012Aa
	90	15.20±0.564Bb	0.21±0.016Aa
HNBC	0	13.9±0.386Aa	0.13±0.011Cb
	15	15.31±0.554Bb	0.26±0.016Aa
	30	15.08±0.771Bb	0.30±0.036Aa
	45	17.08±0.946Bb	0.32±0.040Aa
	90	15.83±0.598Bb	0.28±0.024Aa

（续表）

生物炭	浓度/（$g \cdot kg^{-1}$）	株高/cm	干重/g
NNBC	0	8.79±0.747Aa	0.09±0.008Cb
	15	13.68±0.741Cb	0.29±0.018Ba
	30	14.00±0.617Cb	0.27±0.028Ba
	45	15.79±0.593Cb	0.21±0.031Ba
	90	13.78±0.755Cb	0.23±0.028Ba

注：同列不同大写字母表示不同处理间差异极显著（$P<0.01$），同列不同小写字母表示不同处理间差异显著（$P<0.05$）。

从表5-13可以看出，在处理组随着生物炭浓度的升高防治效果逐渐下降，过氧化氢改性生物炭与载氮生物炭在45.0 $g \cdot kg^{-1}$的施用量下有一个防效的低谷，在施用量为90.0 $g \cdot kg^{-1}$时，防治效果重新回升。相同施用量下，处理过的生物炭对病原菌的防治效果要高；相同处理的情况下，3种生物炭均在15.0 $g \cdot kg^{-1}$施用量下，防治效果最好，15.0 $g \cdot kg^{-1}$与30.0 $g \cdot kg^{-1}$施用量的过氧化氢改性生物炭防治效果相仿。

3.4 生物炭抑制番茄立枯病发生的机制

本试验使用盆栽添加生物炭的方法研究土壤理化性质的变化和对病原菌的抑制作用。施入生物炭后，土壤中有机质的含量显著上升，且随着生物炭浓度的增加显著提高，这与许云翔等（2019）的研究结果相同。本试验生物炭本身是花生壳高温裂解炭化的产物，所以富含碳。这些碳虽能够被微生物分解利用，但从形态上变成了较为稳定的芳香类化合物或呋喃等杂环化合物，能够维持土壤中有机质的稳定性和含量。载氮生物炭相比于未载氮生物炭能够显著提高土壤全氮、NO_3^--N和NH_4^+-N含量，且随施用量的增加显著升高。

Graber等（2010，2014）发现生物炭能够减少由土传真菌引起的对番茄、甜椒和草莓等作物的病害，还发现生物炭可以减少芦笋、橡树等植物的土传病害。本试验根据这个思路，研究了不同处理方法的花生壳生物炭对土壤病原菌抑制能力的影响。有研究发现，生物炭抑制了立枯丝核菌对黄瓜幼苗的侵染（Jaiswal et al.，2014），在此基础上，本试验研究立枯丝核菌对番茄幼苗的侵染是否也可以被生物炭抑制。

结果显示，生物炭在低浓度下能够较好地抑制番茄立枯病的发生，这和Harel等（2012）的研究结果相似，他们的试验证明温室废弃物生物炭在

3%浓度时能够有效地抑制草莓的叶类病害，但和本试验不同的地方在于它的有效抑制浓度为3%，远远高于本试验 15 g・kg^{-1}的有效抑制浓度。原因可能是 Harel 等（2012）的废弃物生物炭在制备过程中能够产生多余的毒素成分，如活性氧、PAHs 和重金属等，施用浓度越高其含有的毒素浓度越高，这些毒素单独或协同作用，可能在病原菌侵染的过程中与病原菌发生了作用，或与植物发生某些反应，导致病原微生物的死亡等一系列抑制效果（Graber et al.，2010；Rogovska et al.，2012）。本试验中生物炭的抑制效果，符合低浓度抑制病原菌、高浓度抑制效果减弱的规律，这和肥料及多种化学品对植物的作用类似，如作物养分应用的二次抛物线函数，低浓度肥料促进植物生长，高浓度肥料有负效应；儿茶素对拟南芥也有类似的激素效应，而在 Graber 等（2010）的试验中，生物炭也有这种低剂量刺激、高剂量抑制的作用。在本试验中，从病害指数上看，3 种处理的生物炭在 15 g・kg^{-1}的施用量时，病害指数表现为最小，随着浓度的升高普通生物炭抑制效果下降到 37.39%，而过氧化氢改性生物炭和载氮生物炭也在 45 g・kg^{-1}施用量时显著下降。数据分析显示，过氧化氢改性生物炭和载氮生物炭初步达到了本试验的目的，即使用过氧化氢对生物炭进行洗脱和改性，洗掉了生物炭中存在的一些有毒物质并增加了生物炭官能团，增强其吸附作用。结果显示，90 g・kg^{-1}施用量时，过氧化氢改性生物炭比未改性生物炭防治效果上升50%；载氮生物炭也要高于未改性生物炭，但低于过氧化氢改性生物炭。生物炭载氮处理的目的是使生物炭吸附氮素，施入土壤中做缓释肥料用，以期达到控制氮肥、减少氮素流失、增强植物氮素利用率和植株生理生态活性的目的（Yin et al.，2018）。但试验结果表明，施入超过 30 g・kg^{-1}的载氮生物炭，其防治效果没有过氧化氢改性生物炭的防治效果好，这可能是因为病原菌对氮素的利用率也升高了，同样可以利用土壤中生物炭负载氮素的病原微生物可能通过氮素的高效利用加强自身的生理生化特性，能够更好地侵染植物。

关于低浓度生物炭抑制病原菌侵染的原因，有研究指出可能跟生物炭的添加改变了微生境有关，生物炭添加后，根际土壤酸碱度和氧化还原活性发生改变，土壤养分含量及生物利用率也会发生变化（Graber et al.，2014；Joseph et al.，2010）。病原菌在根际生存的微生境随着生物炭的添加发生了剧烈的变化，可能影响了病原菌的生存能力，适量的养分供应能够促进植物的生长发育、增加植物的抗病能力，如植物对土壤中钙离子的利用率上升能够促进细胞壁中间层的生长，抵御由病原菌分泌用于侵染的酶

(Kelman, 1989); 促进钾离子的吸收可以增加棉花对黄萎病的抗性。但是,营养物质不仅有正面影响,营养过多也会对根的生长产生不良影响,根的生长导致病原菌侵入位点增多,过量的氮素吸收导致植物徒长易倒伏,反而使病原菌如立枯丝核菌、疫霉菌等更易侵染植物(Newsham et al., 1995; Prendergast-Miller et al., 2014)。

从改性和载氮处理生物炭的防治效果差异可以看出,生物炭改性不仅改变了它的理化性质,也改变了生物炭的作用,对生物炭改性的方法和施入土壤的浓度应该经过严谨的试验和计算,否则施入田间后不仅不会产生抑制病原菌的作用,甚至有利于病原菌发展。此外,生物炭是一种良好的吸附材料,它可以吸附土壤中有机物、矿质营养等很多化学物质,其富集程度可以高于土壤数个数量级(Bornemann et al., 2007; Kolton et al., 2011; Graber et al., 2012)。在土壤环境中添加生物炭,能够增加钙、镁、锰、铁等碱土元素和过渡金属元素含量(Han et al., 2013; Uchimiya et al., 2012),其与铵根等阳离子结合,对根际土壤的生理生化过程有着正面的作用。生物炭吸附植物的化感物质,能够促进植物生长发育,增加或增强菌根真菌在根部的定植;生物炭还能一定程度地吸附病原菌释放的毒素和酶,如生物炭可以吸附固定纤维素分解酶、果胶分解酶等细胞壁降解酶,减少其与根系细胞壁的接触,从而使植物能一定程度地抵御病原菌;由于生物炭还能吸附植物根系分泌的草酸、乙二酸和琥珀酸等物质,还可能诱导改变病原菌在根际土壤的分布,吸引病原菌繁殖体,刺激其萌发,但由于无法获取能量和物质最终导致病原菌丰度的降低(Katan, 2002)。

本试验中,生物炭处理显著增加了番茄幼苗的株高和干重,这和很多研究的结论相同。一个最主要的原因可能是土壤理化性质的改善,使植物生长发育得到提高。生物炭的施入显著提高了营养物质的含量,使玉米产量增加了10%~29%(Agegnehu et al., 2016),大豆也能增产18%~24%(Agegnehu et al., 2015);生物炭的施入可以增加土壤的水分保持能力,大幅提高了作物的水分利用率,从而提高了玉米的产量(Uzoma et al., 2011)。大量研究发现,植物能够茁壮生长的另外一个原因就是生物炭能够显著增加菌根真菌的数量,促进菌根真菌萌发、定植,而菌根真菌活性的提高可以改善土壤理化性质(Conversa et al., 2015; Hammer et al., 2014; Hammer et al., 2015)。这样植物能够更好地吸收土壤中的营养物质,尤其是促进植物对磷的吸收(Lehmann & Rilling, 2015),菌根真菌可以形成菌根网,帮助植物更有效地利用土壤中的营养物质(Chandrasekaran et al., 2014)。

第六章　结论与展望

第一节　主要结论

氮素损失控制一直是优化农田氮肥运筹的重要方向，生物炭相对稳定的理化性质及其特殊的表面结构，在土壤性状改良、固碳保肥方面具有一定的潜力，得到了越来越多的关注。但是，在不同的土壤类型和生物炭施用量条件下，生物炭产生的作用效果不同。研究生物炭在固碳减排和农业生产活动中对作物的影响，进而探索生物炭对土壤环境效应的作用与机制，对于发展农田炭基氮肥、优化调控技术具有重要意义。

本书以不同原料类型生物炭、金属改性生物炭、金属-凝胶复合改性生物炭及固定微生物生物炭为案例介绍了生物炭及改性生物炭材料的制备，以强化生物炭的吸附和环境修复功能。在借鉴前人研究的基础上，针对生物炭吸附 NO_3^--N 的作用位点少、吸附能力低及对土壤氮素淋失阻控作用不清等问题，研究了不同金属离子在其最佳控制条件下对生物炭的改性及其对 NO_3^--N 吸附量的影响，进而筛选优良的金属离子改性生物炭，再通过凝胶负载改性强化其吸持能力，并验证金属-凝胶复合改性生物炭对土壤 NO_3^--N 的阻控作用及性能，并深入探究了不同原料类型生物炭及固定微生物生物炭对 NO_3^--N、NH_4^+-N 吸附的影响机制；基于淋溶试验、土柱培养试验等，探究了生物炭对氮素淋溶、氮素阻控效果及温室气体排放的影响，结合 qPCR、高通量测序技术，揭示其调控土壤氮转化的关键生态学机制，解析了其与土壤氮循环相关微生物、线虫的互作关系，比较分析了不同原料类型生物炭、固定微生物生物炭及载氮生物炭对土壤微生物群落的影响，介绍了模式线虫对不同原料类型生物炭的响应；最后论述了作物种子萌发、幼苗生长及作物氮素利用对生物炭的响应，介绍了生物炭对作物病虫害的作用机制。形成如下结论。

吸附法和包埋法均能将脱氮副球菌（T）、假单胞菌（J）和拉乌尔菌

（L）固定在生物炭表面。吸附法固定 T 和 J 细菌，使生物炭微孔、介孔容积减小，同时也缩小了比表面积。吸附固定 L 细菌后，生物炭比表面积和微孔容积增大，但介孔和大孔容积减小。包埋法使生物炭大孔、介孔以及比表面积均显著缩小，微孔几乎被全部封堵，同时引入 C—H、—CH_2和 C＝O 等新官能团。通过浸渍和煅烧工艺，可以成功地将铁、锰、镁离子负载到花生壳生物炭上，显著增加生物炭的比表面积和孔容，改变生物炭 pH 值、EC 值，与未改性生物炭（BC）相比，比表面积增大 6.70~12.20 倍，孔容增大 2.30~5.00 倍，EC 值增加 0.50~3.10 倍，铁离子改性生物炭 pH 值降低 0.76 个单位，镁离子改性生物炭 pH 值提高 2.36 个单位。铁、锰、镁离子改性显著增强生物炭对 NO_3^--N 的吸附能力，最大吸附量分别达 4.40 $mg \cdot g^{-1}$、3.90 $mg \cdot g^{-1}$、3.70 $mg \cdot g^{-1}$，较未改性生物炭增加 26.90%~48.60%。铁、锰、镁与生物炭的最佳质量比分别为 0.8、0.2、0.2。改性效果表现为：铁离子>锰离子>镁离子。

添加固定微生物生物炭显著提高了土壤 NH_4^+-N 含量，其中 $BCT_{0.5}$、BCT_1、BCT_2 处理土壤 NH_4^+-N 含量较 CK 分别增加了 28.4%、78.7%、49.9%，脱氮副球菌对土壤氨氧化有一定抑制作用，低量添加固定脱氮副球菌生物炭（$BCT_{0.5}$），短期内引起 NH_4^+-N 迅速累积，显著减缓了 NH_4^+-N 转化速率；添加固定微生物生物炭前期抑制了氮素硝化过程，降低了土壤 NO_3^--N 含量，中期加快了硝化速率，使土壤 NO_3^--N 累积量增加。固定假单胞菌生物炭对土壤无机氮转化的调控作用大于固定脱氮副球菌生物炭；土壤 pH 值、SOM 和 TN 含量分别与 NH_4^+-N 含量和 NO_3^--N 含量密切相关，可见固定微生物生物炭添加，可抑制氨氧化过程。

复合改性生物炭具有较高的吸水性和稳定性，能有效吸附 NO_3^--N。PFBC 比 FBC 的吸附量提高 1.13 倍。金属-凝胶复合改性可显著提高生物炭对 NO_3^--N 的去除率（$P<0.05$），相比于 BC 和 FBC，PBC 和 PFBC 对水体 NO_3^--N 的去除率分别提高 61.29%和 54.34%。随溶液 NO_3^--N 初始浓度增加，金属改性生物炭对 NO_3^--N 的吸附量逐渐增大，当达到 800 $mg \cdot L^{-1}$时，吸附趋于饱和，Langmuir 模型能较好地描述改性生物炭对 NO_3^--N 的吸附过程。铁离子改性生物炭（FBC）、镁离子改性生物炭（GBC）对 NO_3^--N 的吸附过程为吸热反应，锰离子改性生物炭（MBC）的吸附过程为放热反应。改性生物炭表面负载的金属离子或氧化物可通过静电作用与配位交换吸附 NO_3^--N，表面分布的羟基、羰基和芳烃等官能团可能通过硝基烷化、硝化

反应等方式吸附 NO_3^--N。

施用生物炭对潮土温室气体排放通量的影响较红壤大，且两种土壤表现出不同的排放趋势。潮土 N_2O 累积排放量显著高于红壤。随生物炭添加量的增加，潮土 N_2O 累积排放量显著降低了 6.5%~26.6%。红壤 N_2O 累积排放量则随生物炭添加量的增加提高了 14.7%~54.3%；0.5%生物炭添加量显著增加了潮土 CO_2 排放，而对红壤 CO_2 累积排放量则没有显著影响。生物炭添加量对红壤的温室气体排放强度无显著影响，但使潮土温室气体排放强度显著提高 68.0%~76.8%。

添加不同原料类型生物炭对土壤中微生物群落结构有明显的差异，微生物群落组成会因添加量的不同呈现不同的响应，NBC、CBC 和 ABC 3 种生物炭对土壤微生物群落结构的影响整体表现为先促进后抑制的趋势，NBC 和 ABC 在添加量为 20.0 $g \cdot kg^{-1}$时，土壤中总 PLFAs 量提高最多，与对照（24.05 $nmol \cdot g^{-1}$）相比，分别提高了 72.68%和 39.67%，CBC 在添加量为 40.0 $g \cdot kg^{-1}$时，土壤总 PLFAs 量增加了 15.44 $nmol \cdot g^{-1}$；在添加量为 20.0 $g \cdot kg^{-1}$时 BBC 会对总 PLFAs 表现出抑制作用，抑制率为 51.48%。生物炭种类和添加量对土壤真菌、细菌以及总微生物群落结构产生极显著的影响，且存在显著交互作用，但对放线菌并未产生显著影响。在潮土中施用生物炭，发现添加 0.5%和 1%比例的生物炭显著降低了细菌的含量（33.7%和 27.3%），其中革兰氏阴性细菌含量下降了 27.6%~38.4%。生物炭施用对潮土真菌、放线菌、革兰氏阳性细菌、真菌/细菌比均未产生显著影响；生物炭施用对红壤的总 PLFAs 量未呈现显著影响。

添加固定微生物生物炭对土壤 *AOA-amoA* 基因拷贝数无显著影响，可显著增加土壤 *AOB-amoA* 基因拷贝数；添加固定微生物生物炭对土壤氨氧化细菌（AOB）的 Ace 指数和 Chao1 指数无显著影响，降低 Shannon 指数，减小 AOB 群落中亚硝化单胞菌属（*Nitrosomonas*）比例，增大了 *unclassified_f_Nitrosomonadaceae* 比例。添加固定脱氮副球菌生物炭显著增加了土壤 *nirS* 和 *nirK* 拷贝数。添加固定假单胞菌生物炭增加了土壤 *nirK* 拷贝数。添加固定微生物生物炭初期降低 *nirS* 型和 *nirK* 型反硝化菌 Shannon 指数，并在 7 d 内继续增大，同时增大 *nirK* 型反硝化菌 Ace 指数和 Chao1 指数。固定脱氮副球菌（T）生物炭处理增加了 *nirK* 型反硝化菌 Ace 指数和 Chao1 指数。施加高量生物炭（1%）可以促进酸杆菌门和薄壁菌门等细菌的增加，土壤细菌的香农-维纳指数和均匀度指数升高 26%，且差异显著；随着生物炭施加量的减少，土壤细菌的香农-维纳指数和均匀度指数反而降低，土壤细菌的多样性受生物炭施加量的影响。但长期施用生物炭是否会对设施菜地土壤微生物产生潜在的影响，还需要进行长期的研究探索。

不同原料类型生物炭均会抑制线虫的体长和后代数量，以花生壳生物炭的影响最小，其中影响线虫体长的原因可能是生物炭影响了 *col* 家族基因，调控表皮结构从而导致线虫的外骨骼变化，这可能与 *dpy-13*、*dpy-17* 有一定关系；对后代数量的抑制作用可能与生物炭抑制了 *perm-2*、*perm-4*、*his-24* 基因的表达有关；而 SOD 活性和其相关基因说明，生物炭中的活性氧物质可能影响的是线虫过氧化物酶途径；此外，生物炭还影响了线虫的免疫系统，使其相关基因有过表达的现象。同时，线虫能够被花生壳生物炭中某些挥发性物质所吸引。因此，进一步研究生物炭对线虫的影响机理、安全施用量和生物炭释放的挥发性物质是非常有必要的。

红壤和潮土中施用生物炭对作物生长的影响不同。施用生物炭显著降低了潮土中小白菜地上部和地下部的生物量，显著增加了红壤中小白菜地上部和地下部的生物量。生物炭降低了潮土中小白菜的根长和根表面积，根冠比呈先增加后降低的趋势，对红壤中小白菜根长影响不显著，但根表面积增加 12.3%~32.2%。在潮土中施用生物炭，能够降低小白菜氮素吸收效率、氮素表观利用率和氮肥偏生产力。红壤中施用生物炭则提高了小白菜氮素吸收效率、氮素表观利用率和氮肥偏生产力。施用生物炭显著降低了红壤和潮土中小白菜植株硝酸盐含量。不同原料类型生物炭其化学组成存在明显的差异，对小麦和黄瓜的根长和茎长生长的影响整体表现为先促进、后抑制的趋势，其中 PBC 对小麦的根长和茎长促进效果最佳，分别为 6.79 cm 和 10.98 cm；ABC 对黄瓜的根长促进效果最佳。生物炭种类和添加量均极显著影响小麦和黄瓜的根长和茎长，且交互作用显著，但对种子的发芽率没有显著影响，交互作用亦不显著。总体上各生物炭对须根系小麦的根长和茎长的促进效果优于直根系黄瓜。过氧化氢改性花生壳生物炭在一定程度上可抑制番茄立枯丝核菌的影响，而载氮生物炭会加重病情。1%的生物炭对病原菌的抑制效果最明显，高浓度的抑制效果下降。

第二节　研究展望

本研究以设施菜地及小麦-玉米轮作为研究对象，结合不同原料类型生物炭、金属改性生物炭、载氮生物炭等生物炭材料来源，设置吸附试验、培养试验和田间淋溶试验，观测 NH_4^+-N 和 NO_3^--N 在生物炭表面的累积变化与规律，探索土壤氮循环微生物、线虫与生物炭的互作过程，验证生物炭阻控氮素土壤淋失的作用与缓冲土壤供氮能力的效应，解析生物炭影响植物生长及温室气体排放的科学机制。经过几年的研究，对生物炭的制备及其环境效应方面取得了一定的认识，但对生物炭介导土壤环境效应相关机理的研究尚不够深入，仍存在以下几方面的不足，需在今后研究工作中进一步探索。

生物炭改性工艺仍需不断探索完善。生物炭既可实现农业废弃物的资源化利用，又可作为碳库来储存碳。目前，对生物炭的改性和应用是环境和材料领域的研究热点问题。本书研究制备的金属改性生物炭、固定微生物生物炭等，虽然在一定程度上改善了生物炭的表面性质，但制备工艺仍处于研究阶段，不同批次制备出的改性生物炭的性质并不稳定。因此，对生物炭进行改性的工艺仍需不断探索完善。应加强吸附机制理论研究，进一步优化其表面性质，增强对 NO_3^--N 的吸附能力。例如，金属-凝胶复合改性生物炭具有较高的吸水性和稳定性，且在近中性水环境下表现出较高的 NO_3^--N 吸附量，有利于实际水体环境的高效、广泛应用。但还存在吸附后材料的回收和处理等问题。在未来的研究中，需要进一步探索复合材料的性质，解决复合材料回收再利用的问题，使复合改性生物炭真正成为绿色环保的硝酸盐吸附材料。对改性生物炭制备工艺的完善、性质的深入探索和吸附机制的理论研究将是未来生物炭研究的重点，同时，对生物炭的实际应用价值和安全性的评估也是未来研究的重要组成部分。

纳米生物炭及其环境效应亟待开展相关研究。生物炭作为一种多功能材料被广泛应用于土壤改良、污水净化、环境修复、作物增产和材料研发等多个领域，其在生产、处置和应用过程中不可避免地向环境释放一维或多维尺寸为 1~100 nm 的颗粒。其中，生物炭纳米颗粒由于其特殊的表面、尺寸效应可能通过植物、动物吸收进入食物链，对生态环境造成一定的威胁，明确其在土壤-植物系统中的运转行为与归趋对评估生物炭纳米颗粒的环境风险具有重要意义。已有的研究证明，生物炭纳米颗粒进入土壤中可附着在土壤表面，改变土壤结构和性质，也可能受土壤胶体、有机质、pH 值及盐基离子等作用，但生物炭纳米颗粒在土壤中的移聚行为与驱动机制和对碳、氮周转的贡献，目前仍不清楚。关于生物炭纳米颗粒被植物吸收聚集的研究较少，且现有证据不够充分，而根据其他纳米颗粒与植物互作的研究，有理由相信生物炭纳米颗粒更易通过根系进入植物体内，其对植物的毒性可能与其尺寸、制备原料、制备工艺（热解温度和时间）、携带的官能团以及表面电荷等有关。但其进入植物体内的具体途径、作用机制及效应如何？尚需进一步深入验证。

生物炭对线虫的影响机理尚需进一步挖掘。线虫是地球上数量繁多、种类丰富的后生动物，广泛存在于各种生境，对环境变化敏感，是土壤指示生物中的典型代表。从以往的大量研究得知，生物炭对线虫的毒性主要来自热解产生的多环芳烃、持久性自由基以及所携带的重金属，决定这几项的关键因素则是生物炭本身的原材料和热解温度，而生物炭热解过程或因老化作用破碎后形成的纳米颗粒是否还携带这些致毒因素我们还不得而知。如今大部分研究集中于生物炭介导的土壤环境对线虫种群的影响，而生物炭纳米颗粒对线虫的直接影响还尚未揭晓。因此，明确其在土壤-植物系统中的运转行为与归趋对评估生物炭纳米颗粒的生态风险具有重要意义。同时，有关生物炭对土壤线虫的影响大多集中于线虫本身，其与土壤微生物、环境的互作行为还鲜有报道。未来，应结合同位素及挥发性物质的监测，综合评价生物炭介导线虫个体行为、免疫系统及群落变化的控制机理。

生物炭是影响土壤环境效应的重要因子。生物炭基肥随农业施肥进入农田生态系统，进而影响土壤生态环境的生物地球化学过程，是一个非常重要的科学问题，值得深入研究。但农业活动中不但大量使用生物炭-氮肥，同时也配施适量的磷肥，因此，建议下一步进行氮、磷交互输入及磷输入影响下的农田系统生态过程研究，测定环境因子、线虫、微生物及酶活性等指标，综合分析其相关机理。另外，持续的生物炭输入会使生态系统濒于“氮饱和”状态？有必要对土壤及植被体中氮素含量、C/N 等指标进行分析，深入探讨持续外源生物炭输入对土壤生态环境影响的相关机理。在全球变化进程中，生物炭基肥的输入往往伴随其他全球变化因子的共同发生，未来还应结合模型手段，并对未来情景进行预测，为绿色农业可持续发展政策的制定提供科学基础。

参考文献

鲍士旦，2000. 土壤农化分析［M］. 3 版. 北京：中国农业出版社.

陈佼，张建强，陆一新，等，2017. 改性猪粪生物炭对水中 Cr（Ⅵ）的吸附性能［J］. 水处理技术，43（4）：31-35.

陈靖，2015. Fe/Mg 改性生物炭去除水中氮磷的研究［D］. 重庆：重庆大学.

陈义轩，2019. 土壤菌群、秀丽线虫、番茄立枯病对生物炭输入的响应特征［D］. 沈阳：沈阳农业大学.

崔志文，任艳芳，王伟，等，2020. 碱和磁复合改性小麦秸秆生物炭对水体中镉的吸附特性及机制［J］. 环境科学，41（7）：3315-3325.

董文旭，胡春胜，张玉铭，2005. 不同施肥土壤对尿素 NH_3 挥发的影响［J］. 干旱地区农业研究，23（2）：76-79.

杜勇，2012. 生物炭固定化微生物去除水中苯酚的研究［D］. 重庆：重庆大学.

高德才，张蕾，刘强，等，2014. 旱地土壤施用生物炭减少土壤氮损失及提高氮素利用率［J］. 农业工程学报，30（6）：54-61.

高德才，张蕾，刘强，等，2015. 生物黑炭对旱地土壤 CO_2，CH_4，N_2O 排放及其环境效益的影响［J］. 生态学报，35（11）：3615-3624.

勾芒芒，屈忠义，2013. 土壤中施用生物炭对番茄根系特征及产量的影响［J］. 生态环境学报，22（8）：1348-1352.

韩光明，孟军，曹婷，等，2012. 生物炭对菠菜根际微生物及土壤理化性质的影响［J］. 沈阳农业大学学报，43（5）：515-520.

何飞飞，荣湘民，梁运姗，等，2013. 生物炭对红壤菜田土理化性质和 N_2O，CO_2 排放的影响［J］. 农业环境科学学报，32：1893-1900.

黄超，刘丽君，章明奎，2011. 生物质炭对红壤性质和黑麦草生长的影响［J］. 浙江大学学报（农业与生命科学版），37（4）：439-445.

姜琳琳，韩立思，韩晓日，等，2011. 氮素对玉米幼苗生长，根系形态及氮素吸收利用效率的影响［J］. 植物营养与肥料学报，17（1）：247-253.
蒋健，王宏伟，刘国玲，等，2015. 生物炭对玉米根系特性及产量的影响［J］. 玉米科学，23（4）：62-66.
李春俭，2008. 高级植物营养学［M］. 北京：中国农业大学出版社.
李峰，吕锡武，严伟，2000. 聚乙烯醇作为固定化细胞包埋剂的研究［J］. 中国给水排水（12）：14-17.
李海燕，李爽，王奇，等，2016. 聚丙烯酸/氧化石墨烯自修复水凝胶的合成及性能［J］. 中国塑料，30（11）：42-47.
李际会，2012. 改性生物炭吸附硝酸盐和磷酸盐研究［D］. 北京：中国农业科学院.
李际会，2015. 小麦秸秆炭改性活化及其氮磷吸附效应研究［D］. 北京：中国农业科学院.
李佳佳，2014. 聚乙烯醇复合材料的制备及其性能研究［D］. 兰州：西北师范大学.
李丽，陈旭，吴丹，等，2015. 固定化改性生物质炭模拟吸附水体硝态氮潜力研究［J］. 农业环境科学学报，34（1）：137-143.
李琳，刘宝林，韩宝三，等，2013. 海藻酸钠/壳聚糖微载体的制备及生物活性评价［J］. 应用化工，42（2）：233-238.
李明，胡云，黄修梅，等，2016. 生物炭对设施黄瓜根际土壤养分和菌群的影响［J］. 农业机械学报，47（11）：172-178.
李明，李忠佩，刘明，等，2015. 不同秸秆生物炭对红壤性水稻土养分及微生物群落结构的影响［J］. 中国农业科学，48（7）：1361-1369.
李明会，王平华，刘春华，等，2014. 高强度聚 N，N-二甲基丙烯酰胺/氧化石墨烯复合水凝胶的制备［J］. 高分子材料科学与工程，30（8）：7-11.
李鹏章，王淑莹，彭永臻，等，2014. COD/N 与 pH 值对短程硝化反硝化过程中 N_2O 产生的影响［J］. 中国环境科学，34（8）：2003-2009.
李琪，梁文举，姜勇，2007. 农田土壤线虫多样性研究现状及展望［J］. 生物多样性，15（2）：134-141.
李瑞月，陈德，李恋卿，等，2015. 不同作物秸秆生物炭对溶液中 Pb^{2+}，Cd^{2+}的吸附［J］. 农业环境科学学报，34（5）：1001-1008.

李阳，黄梅，沈飞，等，2016. 生物炭早期植物毒性评估培养方法研究［J］. 生态毒理学报，11（4）：168-175.
梁韵，廖健利，黄丹枫，2017. 生物炭与有机肥对菜田土壤氨氧化菌丰度的影响［J］. 上海交通大学学报（农业科学版），35（5）：36-43.
林丽娜，黄青，刘仲齐，等，2017. 生物炭-铁锰氧化物复合材料制备及去除水体砷（Ⅲ）的性能研究［J］. 农业资源与环境学报，34（2）：182-188.
刘世杰，窦森，2009. 黑碳对玉米生长和土壤养分吸收与淋失的影响［J］. 水土保持学报，23（1）：79-82.
刘玮晶，2014. 生物质炭对土壤中氮素养分滞留效应的影响［D］. 南京：南京农业大学.
刘杏认，张星，张晴雯，等，2017. 施用生物炭和秸秆还田对华北农田 CO_2，N_2O 排放的影响［J］. 生态学报，37（20）：6700-6711.
刘杏认，赵光昕，张晴雯，等，2018. 生物炭对华北农田土壤 N_2O 通量及相关功能基因丰度的影响［J］. 环境科学，39（8）：3816-3825.
刘玉学，吕豪豪，石岩，等，2015. 生物质炭对土壤养分淋溶的影响及潜在机理研究进展［J］. 应用生态学报，26（1）：304-310.
刘园，靳海洋，白雪莹，等，2015. 秸秆生物炭对潮土作物产量和土壤性状的影响［J］. 土壤学报，52（4）：849-858.
孟军，张伟明，王绍斌，等，2011. 农林废弃物炭化还田技术的发展与前景［J］. 沈阳农业大学学报，42（4）：387-392.
潘逸凡，杨敏，董达，等，2013. 生物质炭对土壤氮素循环的影响及其机理研究进展［J］. 应用生态学报，24（9）：2666-2673.
戚鑫，陈晓明，肖诗琦，等，2018. 生物炭固定化微生物对 U，Cd 污染土壤的原位钝化修复［J］. 农业环境科学学报，37（8）：1683-1689.
乔鑫，王朝旭，张峰，等，2020. 生物炭基好氧反硝化细菌固定及去除水中硝态氮［J］. 水处理技术，46（7）：37-44.
阮宏伟，凌亦飞，王桂香，等，2016. 2-硝基-2-氮杂金刚烷-4，8-二醇二硝酸酯的合成与表征［J］. 含能材料，24（6）：544-549.
宋婷婷，赖欣，王知文，等，2018. 不同原料类型生物炭对铵态氮的吸附性能研究［J］. 农业环境科学学报，37（3）：576-584.
孙大荃，孟军，张伟明，等，2011. 生物炭对棕壤大豆根际微生物的影响［J］. 沈阳农业大学学报，42（5）：521-526.

孙军娜，董陆康，徐刚，等，2014. 糠醛渣及其生物炭对盐渍土理化性质影响的比较研究［J］. 农业环境科学学报，33（3）：532-538.
田昌，周旋，谢桂先，等，2018. 控释尿素减施对双季稻田土壤剖面养分分布特征的影响［J］. 水土保持学报，32（4）：216-221.
王典，张祥，姜存仓，等，2012. 生物质炭改良土壤及对作物效应的研究进展［J］. 中国生态农业学报，20（8）：963-967.
王桂君，许振文，田晓露，等，2013. 生物炭对盐碱化土壤理化性质及小麦幼苗生长的影响［J］. 江苏农业科学，41（12）：390-393.
王静，付伟章，葛晓红，等，2018. 玉米生物炭和改性炭对土壤无机氮磷淋失影响的研究［J］. 农业环境科学学报，37（12）：2810-2820.
王鹏程，2013. 芳烃的硝化反应及其理论研究［D］. 南京：南京理工大学.
王荣荣，赖欣，李洁，等，2016. 花生壳生物炭对硝态氮的吸附机制研究［J］. 农业环境科学学报，35（9）：1727-1734.
王震宇，徐振华，郑浩，等，2013. 花生壳生物炭对中国北方典型果园酸化土壤改性研究［J］. 中国海洋大学学报（自然科学版），43（8）：86-91.
魏雪勤，2016. 生物炭及滴灌对京郊大棚土壤氮素残留及温室气体排放的影响［D］. 贵阳：贵州大学.
谢国雄，王道泽，吴耀，等，2014. 生物质炭对退化蔬菜地土壤的改良效果［J］. 南方农业学报，45（1）：67-71.
邢英，李心清，王兵，等，2011. 生物炭对黄壤中氮淋溶影响：室内土柱模拟［J］. 生态学杂志，30（11）：2483-2488.
徐楠楠，林大松，徐应明，等，2014. 玉米秸秆生物炭对 Cd^{2+} 的吸附特性及影响因素［J］. 农业环境科学学报，33（5）：958-964.
许欣，陈晨，熊正琴，2016. 生物炭与氮肥对稻田甲烷产生与氧化菌数量和潜在活性的影响［J］. 土壤学报，53（6）：1517-1527.
许云翔，何莉莉，刘玉学，等，2019. 施用生物炭 6 年后对稻田土壤酶活性及肥力的影响［J］. 应用生态学报，30（4）：1110-1118.
薛立，邝立刚，陈红跃，等，2003. 不同林分土壤养分，微生物与酶活性的研究［J］. 土壤学报，40（2）：280-285.
闫小娟，李振轮，谢德体，等，2017. 钾细菌对钾长石胶体吸附特性的影响研究［J］. 西南大学学报（自然科学版），39（2）：1-7.

颜永毫，王丹丹，郑纪勇，2013. 生物炭对土壤 N_2O 和 CH_4排放影响的研究进展［J］. 中国农学通报，29（8）：140-146.
阳雯娜，董宏坡，侯庆华，等，2018. 湛江湾沉积物中氨氧化微生物的丰度，多样性和分布特征［J］. 广东海洋大学学报，38（2）：37-46.
杨艳丽，李秀军，陈国双，等，2015. 生物质炭与盐酸配施对苏打盐渍土理化性状的影响研究［J］. 土壤与作物，4（3）：113-119.
俞映倞，薛利红，杨林章，等，2015. 生物炭添加对酸化土壤中小白菜氮素利用的影响［J］. 土壤学报，52（4）：759-767.
袁福根，张晓绘，杨佳炜，2011. 单纯形法合成耐盐高吸水树脂［J］. 苏州科技学院学报（自然科学版），28（3）：33-39.
袁巧霞，朱端卫，武雅娟，2009. 温度，水分和施氮量对温室土壤 pH 及电导率的耦合作用［J］. 应用生态学报，20（5）：1112-1117.
张登晓，周惠民，潘根兴，等，2014. 城市园林废弃物生物质炭对小白菜生长，硝酸盐含量及氮素利用率的影响［J］. 植物营养与肥料学报，20（6）：1569-1576.
张扬，李子富，张琳，等，2014. 改性玉米芯生物碳对氨氮的吸附特性［J］. 化工学报，65（3）：960-966.
张阳阳，胡学玉，邹娟，等，2017. 生物炭输入对城郊农业区农田地表反照率及土壤呼吸的影响［J］. 环境科学，38（4）：1622-1632.
张镱锂，1998. 植物区系地理研究中的重要参数——相似性系数［J］. 地理研究，17（4）：429-434.
张又弛，李会丹，2015. 生物炭对土壤中微生物群落结构及其生物地球化学功能的影响［J］. 生态环境学报，24（5）：898-905.
张玉铭，胡春胜，董文旭，等，2004. 农田土壤 N_2O 生成与排放影响因素及 N_2O 总量估算的研究［J］. 中国生态农业学报，12（3）：119-123.
郑浩，2013. 芦竹生物炭对农业土壤环境的影响［D］. 青岛：中国海洋大学.
周志红，李心清，邢英，等，2011. 生物炭对土壤氮素淋失的抑制作用［J］. 地球与环境，39（2）：278-284.
朱照琪，2017. 氧化石墨烯基纳米复合水凝胶的制备及其性能研究［D］. 兰州：兰州理工大学.
ABIVEN S，HUND A，MARTINSEN V，et al.，2015. Biochar amendment

increases maize root surface areas and branching: a shovelomics study in Zambia [J]. Plant and Soil, 395: 45-55.

AGEGNEHU G, BIRD M I, NELSON P N, et al., 2015. The ameliorating effects of biochar and compost on soil quality and plant growth on a Ferralsol [J]. Soil Research, 53 (1): 1-12.

AGEGNEHU G, NELSON P N, BIRD M I, 2016. Impact of biochar, compost and biochar-compost on crop yield, soil quality and greenhouse gas emissions in agricultural soils [C] //Proceedings of the 5th International Conference on Life Science & Biological Engineering. Kyoto: 5th International Conference on Life Science & Biological Engineering..

AHMAD H A, NI S Q, AHMAD S, et al., 2020. Gel immobilization: a strategy to improve the performance of anaerobic ammonium oxidation (anammox) bacteria for nitrogen-rich wastewater treatment [J]. Bioresource Technology, 313: 123642.

ALI M, OSHIKI M, RATHNAYAKE L, et al., 2015. Rapid and successful start-up of anammox process by immobilizing the minimal quantity of biomass in PVA-SA gel beads [J]. Water Research, 79: 147-157.

AMELOOT N, DE NEVE S, JEGAJEEVAGAN K, et al., 2013a. Short-term CO_2 and N_2O emissions and microbial properties of biochar amended sandy loam soils [J]. Soil Biology and Biochemistry, 57: 401-410.

AMELOOT N, GRABER E R, VERHEIJEN F G, et al., 2013b. Interactions between biochar stability and soil organisms: review and research needs [J]. European Journal of Soil Science, 64: 379-390.

ANUPAM B, MANOJ K, MAHESHWAR U K R, 2010. Enhancing diamond drilling performance by the addition of non-ionic polymer to the flushing media [J]. Mining Science and Technology, 20 (3): 400-405.

ASHOORI N, TEIXIDO M, SPAHR S, et al., 2019. Evaluation of pilot-scale biochar-amended woodchip bioreactors to remove nitrate, metals, and trace organic contaminants from urban stormwater runoff [J]. Water Research, 154: 1-11.

AWWAD A M, SALEM N M, 2014. Kinetics and thermodynamics of Cd

(Ⅱ) biosorption onto loquat (*Eriobotrya japonica*) leaves [J]. Journal of Saudi Chemical Society, 18: 486-493.

AZZIZ G, MONZA J, ETCHEBEHERE C, et al., 2017. nirS-and nirK-type denitrifier communities are differentially affected by soil type, rice cultivar and water management [J]. European Journal of Soil Biology, 78: 20-28.

BALL P, MACKENZIE M, DELUCA T, et al., 2010. Wildfire and charcoal enhance nitrification and ammonium - oxidizing bacterial abundance in dry montane forest soils [J]. Journal of Environmental Quality, 39: 1243-1253.

BAYAT Z, HASSANSHAHIAN M, CAPPELLO S, 2015. Immobilization of microbes for bioremediation of crude oil polluted environments: a mini review [J]. The Open Microbiology Journal, 9: 48.

BEESLEY L, MORENO-JIMENEZ E, GOMEZ-EYLES J L, et al., 2011. A review of biochars' potential role in the remediation, revegetation and restoration of contaminated soils [J]. Environmental Pollution, 159: 3269-3282.

BOCK E M, COLEMAN B, EASTON Z M, 2016. Effect of biochar on nitrate removal in a pilot-scale denitrifying bioreactor [J]. Journal of Environmental Quality, 45: 762-771.

BOCK E, SMITH N, ROGERS M, et al., 2015. Enhanced nitrate and phosphate removal in a denitrifying bioreactor with biochar [J]. Journal of Environmental Quality, 44: 605-613.

BORNEMANN L C, KOOKANA R S, WELP G, 2007. Differential sorption behaviour of aromatic hydrocarbons on charcoals prepared at different temperatures from grass and wood [J]. Chemosphere, 67 (5): 1033-1042.

BRASSARD P, GODBOUT S, RAGHAVAN V, 2016. Soil biochar amendment as a climate change mitigation tool: key parameters and mechanisms involved [J]. Journal of Environmental Management, 181: 484-497.

BRUUN E W, AMBUS P, EGSGAARD H, et al., 2012. Effects of slow and fast pyrolysis biochar on soil C and N turnover dynamics [J]. Soil Biology and Biochemistry, 46: 73-79.

BUTNAN S, DEENIK J L, TOOMSAN B, et al., 2015. Biochar characteristics and application rates affecting corn growth and properties of soils contrasting in texture and mineralogy [J]. Geoderma, 237: 105-116.

CAO X, MA L, GAO B, et al., 2009. Dairy-manure derived biochar effectively sorbs lead and atrazine [J]. Environmental Science & Technology, 43: 3285-3291.

CHANDRASEKARAN M, BOUGHATTAS S, HU S, et al., 2014. A meta-analysis of arbuscular mycorrhizal effects on plants grown under salt stress [J]. Mycorrhiza, 24: 611-625.

CHEN L, CHEN X L, ZHOU C H, et al., 2017. Environmental-friendly montmorillonite-biochar composites: facile production and tunable adsorption-release of ammonium and phosphate [J]. Journal of Cleaner Production, 156: 648-659.

CHEN W, ZHANG H, ZHANG M, et al., 2021. Removal of PAHs at high concentrations in a soil washing solution containing TX-100 via simultaneous sorption and biodegradation processes by immobilized degrading bacteria in PVA-SA hydrogel beads [J]. Journal of Hazardous Materials, 410: 124533.

CHEN Y, BHARILL S, ALTUN Z, et al., 2016. *Caenorhabditis elegans* paraoxonase-like proteins control the functional expression of DEG/ENaC mechanosensory proteins [J]. Molecular Biology of the Cell, 27 (8): 1272-1285.

CHINTALA R, GELDERMAN R H, SCHUMACHER T E, et al., 2013a. Vegetative corn Growth and nutrient uptake in biochar amended soils from an eroded landscape [C] //Joint Annual Meeting of the Association for the Advancement of Industrial Crops and the USDA National Institute of Food and Agriculture.

CHINTALA R, MOLLINEDO J, SCHUMACHER T E, et al., 2013b. Nitrate sorption and desorption in biochars from fast pyrolysis [J]. Microporous and Mesoporous Materials, 179: 250-257.

CLOUGH T J, BERTRAM J E, RAY J L, et al., 2010. Unweathered wood biochar impact on nitrous oxide emissions from a bovine-urine-amended pasture soil [J]. Soil Science Society of America Journal, 74: 852-

860.

CLOUGH T J, CONDRON L M, 2010. Biochar and the nitrogen cycle: introduction [J]. Journal of Environmental Quality, 39: 1218-1223.

COMMUNITIES S O O, 2011. Sustainable Development in the European Union: Monitoring Report of the EU Sustainable Development Strategy [M]. Luxemboury: Publications Office of the European Union.

CONVERSA G, BONASIA A, LAZZIZERA C, et al., 2015. Influence of biochar, mycorrhizal inoculation, and fertilizer rate on growth and flowering of Pelargonium (*Pelargonium zonale* L.) plants [J]. Frontiers in Plant Science, 6: 429.

CROSS A, SOHI S P, 2011. The priming potential of biochar products in relation to labile carbon contents and soil organic matter status [J]. Soil Biology and Biochemistry, 43: 2127-2134.

DAI X, GUO Q, SONG D, et al., 2021. Long-term mineral fertilizer substitution by organic fertilizer and the effect on the abundance and community structure of ammonia-oxidizing archaea and bacteria in paddy soil of south China [J]. European Journal of Soil Biology, 103: 103288.

DEENIK J L, MCCLELLAN T, UEHARA G, et al., 2010. Charcoal volatile matter content influences plant growth and soil nitrogen transformations [J]. Soil Science Society of America Journal, 74: 1259-1270.

DEMPSTER D, GLEESON D, SOLAIMAN Z I, et al., 2012. Decreased soil microbial biomass and nitrogen mineralisation with Eucalyptus biochar addition to a coarse textured soil [J]. Plant and Soil, 354: 311-324.

DEVONALD V, 1982. The effect of wood charcoal on the growth and nodulation of garden peas in pot culture [J]. Plant and Soil, 66: 125-127.

DEWAGE N B, LIYANAGE A S, PITTMAN JR C U, et al., 2018. Fast nitrate and fluoride adsorption and magnetic separation from water on α-Fe_2O_3 and Fe_3O_4 dispersed on Douglas fir biochar [J]. Bioresource Technology, 263: 258-265.

DEY R, PAL K, TILAK K, 2012. Influence of soil and plant types on diversity of rhizobacteria [J]. Proceedings of the National Academy of Sciences, India Section B: Biological Sciences, 82: 341-352.

DI H J, CAMERON K C, SHEN J P, et al., 2010. Ammonia-oxidizing bacteria and archaea grow under contrasting soil nitrogen conditions [J]. FEMS Microbiology Ecology, 72: 386-394.

DING Y, LIU Y X, WU W X, et al., 2010. Evaluation of biochar effects on nitrogen retention and leaching in multi-layered soil columns [J]. Water, Air, & Soil Pollution, 213: 47-55.

EVANS J D, KRAUSE S, KASKEL S, et al., 2019. Exploring the thermodynamic criteria for responsive adsorption processes [J]. Chemical Science, 10: 5011-5017.

FARRELL M, MACDONALD L M, BUTLER G, et al., 2014. Biochar and fertiliser applications influence phosphorus fractionation and wheat yield [J]. Biology and Fertility of Soils, 50: 169-178.

FELEKE Z, SAKAKIBARA Y, 2002. A bio-electrochemical reactor coupled with adsorber for the removal of nitrate and inhibitory pesticide [J]. Water Research, 36: 3092-3102.

FENG Y, XU Y, YU Y, et al., 2012. Mechanisms of biochar decreasing methane emission from Chinese paddy soils [J]. Soil Biology and Biochemistry, 46: 80-88.

FU X, WANG H, BAI Y, et al., 2020. Systematic degradation mechanism and pathways analysis of the immobilized bacteria: permeability and biodegradation, kinetic and molecular simulation [J]. Environmental Science and Ecotechnology, 2: 100028.

GAFAN G P, LUCAS V S, ROBERTS G J, et al., 2005. Statistical analyses of complex denaturing gradient gel electrophoresis profiles [J]. Journal of Clinical Microbiology, 43: 3971-3978.

GAI X, WANG H, LIU J, et al., 2014. Effects of feedstock and pyrolysis temperature on biochar adsorption of ammonium and nitrate [J]. PloS One, 9: e113888.

GALINATO S P, YODER J K, GRANATSTEIN D, 2011. The economic value of biochar in crop production and carbon sequestration [J]. Energy Policy, 39: 6344-6350.

GASKIN J W, SPEIR R A, HARRIS K, et al., 2010. Effect of peanut hull and pine chip biochar on soil nutrients, corn nutrient status, and yield [J]. Agronomy Journal, 102: 623-633.

GRABER E R, FRENKEL O, JAISWAL A K, et al., 2014. How may biochar influence severity of diseases caused by soilborne pathogens? [J]. Carbon Management, 5 (2): 169-183.

GRABER E R, MELLER H Y, KOLTON M, et al., 2010. Biochar impact on development and productivity of pepper and tomato grown in fertigated soilless media [J]. Plant and Soil, 337: 481-496.

GUO S, LIU X, ZHAO H, et al., 2021. High pyrolysis temperature biochar reduced the transport of petroleum degradation bacteria Corynebacterium variabile HRJ4 in porous media [J]. Journal of Environmental Sciences, 100: 228-239.

HAMER U, MARSCHNER B, BRODOWSKI S, et al., 2004. Interactive priming of black carbon and glucose mineralisation [J]. Organic Geochemistry, 35: 823-830.

HAMMER E C, BALOGH-BRUNSTAD Z, JAKOBSEN I, et al., 2014. A mycorrhizal fungus grows on biochar and captures phosphorus from its surfaces [J]. Soil Biology and Biochemistry, 77: 252-260.

HAMMER E C, FORSTREUTER M, RILLIG M C, et al., 2015. Biochar increases arbuscular mycorrhizal plant growth enhancement and ameliorates salinity stress [J]. Applied Soil Ecology, 96: 114-121.

HANSEN V, HAUGGAARD-NIELSEN H, PETERSEN C T, et al., 2016. Effects of gasification biochar on plant-available water capacity and plant growth in two contrasting soil types [J]. Soil and Tillage Research, 161: 1-9.

HAREL M Y, ELAD Y, RAV-DAVID D, et al., 2012. Biochar mediates systemic response of strawberry to foliar fungal pathogens [J]. Plant and Soil, 357: 245-257.

HAWTHORNE I, JOHNSON M S, JASSAL R S, et al., 2017. Application of biochar and nitrogen influences fluxes of CO_2, CH_4 and N_2O in a forest soil [J]. Journal of Environmental Management, 192: 203-214.

He F, 2011a. Total RNA Extraction from *C. elegans* [R]. Bio-protocol, 101: e47.

He F, 2011b. Common worm media and buffers [R]. Bio-protocol,

1: e55.

He F, 2011c. Synchronization of worm [R]. Bio-protocol, 1: e56.

HILBER I, BLUM F, LEIFELD J, et al., 2012. Quantitative determination of PAHs in biochar: a prerequisite to ensure its quality and safe application [J]. Journal of Agricultural and Food Chemistry, 60: 3042-3050.

HONG M, WANG D, LI Y, et al., 2012. Experiment on the remediation chlorobenzene-contaminated groundwater by using immobilized microorganisms [J]. Science & Technology Review, 30: 21-24.

HOSSAIN M K, STREZOV V, CHAN K Y, et al., 2011. Influence of pyrolysis temperature on production and nutrient properties of wastewater sludge biochar [J]. Journal of Environmental Management, 92: 223-228.

HUANG T, GAO B, HU X K, et al., 2014. Ammonia-oxidation as an engine to generate nitrous oxide in an intensively managed calcareous Fluvo-aquic soil [J]. Scientific Reports, 4: 1-9.

JI Y, CONRAD R, XU H, 2020. Responses of archaeal, bacterial, and functional microbial communities to growth season and nitrogen fertilization in rice fields [J]. Biology and Fertility of Soils, 56: 81-95.

JIANG H, WANG Z, REN S, et al., 2021. Enrichment and retention of key functional bacteria of partial denitrification - Anammox (PD/A) process via cell immobilization: a novel strategy for fast PD/A application [J]. Bioresource Technology, 326: 124744.

JONES D, MURPHY D, KHALID M, et al., 2011. Short-term biochar-induced increase in soil CO_2 release is both biotically and abiotically mediated [J]. Soil Biology and Biochemistry, 43: 1723-1731.

JOSEPH S D, CAMPS-ARBESTAIN M, LIN Y, et al., 2010. An investigation into the reactions of biochar in soil [J]. Soil Research, 48 (7): 501-515.

KAMEYAMA K, MIYAMOTO T, SHIONO T, et al., 2012. Influence of sugarcane bagasse-derived biochar application on nitrate leaching in calcaric dark red soil [J]. Journal of Environmental Quality, 41: 1131-1137.

KAMMANN C I, LINSEL S, GÖẞLING J W, et al., 2011. Influence of biochar on drought tolerance of *Chenopodium quinoa* Willd and on soil-plant relations [J]. Plant and Soil, 345: 195-210.

KAMMANN C, HAIDER G, MESSERSCHMIDT N, et al., 2014. Co-composted biochar can promote plant growth by serving as a nutrient carrier: first mechanistic insights [C]. Vienna: EGU General Assembly Conference Abstracts: 15635.

KANNAN P, PARAMASIVAN M, MARIMUTHU S, et al., 2021. Applying both biochar and phosphobacteria enhances *Vigna mungo* L. growth and yield in acid soils by increasing soil pH, moisture content, microbial growth and P availability [J]. Agriculture, Ecosystems & Environment, 308: 107258.

KARHU K, MATTILA T, BERGSTRöM I, et al., 2011. Biochar addition to agricultural soil increased CH_4 uptake and water holding capacity: results from a short-term pilot field study [J]. Agriculture, Ecosystems & Environment, 140: 309-313.

KARIMI M, ENTEZARI M H, CHAMSAZ M, 2010. Sorption studies of nitrate ion by a modified beet residue in the presence and absence of ultrasound [J]. Ultrasonics Sonochemistry, 17: 711-717.

KATAN J, 2002. Role of cultural practices for the management of soilborne pathogens in intensive horticultural systems [C] //XXVI International Horticultural Congress: Managing Soil-Borne Pathogens: A Sound Rhizosphere to Improve Productivity in 635: 11-18.

KELMAN A, 1989. Introduction: the importance of research on the control of postharvest diseases of perishable food crops [J]. Phytopathology, 79: 1374.

KHAIR M, LEMAIRE J, FISCHER S, 2000. Achieving heavy-duty diesel NO_x/PM levels below the EPA 2002 standards: an integrated solution [C]. Detroit: SAE 2000 World Congress.

KHALIL A M E, ELJAMAL O, AMEN T W M, et al., 2017. Optimized nano-scale zero-valent iron supported on treated activated carbon for enhanced nitrate and phosphate removal from water [J]. Chemical Engineering Journal, 309: 349-365.

KHAN M A, AHN Y-T, KUMAR M, et al., 2011. Adsorption studies for the removal of nitrate using modified lignite granular activated carbon [J]. Separation Science and Technology, 46: 2575-2584.

KHODADAD C L, ZIMMERMAN A R, GREEN S J, et al., 2011. Taxa-specific changes in soil microbial community composition induced by pyrogenic carbon amendments [J]. Soil Biology and Biochemistry, 43: 385-392.

KILLHAM K, FIRESTONE M, 1984. Salt stress control of intracellular solutes instreptomycetes indigenous to saline soils [J]. Applied and Environmental Microbiology, 47: 301-306.

KIMBLE J, SHARROCK W J, 1983. Tissue-specific synthesis of yolk proteins in *Caenorhabditis elegans* [J]. Developmental Biology, 96 (1): 189-196.

KIZITO S, WU S, KIRUI W K, et al., 2015. Evaluation of slow pyrolyzed wood and rice husks biochar for adsorption of ammonium nitrogen from piggery manure anaerobic digestate slurry [J]. Science of the Total Environment, 505: 102-112.

KOLTON M, MELLER H Y, PASTERNAK Z, et al., 2011. Impact of biochar application to soil on the root-associated bacterial community structure of fully developed greenhouse pepper plants [J]. Applied and Environmental Microbiology, 77 (14): 4924-4930.

KOLTON M, MELLER HAREL Y, PASTERNAK Z, et al., 2011. Impact of biochar application to soil on the root-associated bacterial community structure of fully developed greenhouse pepper plants [J]. Applied and Environmental Microbiology, 77: 4924-4930.

KUŚMIERZ M, OLESZCZUK P, 2014. Biochar production increases the polycyclic aromatic hydrocarbon content in surrounding soils and potential cancer risk [J]. Environmental Science and Pollution Research, 21: 3646-3652.

KUZYAKOV Y, SUBBOTINA I, CHEN H, et al., 2009. Black carbon decomposition and incorporation into soil microbial biomass estimated by ^{14}C labeling [J]. Soil Biology and Biochemistry, 41: 210-219.

LA H, HETTIARATCHI J P A, ACHARI G, 2019. The influence of biochar and compost mixtures, water content, and gas flow rate, on the continuous adsorption of methane in a fixed bed column [J]. Journal of Environmental Management, 233: 175-183.

LAIRD D A, FLEMING P, DAVIS D D, et al., 2010. Impact of biochar amendments on the quality of a typical Midwestern agricultural soil [J]. Geoderma, 158: 443-449.

LEE S J, PARK J H, AHN Y T, et al., 2015. Comparison of heavy metal adsorption by peat moss and peat moss-derived biochar produced under different carbonization conditions [J]. Water, Air, & Soil Pollution, 226: 9.

LEHMANN A, RILLIG M C, 2015. Understanding mechanisms of soil biota involvement in soil aggregation: a way forward with saprobic fungi? [J]. Soil Biology and Biochemistry, 88: 298-302.

LEHMANN J, GAUNT J, RONDON M, 2006. Bio-char sequestration in terrestrial ecosystems: a review [J]. Mitigation and Adaptation Strategies for Global Change, 11: 403-427.

LEHMANN J, PEREIRA DA SILVA J, STEINER C, et al., 2003. Nutrient availability and leaching in an archaeological Anthrosol and a Ferralsol of the Central Amazon basin: fertilizer, manure and charcoal amendments [J]. Plant and Soil, 249: 343-357.

LEHMANN J, RILLIG M C, THIES J, et al., 2011. Biochar effects on soil biota: a review [J]. Soil Biology and Biochemistry, 43: 1812-1836.

LEHMANN J, RONDON M, 2006. Bio-char soil management on highly weathered soils in the humid tropics [J]. Biological Approaches to Sustainable Soil Systems, 113: e530.

LEINWEBER P, KRUSE J, WALLEY F L, et al., 2007. Nitrogen K-edge XANES: an overview of reference compounds used to identify unknown organic nitrogen in environmental samples [J]. Journal of Synchrotron Radiation, 14: 500-511.

LEVY A D, KRAMER J M, 1993. Identification, sequence and expression patterns of the *Caenorhabditis elegans col*-36 and *col*-40 collagen-encoding genes [J]. Gene, 137 (2): 281-285.

LI B, LI K, 2019. Effect of nitric acid pre-oxidation concentration on pore structure and nitrogen/oxygen active decoration sites of ethylenediamine-modified biochar for mercury (Ⅱ) adsorption and the possible mechanism [J]. Chemosphere, 220: 28-39.

LI F, MAO W J, LI X, et al., 2015. Characterization of Microcystis Aeruginosa immobilized in complex of PVA and sodium alginate and its application on phosphorous removal in wastewater [J]. Journal of Central South University, 22: 95-102.

LI Z, WANG Y, WU N, et al., 2013. Removal of heavy metal ions from wastewater by a novel HEA/AMPS copolymer hydrogel: preparation, characterization, and mechanism [J]. Environmental Science and Pollution Research, 20: 1511-1525.

LIAN F, XING B, 2017. Black carbon (biochar) in water/soil environments: molecular structure, sorption, stability, and potential risk [J]. Environmental Science & Technology, 51: 13517-13532.

LIANG B, LEHMANN J, SOHI S P, et al., 2010. Black carbon affects the cycling of non-black carbon in soil [J]. Organic Geochemistry, 41: 206-213.

LIANG B, LEHMANN J, SOLOMON D, et al., 2006. Black carbon increases cation exchange capacity in soils [J]. Soil Science Society of America Journal, 70: 1719-1730.

LIAO S, PAN B, LI H, et al., 2014. Detecting free radicals in biochars and determining their ability to inhibit the germination and growth of corn, wheat and rice seedlings [J]. Environmental Science & Technology, 48: 8581-8587.

LIEKE T, ZHANG X, STEINBERG C E, et al., 2018. Overlooked risks of biochars: persistent free radicals trigger neurotoxicity in *Caenorhabditis elegans* [J]. Environmental Science & Technology, 52: 7981-7987.

LIESCH A M, WEYERS S L, GASKIN J W, et al., 2010. Impact of two different biochars on earthworm growth and survival [J]. Annals of Environmental Science, 4: 1-9.

LIN H, CHEN Z, MEGHARAJ M, et al., 2013. Biodegradation of TNT using Bacillus mycoides immobilized in PVA-sodium alginate-kaolin [J]. Applied Clay Science, 83: 336-342.

LIN Y, DING W, LIU D, et al., 2017. Wheat straw-derived biochar amendment stimulated N_2O emissions from rice paddy soils by regulating the *amoA* genes of ammonia - oxidizing bacteria [J]. Soil Biology and Biochemistry, 113: 89-98.

LIU J, DING Y, MA L, et al., 2017. Combination of biochar and immobilized bacteria in cypermethrin-contaminated soil remediation [J]. International Biodeterioration & Biodegradation, 120: 15-20.

LIU S H, LIN H H, LAI C Y, et al., 2019. Microbial community in a pilot-scale biotrickling filter with cell-immobilized biochar beads and its performance in treating toluene-contaminated waste gases [J]. International Biodeterioration & Biodegradation, 144: 104743.

LIU X, ZHANG A, JI C, et al., 2013. Biochar's effect on crop productivity and the dependence on experimental conditions: a meta-analysis of literature data [J]. Plant and Soil, 373: 583-594.

LIU Y X, LIU W, WU W X, et al., 2009. Environmental behavior and effect of biomass-derived black carbon in soil: a review [J]. The Journal of Applied Ecology, 20: 977-982.

LOMPO D J P, SANGARÉ S A K, COMPAORÉ E, et al., 2012. Gaseous emissions of nitrogen and carbon from urban vegetable gardens in Bobo-Dioulasso, Burkina Faso [J]. Journal of Plant Nutrition and Soil Science, 175: 846-853.

LONG Z E, HUANG Y, CAI Z, et al., 2004. Immobilization of *Acidithiobacillus ferrooxidans* by a PVA-boric acid method for ferrous sulphate oxidation [J]. Process Biochemistry, 39: 2129-2133.

LUKAS V, NEUDERT L, KŘEN J, 2009. Use of aerial imaging and electrical conductivity for spatial variability mapping of soil condition [C]. JIAC 2009: Book of Abstracts.

MA L, HU T, LIU Y, et al., 2021. Combination of biochar and immobilized bacteria accelerates polyacrylamide biodegradation in soil by both bio-augmentation and bio-stimulation strategies [J]. Journal of Hazardous Materials, 405: 124086.

MACDONALD L M, FARRELL M, ZWIETEN L V, et al., 2014. Plant growth responses to biochar addition: an Australian soils perspective [J]. Biology and Fertility of Soils, 50: 1035-1045.

MAHMOUD E, EL-BESHBESHY T, EL-KADER A N, et al., 2019. Impacts of biochar application on soil fertility, plant nutrients uptake and maize (*Zea mays* L.) yield in saline sodic soil [J]. Arabian Journal of Geosciences, 12: 1-9.

MAJOR J, STEINER C, DOWNIE A, et al., 2009. Biochar Effects on Nutrient Leaching [M] //LEHMANN J, JOSEPH S. Biochar for Environmental Management: Science and Technology. London: Earthscan Publishers: 271-287.

MEILI L, LINS P, ZANTA C, et al., 2019. MgAl-LDH/biochar composites for methylene blue removal by adsorption [J]. Applied Clay Science, 168: 11-20.

MISHRA P, PATEL R, 2009. Use of agricultural waste for the removal of nitrate- nitrogen from aqueous medium [J]. Journal of Environmental Management, 90: 519-522.

MUHAMMAD N, DAI Z, XIAO K, et al., 2014. Changes in microbial community structure due to biochars generated from different feedstocks and their relationships with soil chemical properties [J]. Geoderma, 226: 270-278.

NAVARRETE A A, CANNAVAN F S, TAKETANI R G, et al., 2010. A molecular survey of the diversity of microbial communities in different Amazonian agricultural model systems [J]. Diversity, 2 (5): 787-809.

NAZIR R, BOERSMA F, WARMINK J, et al., 2010. *Lyophyllum* sp. strain Karsten alleviates pH pressure in acid soil and enhances the survival of *Variovorax paradoxus* HB44 and other bacteria in the mycosphere [J]. Soil Biology and Biochemistry, 42: 2146-2152.

NELISSEN V, RÜTTING T, HUYGENS D, et al., 2015. Temporal evolution of biochar's impact on soil nitrogen processes: a ^{15}N tracing study [J]. GCB Bioenergy, 7: 635-645.

NEWSHAM K K, FITTER A H, WATKINSON A R, 1995. Arbuscular mycorrhiza protect an annual grass from root pathogenic fungi in the field [J]. Journal of Ecology, 83: 991-1000.

NORAINI M, ABDULLAH E, OTHMAN R, et al., 2016. Single-route synthesis of magnetic biochar from sugarcane bagasse by microwave-assisted pyrolysis [J]. Materials Letters, 184: 315-319.

NOVAK J M, BUSSCHER W J, LAIRD D L, et al., 2009. Impact of biochar amendment on fertility of a southeastern coastal plain soil [J]. Soil Science, 174 (2): 105-112.

NOVAK J M, BUSSCHER W J, LAIRD D L, et al., 2009a. Impact of biochar amendment on fertility of a southeastern coastal plain soil [J]. Soil Science, 174: 105-112.

NOVAK J M, LIMA I, XING B, et al., 2009b. Characterization of designer biochar produced at different temperatures and their effects on a loamy sand [J]. Annals of Environmental Science, 3: 195-206.

OTSUKA S, SUDIANA I, KOMORI A, et al., 2008. Community structure of soil bacteria in a tropical rainforest several years after fire [J]. Microbes and Environments, 23: 49-56.

O'NEILL B, GROSSMAN J, TSAI M, et al., 2009. Bacterial community composition in Brazilian Anthrosols and adjacent soils characterized using culturing and molecular identification [J]. Microbial Ecology, 58: 23-35.

PISCITELLI L, RIVIER P A, MONDELLI D, et al., 2018. Assessment of addition of biochar to filtering mixtures for potential water pollutant removal [J]. Environmental Science and Pollution Research, 25: 2167-2174.

PRENDERGAST-MILLER M, DUVALL M, SOHI S, 2014. Biochar-root interactions are mediated by biochar nutrient content and impacts on soil nutrient availability [J]. European Journal of Soil Science, 65: 173-185.

QUILLIAM R S, MARSDEN K A, GERTLER C, et al., 2012. Nutrient dynamics, microbial growth and weed emergence in biochar amended soil are influenced by time since application and reapplication rate [J]. Agriculture, Ecosystems & Environment, 158: 192-199.

RADHIKA R, JAYALATHA T, JACOB S, et al., 2017. Removal of perchlorate from drinking water using granular activated carbon modified by acidic functional group: adsorption kinetics and equilibrium studies [J]. Process Safety and Environmental Protection, 109: 158-171.

RAJAPAKSHA A U, CHEN SS, TSANG D C, et al., 2016. Engineered/designer biochar for contaminant removal/immobilization from soil and water: potential and implication of biochar modification [J]. Chemosphere, 148: 276-291.

RANGABHASHIYAM S, BALASUBRAMANIAN P, 2019. The potential of lignocellulosic biomass precursors for biochar production: performance, mechanism and wastewater application: a review [J]. Industrial Crops and Products, 128: 405-423.

REICH P B, 2002. Root-shoot Relations: Optimality in Acclimation and Adaptation or the "Emperor's New Clothes" [M] // Plant Roots: the Hidden Half. Boca Raton: CRC Press: 205-220.

RENNER R, 2007. Rethinking biochar [J]. Environmental Science & Technology, 9: 5932.

ROGOVSKA N, LAIRD D A, RATHKE S J, et al., 2014. Biochar impact on midwestern Mollisols and maize nutrient availability [J]. Geoderma, 230: 340-347.

RONDON M A, LEHMANN J, RAMíREZ J, et al., 2007. Biological nitrogen fixation by common beans (*Phaseolus vulgaris* L.) increases with bio-char additions [J]. Biology and Fertility of Soils, 43: 699-708.

RUSER R, FLESSA H, RUSSOW R, et al., 2006. Emission of N_2O, N_2 and CO_2 from soil fertilized with nitrate: effect of compaction, soil moisture and rewetting [J]. Soil Biology and Biochemistry, 38: 263-274.

SAMONIN V, ELIKOVA E, 2004. A study of the adsorption of bacterial cells on porous materials [J]. Microbiology, 73: 262617.

SANFORD J, LARSON R, RUNGE T, 2019. Nitrate sorption to biochar following chemical oxidation [J]. Science of the Total Environment, 669: 938-947.

SCHMIDT M W, NOACK A G, 2000. Black carbon in soils and sediments: analysis, distribution, implications, and current challenges [J]. Global Biogeochemical Cycles, 14: 777-793.

SHAN H, OBBARD J, 2001. Ammonia removal from prawn aquaculture water using immobilized nitrifying bacteria [J]. Applied Microbiology and Biotechnology, 57: 791-798.

SHANMUGAM S, ABBOTT L K, 2015. Potential for recycling nutrients from biosolids amended with clay and lime in coarse-textured water repellence, acidic soils of western Australia [J]. Applied and Environmental Soil Science, 2015.

SHEN J, TANG H, LIU J, et al., 2014. Contrasting effects of straw and straw-derived biochar amendments on greenhouse gas emissions within double rice cropping systems [J]. Agriculture, Ecosystems & Environment, 188: 264-274.

SHI Y, LIU X, ZHANG Q, 2019. Effects of combined biochar and organic fertilizer on nitrous oxide fluxes and the related nitrifier and denitrifier communities in a saline-alkali soil [J]. Science of the Total Environment, 686: 199-211.

SMITH J L, COLLINS H P, BAILEY V L, 2010. The effect of young biochar on soil respiration [J]. Soil Biology and Biochemistry, 42: 2345-2347.

SOLAIMAN Z M, MURPHY D V, ABBOTT L K, 2012. Biochars influence seed germination and early growth of seedlings [J]. Plant and Soil, 353: 273-287.

SPARREVIK M, LINDHJEM H, ANDRIA V, et al., 2014. Environmental and socioeconomic impacts of utilizing waste for biochar in rural areas in Indonesia: a systems perspective [J]. Environmental Science & Technology, 48: 4664-4671.

SPOKAS K A, BAKER J M, REICOSKY D C, 2010. Ethylene: potential key for biochar amendment impacts [J]. Plant and Soil, 333: 443-452.

STEINBEISS S, GLEIXNER G, ANTONIETTI M, 2009. Effect of biochar amendment on soil carbon balance and soil microbial activity [J]. Soil Biology and Biochemistry, 41: 1301-1310.

SUJA F, RAHIM F, TAHA M R, et al., 2014. Effects of local microbial bioaugmentation and biostimulation on the bioremediation of total petroleum hydrocarbons (TPH) in crude oil contaminated soil based on laboratory and field observations [J]. International Biodeterioration & Biodegradation, 90: 115-122.

SUN H, ZHANG Y, YANG Y, et al., 2021. Effect of biofertilizer and wheat straw biochar application on nitrous oxide emission and ammonia volatilization from paddy soil [J]. Environmental Pollution, 275: 116640.

SUN W, GU J, WANG X, et al., 2018. Impacts of biochar on the environmental risk of antibiotic resistance genes and mobile genetic elements during anaerobic digestion of cattle farm wastewater [J]. Bioresource Technology, 256: 342-349.

SÁNCHEZ-GARCíA M, ALBURQUERQUE J A, SÁNCHEZ-MONEDERO M A, et al., 2015. Biochar accelerates organic matter degradation and enhances N mineralisation during composting of poultry manure without a relevant impact on gas emissions [J]. Bioresource Technology, 192: 272-279.

TAGHIZADEH-TOOSI A, CLOUGH T J, CONDRON L M, et al., 2011. Biochar incorporation into pasture soil suppresses *in situ* nitrous oxide emissions from ruminant urine patches [J]. Journal of Environmental Quality, 40: 468-476.

Taketani R G, Tsai S M, 2010. The influence of different land uses on the structure of archaeal communities in Amazonian anthrosols based on 16S rRNA and *amo A* genes [J]. Microbial Ecology, 59: 734-743.

TAKETANI R G, TSAI S M, 2010. The influence of different land uses on the structure of archaeal communities in Amazoniananthrosols based on 16S rRNA and *amoA* genes [J]. Microbial Ecology, 59: 734-743.

TAO R, WAKELIN S A, LIANG Y, et al., 2017. Response of ammonia-oxidizing archaea and bacteria in calcareous soil to mineral and organic fertilizer application and their relative contribution to nitrification [J]. Soil Biology and Biochemistry, 114: 20-30.

TASNEEM S, ZAHIR S, 2017. Soil respiration, pH and EC as influenced by biochar [J]. Soil and Environment, 36 (1): 77-83.

TENG Z, SHAO W, ZHANG K, et al., 2020. Enhanced passivation of lead with immobilized phosphate solubilizing bacteria beads loaded with biochar/nanoscale zero valent iron composite [J]. Journal of Hazardous Materials, 384: 121505.

TOFIGHY M A, MOHAMMADI T, 2011. Adsorption of divalent heavy metal ions from water using carbon nanotube sheets [J]. Journal of Hazardous Materials, 185: 140-147.

UCHIMIYA M, WARTELLE L H, BODDU V M, 2012. Sorption of triazine and organophosphorus pesticides on soil and biochar [J]. Journal of Agricultural and Food Chemistry, 60 (12): 2989-2997.

UZOMA K C, INOUE M, ANDRY H, et al., 2011. Effect of cow manure biochar on maize productivity under sandy soil condition [J]. Soil Use and Management, 27 (2): 205-212.

UZOMA K C, INOUE M, ANDRY H, et al., 2011. Effect of cow manure biochar on maize productivity under sandy soil condition [J]. Soil Use and Management, 27: 205-212.

UZOMA K C, INOUE M, ANDRY H, et al., 2011. Influence of biochar application on sandy soil hydraulic properties and nutrient retention [J]. Journal of Food, Agriculture & Environment, 9 (3-4 part 2): 1137-1143.

VAMERALI T, SACCOMANI M, BONA S, et al., 2003. A comparison of root characteristics in relation to nutrient and water stress in two maize hybrids [C] //Roots: the Dynamic Interface Between Plants and the Earth. Berlin: Springer: 157-167.

VAN ZWIETEN L, KIMBER S, MORRIS S, et al., 2010. Effects of biochar from slow pyrolysis of papermill waste on agronomic performance and soil fertility [J]. Plant and Soil, 327: 235-246.

VIGER M, HANCOCK R D, MIGLIETTA F, et al., 2015. More plant growth but less plant defence? First global gene expression data for plants grown in soil amended with biochar [J]. GCB Bioenergy, 7: 658-672.

WALLENSTEIN M D, VILGALYS R J, 2005. Quantitative analyses of nitrogen cycling genes in soils [J]. Pedobiologia, 49: 665-672.

WANG B, LEHMANN J, HANLEY K, et al., 2015a. Adsorption and desorption of ammonium by maple wood biochar as a function of oxidation and pH [J]. Chemosphere, 138: 120-126.

WANG C, REN J, QIAO X, et al., 2021a. Ammonium removal efficiency of biochar-based heterotrophic nitrifying bacteria immobilization body in water solution [J]. Environmental Engineering Research, 26 (1): 190451.

WANG F, LI Z, WEI Y, et al., 2021b. Responses of soil ammonia-oxidizing bacteria and archaea to short-term warming and nitrogen input in a semi-arid grassland on the Loess Plateau [J]. European Journal of Soil Biology, 102: 103267.

WANG H, GAI X, ZHAI L, et al., 2016. Effect of biochar on soil nitrogen cycling: a review [J]. Acta Ecologica Sinica, 36: 1-14.

WANG J, PAN X, LIU Y, et al., 2012. Effects of biochar amendment in two soils on greenhouse gas emissions and crop production [J]. Plant and Soil, 360: 287-298.

WANG M, ZHOU Q, 2013. Environmental effects and their mechanisms of biochar applied to soils [J]. Environmental Chemistry, 32: 768-780.

WANG W, ZHAO Y, BAI H, et al., 2018. Methylene blue removal from water using the hydrogel beads of poly (vinyl alcohol) - sodium alginate - chitosan-montmorillonite [J]. Carbohydrate Polymers, 198: 518-528.

WANG X, LIU Z, YE X, et al., 2015b. A facile one-pot method to two kinds of graphene oxide - based hydrogels with broad - spectrum antimicrobial properties [J]. Chemical Engineering Journal, 260: 331-337.

WANG Y Y, JING X R, LI L L, et al., 2017. Biotoxicity evaluations of three typical biochars using a simulated system of fast pyrolytic biochar extracts on organisms of three kingdoms [J]. ACS Sustainable Chemistry & Engineering, 5: 481-488.

WANG Z, GUO H, SHEN F, et al., 2015c. Biochar produced from oak sawdust by Lanthanum (La) -involved pyrolysis for adsorption of ammonium (NH_4^+), nitrate (NO_3^-), and phosphate (PO_4^{3-}) [J]. Chemosphere, 119: 646-653.

WEI A, MA J, CHEN J, et al., 2018. Enhanced nitrate removal and high selectivity towards dinitrogen for groundwater remediation using biochar-supported nano zero-valent iron [J]. Chemical Engineering Journal, 353: 595-605.

WILSON R K, 1999. How the worm was won: the *C. elegans* genome sequencing project [J]. Trends n Genetics, 15: 51-58.

WOLSKA L, MECHLIŃSKA A, ROGOWSKA J, et al., 2012. Sources and fate of PAHs and PCBs in the marine environment [J]. Critical Reviews in Environmental Science and Technology, 42: 1172-1189.

WU L, WEI C, ZHANG S, et al., 2019a. MgO-modified biochar increases phosphate retention and rice yields in saline-alkaline soil [J]. Journal of Cleaner Production, 235: 901-909.

WU T, XU H, LIANG X, et al., 2019b. Caenorhabditis elegans as a complete model organism for biosafety assessments of nanoparticles [J]. Chemosphere, 221: 708-726.

WU W, YANG M, FENG Q, et al., 2012. Chemical characterization of rice straw - derived biochar for soil amendment [J]. Biomass and Bioenergy, 47: 268-276.

WU Z, ZHANG X, DONG Y, et al., 2019c. Biochar amendment reduced greenhouse gas intensities in the rice-wheat rotation system: six-year field observation and meta-analysis [J]. Agricultural and Forest Meteorology, 278: 107625.

XIE T, REDDY K R, WANG C, et al., 2015. Characteristics and applications of biochar for environmental remediation: a review [J]. Critical Reviews in Environmental Science and Technology, 45: 939-969.

XIE Y, YANG C, MA E, et al., 2020. Biochar stimulates NH_4^+ turnover while decreasing NO_3^- production and N_2O emissions in soils under long-term vegetable cultivation [J]. Science of the Total Environment, 737: 140266.

XU F C, WEI C H, ZENG Q Q, et al., 2017. Aggregation behavior of dissolved black carbon: implications for vertical mass flux and fractionation in aquatic systems [J]. Environmental Science & Technology, 51: 13723-13732.

XU H J, WANG X H, LI H, et al., 2014. Biochar impacts soil microbial community composition and nitrogen cycling in an acidic soil planted with rape [J]. Environmental Science & Technology, 48: 9391-9399.

XU N, TAN G, WANG H, et al., 2016. Effect of biochar additions to soil on nitrogen leaching, microbial biomass and bacterial community structure [J]. European Journal of Soil Biology, 74: 1-8.

XUN Z, GUO X, LI Y, et al., 2020. Quantitative proteomics analysis of tomato growth inhibition by ammonium nitrogen [J]. Plant Physiology and Biochemistry, 154: 129-141.

YAMADA T, SEKIGUCHI Y, 2009. Cultivation of uncultured *chloroflexi* subphyla: significance and ecophysiology of formerly uncultured *chloroflexi* 'subphylum I' with natural and biotechnological relevance [J]. Microbes and Environments: 0908180110.

YANAI Y, TOYOTA K, OKAZAKI M, 2007. Effects of charcoal addition on N_2O emissions from soil resulting from rewetting air-dried soil in short-term laboratory experiments [J]. Soil Science and Plant Nutrition, 53: 181-188.

YANG J, PAN B, LI H, et al., 2016. Degradation of p-nitrophenol on biochars: role of persistent free radicals [J]. Environmental Science & Technology, 50: 694-700.

YIN C, FAN F, SONG A, et al., 2014. Different denitrification potential of aquic brown soil in northeast China under inorganic and organic fertilization accompanied by distinct changes of *nirS* - and *nirK* - denitrifying bacterial community [J]. European Journal of Soil Biology, 65: 47-56.

YIN C, FAN F, SONG A, et al., 2015. Denitrification potential under different fertilization regimes is closely coupled with changes in the denitrifying community in a black soil [J]. Applied Microbiology and Biotechnology, 99: 5719-5729.

YIN C, FAN F, SONG A, et al., 2017. The response patterns of community traits of N_2O emission-related functional guilds to temperature across different arable soils under inorganic fertilization [J]. Soil Biology and Biochemistry, 108: 65-77.

YU G, PENG H, FU Y, et al., 2019. Enhanced nitrogen removal of low C/N wastewater in constructed wetlands with co-immobilizing solid carbon source and denitrifying bacteria [J]. Bioresource Technology, 280: 337-344.

YU O Y, RAICHLE B, SINK S, 2013. Impact of biochar on the water holding capacity of loamy sand soil [J]. International Journal of

Energy and Environmental Engineering, 4: 1-9.

YU X Y, YING G G, KOOKANA R S, 2009. Reduced plant uptake of pesticides with biochar additions to soil [J]. Chemosphere, 76: 665-671.

YUAN J H, XU R K, 2011. The amelioration effects of low temperature biochar generated from nine crop residues on an acidic Ultisol [J]. Soil Use and Management, 27: 110-115.

ZHANG A, BIAN R, PAN G, et al., 2012. Effects of biochar amendment on soil quality, crop yield and greenhouse gas emission in a Chinese rice paddy: a field study of 2 consecutive rice growing cycles [J]. Field Crops Research, 127: 153-160.

ZHANG A, CUI L, PAN G, et al., 2010. Effect of biochar amendment on yield and methane and nitrous oxide emissions from a rice paddy from Tai Lake plain, China [J]. Agriculture, Ecosystems & Environment, 139: 469-475.

ZHANG C S, LIU L, ZHAO M H, et al., 2018. The environmental characteristics and applications of biochar [J]. Environmental Science and Pollution Research, 25: 21525-21534.

ZHANG J, CHEN G, SUN H, et al., 2016. Straw biochar hastens organic matter degradation and produces nutrient-rich compost [J]. Bioresource Technology, 200: 876-883.

ZHANG Q, LI Y, HE Y, et al., 2019. Elevated temperature increased nitrification activity by stimulating AOB growth and activity in an acidic paddy soil [J]. Plant and Soil, 445: 71-83.

ZHANG W, SHEN J, ZHANG H, et al., 2021. Efficient nitrate removal by *Pseudomonas mendocina* GL6 immobilized on biochar [J]. Bioresource Technology, 320: 124324.

ZHENG Q, HU Y, ZHANG S, et al., 2019. Soil multifunctionality is affected by the soil environment and by microbial community composition and diversity [J]. Soil Biology and Biochemistry, 136: 107521.

ZHOU Z, XU Z, FENG Q, et al., 2018. Effect of pyrolysis condition on the adsorption mechanism of lead, cadmium and copper on tobacco stem biochar [J]. Journal of Cleaner Production, 187: 996-1005.

ZIMMERMAN A R, 2010. Abiotic and microbial oxidation of laboratory-produced black carbon (biochar) [J]. Environmental Science & Technology, 44: 1295-1301.

ZIMMERMAN L, BARNASON S, HERTZOG M, et al., 2011. Gender differences in recovery outcomes after an early recovery symptom management intervention [J]. Heart & Lung, 40: 429-439.

ÖZTÜRK N, BEKTAŞ T E L, 2004. Nitrate removal from aqueous solution by adsorption onto various materials [J]. Journal of Hazardous Materials, 112: 155-162.